U0162445

中小型多层建筑设计要点解析

郭亚成　著

机械工业出版社
CHINA MACHINE PRESS

本书编写基于作者在建筑学专业十余载的本科教学、课题教研方面的成果，以及在硕士研究生入学考试快题设计培训过程中的经验感悟，通过设计通则篇和专题篇两大部分，深度解析在中小型多层建筑设计中应该掌握的方案设计手法、平面功能分区、内外流线组织、总平面环境布局、造型效果塑造及相关技术规范。本书梳理、提炼中小型多层建筑设计的要点，并对相关优秀设计案例进行深度图文解读，指导性强。本书可作为建筑学专业建筑设计课程的教学参考书，也可作为硕士研究生入学考试快题设计科目备考的指导用书。

图书在版编目（CIP）数据

中小型多层建筑设计要点解析/郭亚成著. —北京：机械工业出版社，2023.12

ISBN 978-7-111-74714-7

Ⅰ. ①中…　Ⅱ. ①郭…　Ⅲ. ①多层建筑–建筑设计　Ⅳ. ①TU972

中国国家版本馆CIP数据核字（2024）第003163号

机械工业出版社（北京市百万庄大街22号　邮政编码100037）

策划编辑：赵　荣　　　　责任编辑：赵　荣　时　颂

责任校对：甘慧彤　李　婷　　封面设计：鞠　杨

责任印制：张　博

北京联兴盛业印刷股份有限公司印刷

2024年3月第1版第1次印刷

260mm × 184mm · 12印张 · 293千字

标准书号：ISBN 978-7-111-74714-7

定价：89.00元

电话服务　　　　　　　　　　网络服务

客服电话：010-88361066　　机　工　官　网：www.cmpbook.com

　　　　　010-88379833　　机　工　官　博：weibo.com/cmp1952

　　　　　010-68326294　　金　书　网：www.golden-book.com

封底无防伪标均为盗版　　　　机工教育服务网：www.cmpedu.com

前言

FOREWORD

市面上很多建筑设计指导类图书大多为手绘技法、软件教程以及快题应试指南等，但针对在校生和设计院新人的专业学习意识、方法与认知等方面的问题及对应的指正建议，以及做设计时能速查到相关内容的读物却不多。笔者自2007年在高校执教至今，发现建筑学专业一届届学生在专业学习过程中总会出现不少雷同或相似的问题或错误，甚至有相当数量的毕业生将此类问题或错误带至新的工作岗位上，从幡然醒悟到改正错误往往花费的时间、精力等成本较高，这种岁岁年年人不同却又年年岁岁“花”相似的状况促成了本书的酝酿、孕育和诞生。

书的曾用名为《“闲画+漫笔”视角下的多层建筑方案设计要点解析》，后确定简化为《中小型多层建筑设计要点解析》，但表达方式没有影响，虽然当前书名朴实无华，但如同外表上看似毫不张扬的一座中小型图书馆建筑，当走进去时其空间、尺度与流线都让人感受到轻松沟通与温馨阅读的氛围，这也与当初请两位老师审阅本书稿时得到的意见大致相当：一位老师讲“这本书其实是既有授业又有谈心的建筑设计课程作业指南与快题作图参考手册，既能使学生省时（便于查阅与掌握相关设计要点，做到心中有数而不慌，设计有法而不乱，避免无知无畏式盲目做设计），又可使老师省事（可以把以往需要反复多次、苦口婆心强调的常犯问题打包解决，腾出空来讲一些更为“高级”的内容），并希望尽早与读者见面”；另一位老师原话大致是：虽有着“正经”书名，但随着阅读的深入，接地气的“不正经”感、亲切感和获得感油然而生……这些反馈对笔者而言都是一种莫大的鞭策与鼓励。

本书考虑阅读查询便利与读者需求等因素分为“通则篇”和“专题篇”两部分，并结合《民用建筑设计统一标准》（GB 50352—2019）、《民用建筑通用规范》（GB 55031—2022）以及《建筑防火通用规范》（GB 55037—2022）等新国标进行编写，写作过程中基于读者角度换位思考并尽量使用轻松易懂的图文为读者在求学之路上纠偏与避坑，下面通过以下四个问答进行一定的阐释：

1. 为何是中小型多层建筑？

鉴于本书的篇幅以及内容的针对性，本书的研究对象既非单层百十平方米的小书屋或集装箱改造等小微规模单层建筑，也非上万平方米的多层或高层办公写字楼、公寓楼等大型单体建筑，而是聚焦在总建筑面积从几百至数千平方米规模，且建筑物耐火等级为一、二级的中小型多层建筑。这些建筑均为民用建筑，不涉及工业建筑和农业建筑，即使与工业建筑有关的也是工用改民用的改造类项目，其中住宅建筑只以独立住宅，即小型别墅为代表展开表述与图示，也就是说本书研究的是大学本科阶段应用最多和考研快题里应用最广的类型。

笔者在长年教学过程中发现，很多同学在做中小型多层建筑方案设计的课程作业和考研快题设计时往往不知如何开展与深化，尤其是平面布局的生成与三维形体的塑造是方案推进的两大难点，对此在学习过程中亟须具有针对性的范本或是准教材来打通专业进阶成长的“任督二脉”。

2. 为何基于“闲画+漫笔”视角？

“闲”多指休憩、空暇，还有“清静、平常”之意，另外“闲”古同“娴”，意指熟练、文雅。本书基于“闲画”视角，一是指笔者团队利用教学以外闲暇时间进行相关手绘或计算机绘制，二是希望读者在业余时间里能够选取本书图例进行抄绘或改绘，将“闲画”既作为业余生活的一种消遣又作为专业精进的一种“助攻”。

“漫笔”为不拘形式地将所感所想记录书写，摒弃说教式表达，充分尊重学生的阅读体验感与接受度，书写过程中听取并采纳学生的建议，有效打开了笔者个人的书写局限，专业术语结合日常生活语汇，以讲明白和去晦涩为宗旨。来自学生的“提醒与指导”既让笔者书写时能够从思想上轻装上阵，也形成了学生读者群最易接受的阅读表达方式。

3. 为何图示部分大多为墨线图配红字解析？

有些图绘至墨线稿阶段，有些图特意进行了去色处理，同时以醒目红字指出图形设计要点。以这种“红与黑”作为主流图示是想让读者关注图形本身，先过图形这一关后，才是色彩的锦上添花，而不是在图形一般或勉强的情况下靠色彩弥补与妆饰。关于形与色二者关系“形形色色”的说法中都有一个共识，即“七分线三分色”，故在此主要以线示形。

同时，笔者不建议色彩搭配套路化，快题阅卷老师经常会发现数张快题作品采用“清一色”的模板化配色，已难以甄别考生真实的色彩搭配能力，也有若干建筑院校明确取消了快题上色，回归建筑方案设计内核表达。基于此，读者也可以对笔者解析后的墨线图，经自己的理解消化后进行改绘升级，在此基础上进行专项上色练习，进而形成自己专有的配色方案，或称之有一定个性化的色彩“配方”。

4. 为何是“通则篇”和“专题篇”两部分?

“通则篇”讲的是中小型多层建筑关于设计任务、总平面图、各层平面图、剖面图、立面图、分析图以及效果图等各专项里的通用性设计要领与共性问题，以及学习者与从业者从心态到做法上在认知层面的基本准备；“专题篇”讲的是常见的中小型多层建筑不同类型的专属性设计要领与类型化问题，以及对应的优秀案例作品解读，并为每一类型绘制相关设计素材手绘或机绘草案以供学习参考。

建筑学专业的建筑设计课程普遍没有专业教材，学生的设计作业或设计院新人的文本图面重复性的错误较多，初学者平时做不同方案任务时零散化、无序化地东查西找（从繁杂的条目中找出和设计任务相关的规范数据等内容，过程耗时费力），甚至有时没查阅或不理解时就全凭“直觉”应付了事，针对以上的问题或状况，“通则篇”和“专题篇”均以图解为主并注入准工具书属性，读者可按需找出相关的要点，从中提取式、查阅式、版块式高效阅读与临摹，“通则篇”和“专题篇”既各司其职又互为补充，助力读者专业的精进。

郭亚成

2024年于青岛

注：本书写作过程产生的相关费用开支受到山东省本科高校教学改革研究重点项目（课题标号Z2022237）和青岛理工大学本科教学改革与研究面上项目（课题编号W2022-009）的资助。

目录

CONTENTS

专题篇

通则篇

1 中小型多层建筑方案设计的基本术语

三百六十行，各行有“行话”，一是出于专业沟通效率，二是甄别是否为同行进而选取采用何种语汇表达，三是“行话”本身也属于基本功的考查范畴。中小型多层建筑方案设计过程里涉及的基本术语与概念好比英语四六级大纲词汇，是对自己方案创作表达以及对他人方案创作“阅读理解”的基础，例如“建筑密度”“容积率”“吹拔空间”“灰空间”“风玫瑰图”“建筑红线”“女儿墙”“卫生视距”“爆炸图”“剖透视”“白色派”“降板”和“母题”等。尤其作为在校生和初入职场者，应主动熟悉方案设计中的基本术语，因为没有专门的课程讲解这些基本术语，但在设计类课上这些术语会时常出现。熟悉度不够必然会影响对专业学习的理解，累积下来的话进而可能会引起学生对专业的不适，甚至内心已将建筑学专业归为晦涩难懂的玄学。在此，本书提取方案设计过程中常会遇到的若干术语进行释义，并在随后的第3部分里对于建筑方案设计中的常见易混概念进行对比与阐释。

（1）风玫瑰图。风玫瑰图也叫风向频率玫瑰图，是根据某一地区多年平均统计的各个风向和风速的百分数值，并按一定比例绘制，一般多用八个或十六个罗盘方位表示。玫瑰图上所表示的风的吹向（即风的来向），是指从外面吹向地区中心的方向，实线表示常年风，虚线表示夏季风。风玫瑰折线上的点离圆心的远近，表示从此点向圆心方向刮风的频率的大小。

笔者在历年学生设计作业中发现，有些同学将风玫瑰图视为“好看且上档次的指北针”而将其放在总平面图或平面图旁，却往往张冠李戴形成无意的“伪科学”，因此笔者建议大家在设计作业或快题设计里一般无须绘制风玫瑰图，会识别与辨认即可。

（2）建筑红线。建筑红线也称“建筑控制线”，指城市规划管理中，控制城市道路两侧沿街建筑物或构筑物（如外墙、台阶等）靠临街面的界线，也是建筑物的外立面不能超出的界线。建筑红线可与道路红线重合，也可退于道路红线之后，但不许超越道路红线。在设计大作业和考研快题设计任务书里有时是两圈红线（外圈为用地红线，内圈为建筑红线），有时是一圈红线（用地红线与建筑红线合二为一）。建筑外墙切忌压着建筑红线或用地红线绘制，毕竟我们在方案阶段通常建筑轮廓只是画到外墙，当压红线绘制外墙时，其实外墙之外还有“散水”或空调外机等构件或设备可能会越界，因此宜适当后退留有余地。

（3）女儿墙。女儿墙是平屋面建筑物屋顶四周的矮墙，主要作用除维护安全外，亦会在底部施作防水压砖收头，以避免防水层渗水，或是屋顶雨水漫流。依照规范，上人屋面女儿墙高度一般在1.2~1.5 m之间。上人屋顶的女儿墙的作用是保护人员的安全，并对建筑立面起装饰作用；不上人屋顶的女儿墙的作用除立面装饰作用外，还可固定油毡。

在设计大作业和快题设计里出现平屋面建筑的情况较多，因此别忽视了女儿墙的表达，如剖面图中女儿墙的表达。但凡平屋面需要上人时一般都要画女儿墙，坡屋面不用画，因为坡屋面一般不上人。

（4）爆炸图。爆炸图其实是一个外来词汇，英文的名称是Exploded Views，可以说是当今的三维CAD、CAM软件中的一项重要功能，现已在机械工程等领域广泛应用，便于直观了解与熟知。在建筑设计领域，爆炸图是一种重要表达方式，也几乎是设计大作业的标配。爆炸图的目的在于可以把复杂的形体变得清晰，而且可以更加直观地表达空间（我们总是强调空间如何如何，因此对于空间的表达也是必要的），让阅读者快速观察建筑内部的空间形态、流线或者功能。爆炸图在绘制过程中需要注意的是把内部空间形态要展示清楚，在表达上要从实际设计出发选择合适的风格。当然爆炸图还有另一作用，即构图填空，在设计大作业与快题设计图面填空方面其“爆炸”作用不容小觑。

（5）白色派。白色派（The Whites）是以“纽约五”（埃森曼、格雷夫斯、格瓦斯梅、海杜克、迈耶）为核心的建筑创作组织，在20世纪70年代前后最为活跃。他们的建筑作品以白色为主，具有一种超凡脱俗的气派和明显的非天然效果，被称为美国当代建筑中的“阳春白雪”。但同时白色也是苛刻的，它使建筑的空间与结构以更为清晰的方式表现出来，使观者对建筑元素的感知得以强化，其中迈耶对白色的偏爱使建筑的概念被精确地提炼，其形式也变得更加有力。

在学生作品中不乏见到“白色派”，这里面既有忠实的拥趸，也有因时间或保守等原因而被迫“白色派”，希望后者能不拘泥于此并努力提升自身对于造型光影的驾驭能力。

（6）建筑母题。母题本意指的是一个主题、人物、故事情节或字句样式，其一再出现于文学作品里，成为利于统一整个作品的有意义线索，也可能是一个意象或原型，由于其一再出现而使整个作品因有一脉络而得以加强。建筑母题是在建筑体量上规划成相近或相似的体量，通过重复的母题体量，形成建筑形态的整体构架。建筑母题作为一种清晰的结构框架，应对建筑整体形态具有很强的控制性，强调建筑（群）的统一感、韵律感，建筑史上大名鼎鼎的“帕拉第奥母题”即为丰富有序的建筑形态的“模块”。在建筑案例的学习中找到了一个设计里最初的母题，然后进行缩放、镜像、拉长、压扁、阵列等操作，就能形成一个复杂有机的建筑。另外，在快题设计中易于借鉴的建筑母题手法可以分为形体的母题、立面的母题和结构的母题。

2　方案任务书的审题与设计切入

中小型多层建筑方案设计任务书的审题是为了设计者熟悉与明确该设计任务的职责范围，任务书往往在文中最后附上地形图或是另附文件呈现，便于理解的顺序是“浏览题目→看地形图→看任务书正文”。也就是说不要机械地按原任务书的顺序在最后环节才看地形图，而是有意识地将看地形图放在前面（好比看别人的图纸作品，一般都是先看透视图、总平面图等有图区域，往往不会上来直奔该作业作品的设计说明读起）。先对用地红线内外了然于心，尤其是用地周边都是什么情况大体了解后，再看任务书正文时则更易熟知。

另外，虽说是看任务书，但“不动笔墨不看任务书”。任务书是可以自由标注和“涂鸦”的，不要画完图时任务书不留任何痕迹，完璧归赵式地上交或完好如初般地自留。任务书一般都是黑白打印，建议在看任务书过程中用醒目的彩笔进行标注，甚至也可以在完成一项要求后或打勾或划掉一项亦可。

2.1　任务书地形图的场地分析

在整个建筑方案设计过程里，场地设计是首要环节，只有在用地红线内外全面观察、进行合理合规的场地设计之后，才开始单体建筑设计。首先，根据地形图指北针，了解用地红线周边的道路等级、建筑类型、山体水体等景观要素，以及人流车流的大致方位等场外（用地红线以外）信息，然后看看场内（用地红线以内）的建筑红线范围（任务书给定的话）、有无绿植及其位置大小、场地坡度缓急程度（有等高线时看其间距大小）、建筑本身是否有日照间距要求（红线以南外侧既有建筑是否对红线内新建建筑有日照间距要求，红线内新建建筑是否对红线以北外侧既有建筑有日照间距要求），以及与周边既有建筑的防火间距和风格体量的协调等（图2-1）。

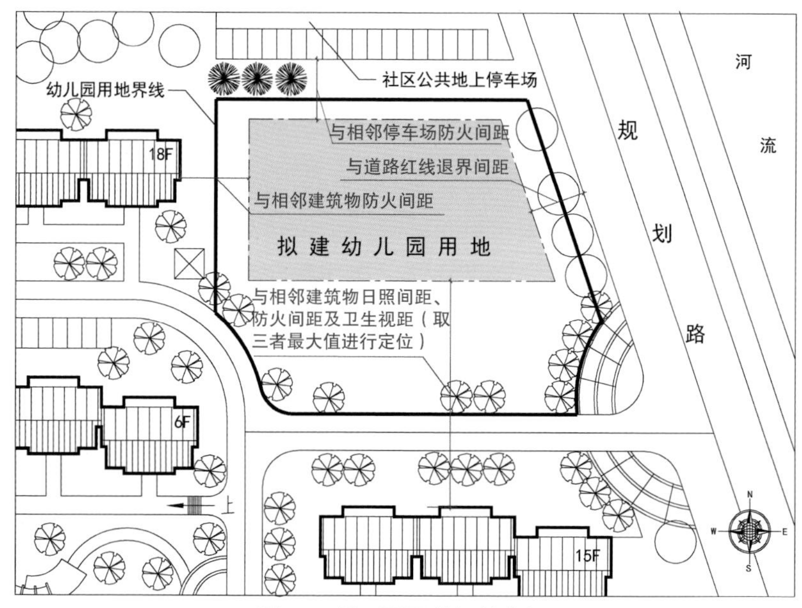

社区公共地上停车场
幼儿园用地界线
与相邻停车场防火间距
与道路红线退界间距
与相邻建筑物防火间距
拟 建 幼 儿 园 用 地
与相邻建筑物日照间距、
防火间距及卫生视距（取
三者最大值进行定位）
18F
6F
15F
上
河
流
规
划
路
N
W
E
S

图2-1　地形图里的场地分析

2.2 任务书中“隐性”条件的挖掘

大多数任务书会列出房间名称及其用途、面积等显性条件，但诸如退让合理或符合规范的日照间距、防火间距，或是诸如学校教学楼与操场的最小距离等硬性要求，以及场地内外出现古建筑、水体、小亭、老树等图例时的注意事项往往不明说，此等“潜规则”需要解题人通过仔细研读任务书文字与地形图后将其明示，建议将经过排雷式探索与发现的“隐性”条件的图例用彩笔圈出或标注，或是将“隐性”条件用彩笔写在任务书上作为必要的补充条件，纳入接下来的方案设计解题过程中（图2-2）。

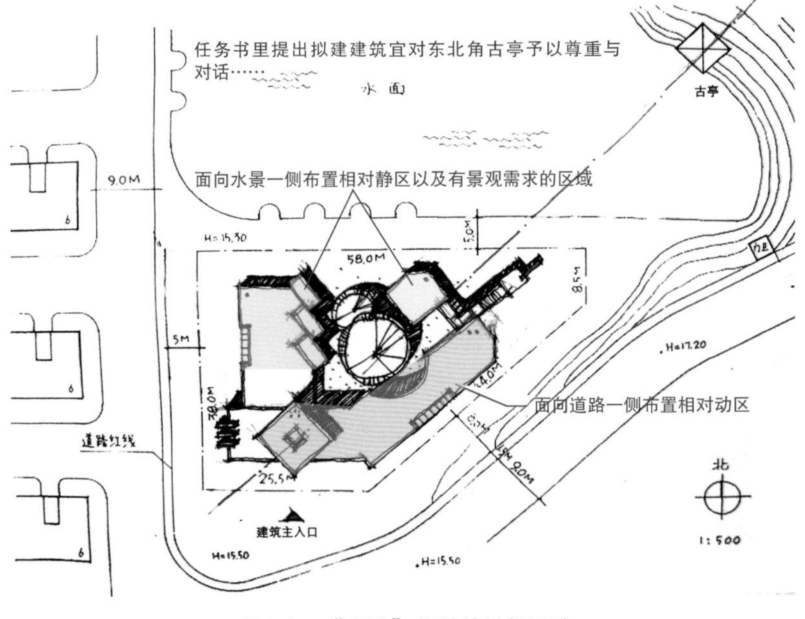
任务书里提出拟建建筑宜对东北角古亭予以尊重与对话……
水 面
古亭
面向水景一侧布置相对静区以及有景观需求的区域
9.0M
58.0M
5.0M
8.5M
5M
H=17.20
14.0M
38.0M
面向道路一侧布置相对动区
道路红线
25.5M
9.0M
北
建筑主入口
1:500
H=15.50
H=15.50

图2-2 “隐性”条件的挖掘示意

2.3 基于多维度要素条件预估建筑层数

在确定建筑层数时，往往是根据建筑密度的合理区间、建筑功能的动静分区与使用的内外分区等因素进行安排，另外还有流线与立面效果等方面也应纳入预估建筑层数的考虑范畴。有时虽然建筑密度条件只满足做一层，但会导致功能分区之间的交通流线偏长从而影响使用效率，还有当建筑为数百平方米规模以上时只做一层的立面宽高比需预估一下其效果，并对透视图的大体尺度效果做到“心中有数”。另外，在做一层和两层均可的前提下，将一层局部架空，或是二层局部露台，抑或是楼梯间的出现都是接下来做立面与透视效果图的积极基础（图2-3）。

2.4 房间归类组合与面积规模对位

有些任务书会分类指出大多数房间的名称与面积（也会有

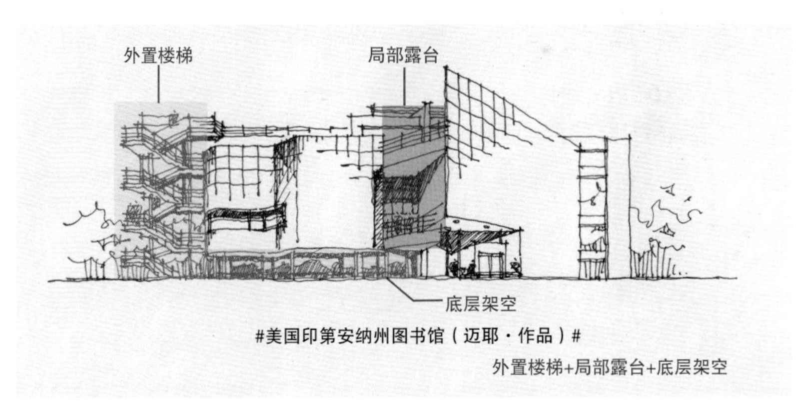
外置楼梯
局部露台
底层架空
#美国印第安纳州图书馆（迈耶·作品）#
外置楼梯+局部露台+底层架空

图2-3 架空等手法在造型里的积极作用

些任务书不是很明确分类或是不指明具体房间名称，甚至是不注明房间面积等，这亦作为设计考察内容之一）。通过任务书给定归类和自己在此基础上的进一步归类，将不同类房间按照功能动静、内外等角度进行组合，同时从房间面积（尤其是若干个大面积房间）和归类的总面积上找寻是否存在面积相当或倍数的关系，从而辅助确定上下层之间的对位关系，有时面积是组合与定位的突破口（图2-4）。

一、设计题目

农业生态示范园培训中心建筑设计。

二、用地范围

见所附地形图。

三、建筑规模与控制

总建筑面积 2000 m^2，建筑层数≤3 层。

四、主要功能构成

面积相当的相对静区，可能存在上下层关系

- 培训教室：4 间，各 50 m^2。
- 生态农业展示厅：200 m^2。

对房间尺度与面积的考查

- 学术报告厅：容纳 100 人。 中型会议室 2 间，各 30 人。
- 客房部分：设计标准客房 10 间（带独立卫生间）。
- 餐饮休闲部分：① 生态餐厅约设 60 座（厨房配套）；② 茶室 50 m^2；③ 休闲娱乐室 100 m^2（功能划分自定）。
- 行政管理部分：约 200 m^2。设办公室 4 间、商务中心 1 间、储藏室 1 间、机房等，面积自定。
- 门厅、大堂、接待、安保、厕所、楼梯间及其他辅助功能用房自定。

五、设计要求

图2-4　房间面积等数字里的对位与倍数关系

2.5　划分纵横向“功能泡”

将归类后的房间定为如同SU软件中“组”的概念，即一个组相当于一个“功能泡”，按照不同“组”的面积大小关系形成大体倍数关系的大小“功能泡”（注意该阶段的性质属于模糊与摸索，切忌精准，否则限制思路与速度）。可以在草稿纸上先画一个供参考的单位“功能泡”，类似于公约数的作用，然后参考此单位“功能泡”目测画出自定义或大或小的不同走势与形状的同层内（横向）和非同层间（纵向）“功能泡”。另外，用不同彩笔区别化绘制纵横向“功能泡”，即可以在同一张草稿纸的同一个平面模板上画出两个甚至三个平面“功能泡”（图2-5a~图2-5c）。

2.6　任务书规定之外的自选与融入

完成任务书的规定“动作”是必要的但并非全部，而自选“动作”并非可有可无。除了可以根据需要增添若干任务书没有注明的房间外（例如有些任务书没有指明布置卫生间或是值班室等，但根据场地内外条件等自行设置是必要的），布局是否融入内院、中庭、露台、外廊或是局部架空等是在规定之外“打开局面”的有效方式。因此任务书的审题研读不能拘泥于文字规定，而且任务书也难以做到面面俱到，甚至有意留有“空白区”（也可理解是给予发挥余地），自选“动作”往往是必要的和积极的（有益于平面布局与造型效果）（图2-6、图2-7）。

表一　厂房内改建要求

房间名称	单间面积（m^2）	房间数	场地数	相关用房（m^2）	说明
游泳馆	800	1	1	水处理50 另附 水泵房50	泳池深1.4~1.8m
篮球馆	800	1	1	另附库房18	馆内至少有4排看台（排距750mm）
羽毛球馆	420	1	2	另附库房18	二层设观看廊
乒乓球馆	360	1	3	另附库房18	
体操馆	270	1		另附库房18	净高≥4m，馆内有≥15m的镜面墙
健身房	270	1		另附库房18	
急救室	36	1			
更衣淋浴	95	2			男女各一间与泳池相邻相通，与其他运动兼用
厕所	25	2			男女各一间
资料室	36	1			
楼梯、走廊					
厂房内改建后建筑面积	4050				含增设的二层建筑，面积允许误差±5%

表二　扩建部分设置要求

	房间名称	单间面积（m^2）	房间数	相关用房（m^2）	说明
俱乐部餐厅	大餐厅	250	1		对内、对外均设出入口
	小餐厅	30	2		
	厨房	180	1	内含男女卫生间18	需设置库房、备餐间
体育用品商店		200	1	内含库房30	对内、对外均设出入口
保龄球馆		500	1	内含咖啡吧36	6道球场一个
办公部分	大办公室	30	4	另附小库房一间	
	小办公室	18	2		
	会议室	75	1		
	厕所	9	2		男女各一间
公用部分	门厅	180		内含前台、值班室共18	
	厕所	18	4	内含无障碍厕位	男女均分设一、二层
	陈列廊	45	1		
	楼电梯、走廊				
扩建部分建筑面积		2330			面积允许误差±5%

a）

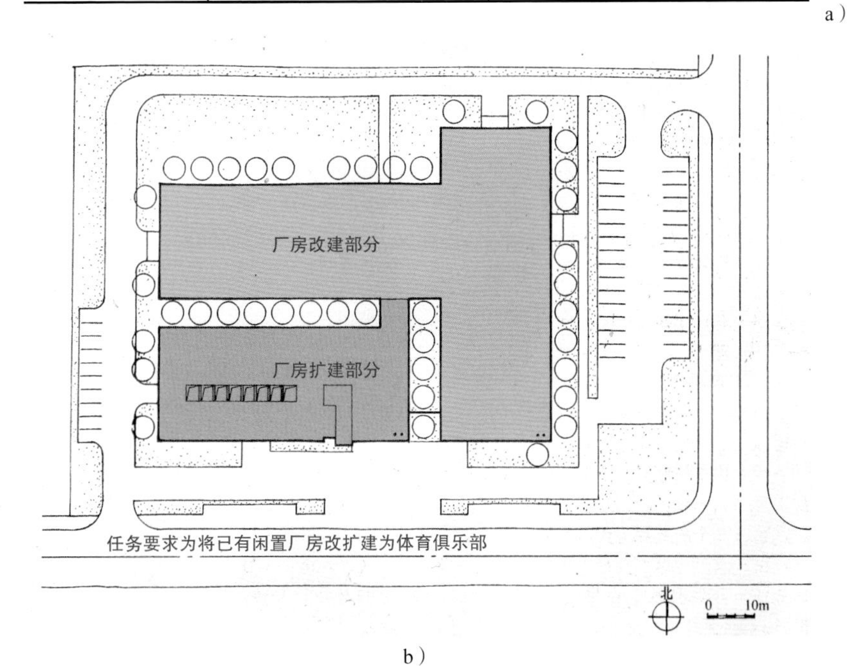

厂房改建部分
厂房扩建部分
任务要求为将已有闲置厂房改扩建为体育俱乐部
北
0
10m

b）

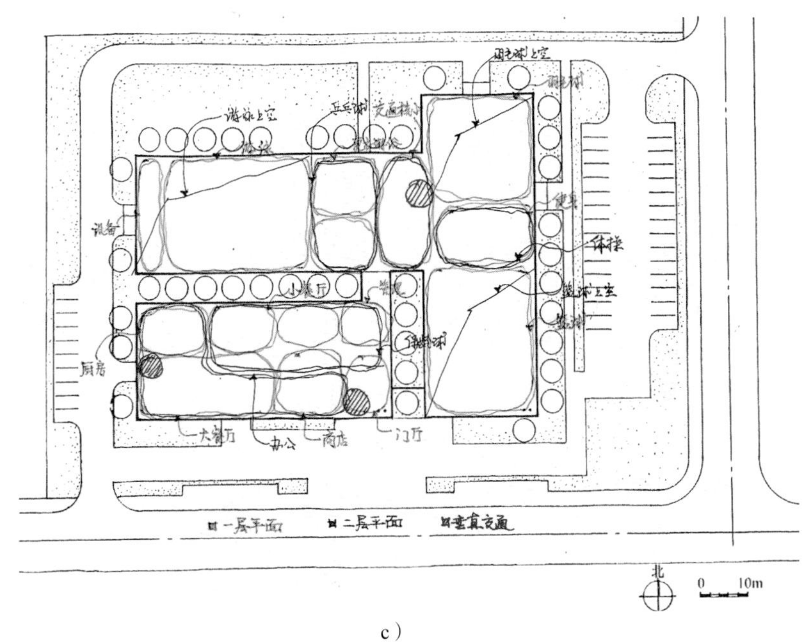

游泳上空
小餐厅
体操
厨房
大餐厅
办公
商店
门厅
北
0
10m

c）

图2-5　同一底图不同色笔的多层功能划分示意

a）表格化任务书里的改扩建要求　b）改扩建在地形图里的关系示意　c）同一地形图里表达两层功能关系示意

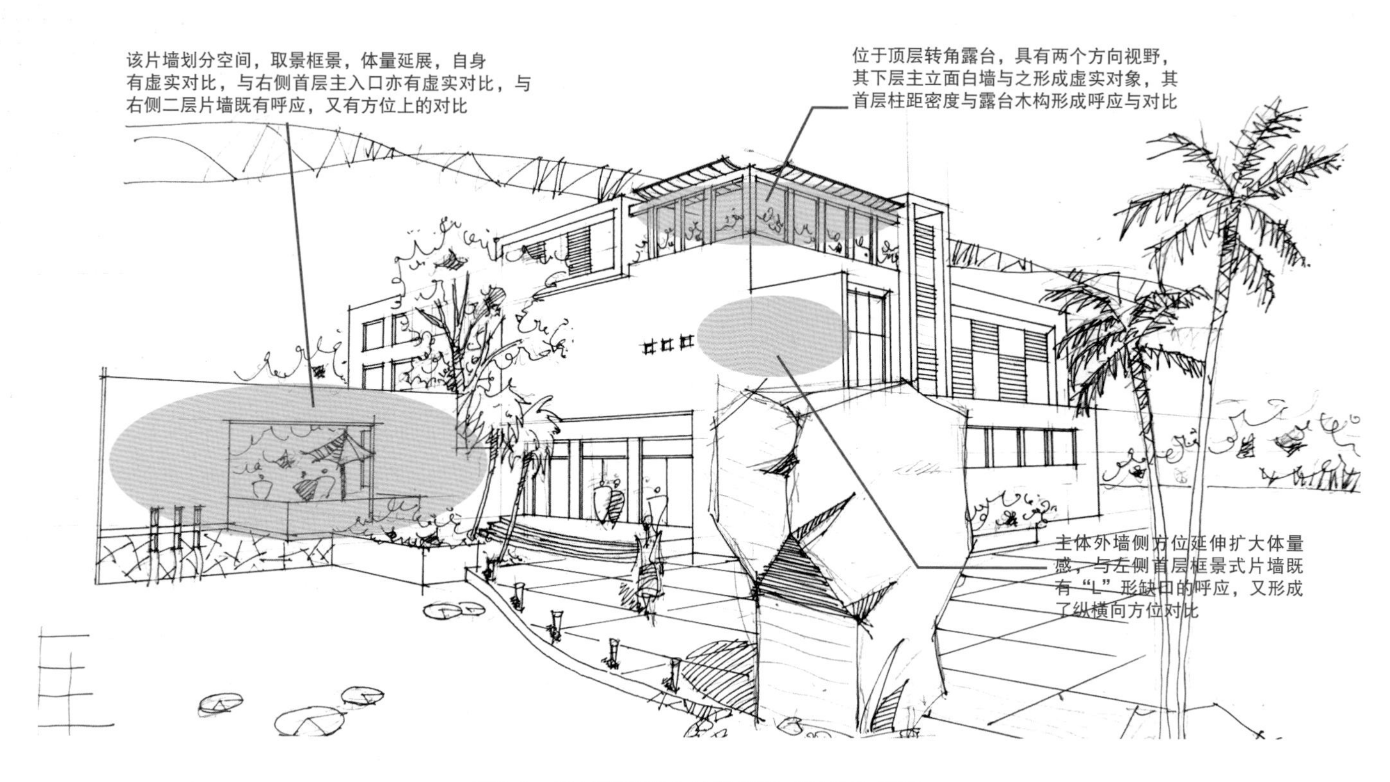
该片墙划分空间，取景框景，体量延展，自身
有虚实对比，与右侧首层主入口亦有虚实对比，与
右侧二层片墙既有呼应，又有方位上的对比
位于顶层转角露台，具有两个方向视野，
其下层主立面白墙与之形成虚实对象，其
首层柱距密度与露台木构形成呼应与对比
主体外墙侧方位延伸扩大体量
感，与左侧首层框景式片墙既
有“L”形缺口的呼应，又形成
了纵横向方位对比

图2-6 任务书规定之外的自选“动作”示意

露台侧上方的“L”形板块
协调了露台与其后主体建筑
的高差，弥补了体块1、2、
3从左至右台阶式下行的不
利构图
体块1
体块2
体块3

图2-7　露台挡板在协调造型方面的积极作用

2.7　效果图体块草图推敲与协调

曾经部分建筑院校的设计任务分为一二三草阶段性推进，其中的一草往往是平面布局，等平面过关后的二草阶段才让造型体块登场。其实效果图体块推敲并非只能先后依次进行，平面与造型孰先孰后难分伯仲，实际应用中都曾任过执牛耳者（注册建筑师考试的方案作图因其不画效果图而另当别论）。换言之，平面思维与立体思维需协同推进，于同步与交错中协调彼此与相互成就。另外，效果图怎么画以及画成什么样通常是任务书规定之外的范畴（有些任务书会规定效果图角度或色彩等方面的限制与要求），但其分量毋庸置疑乃“图之重器”（图2-8）。

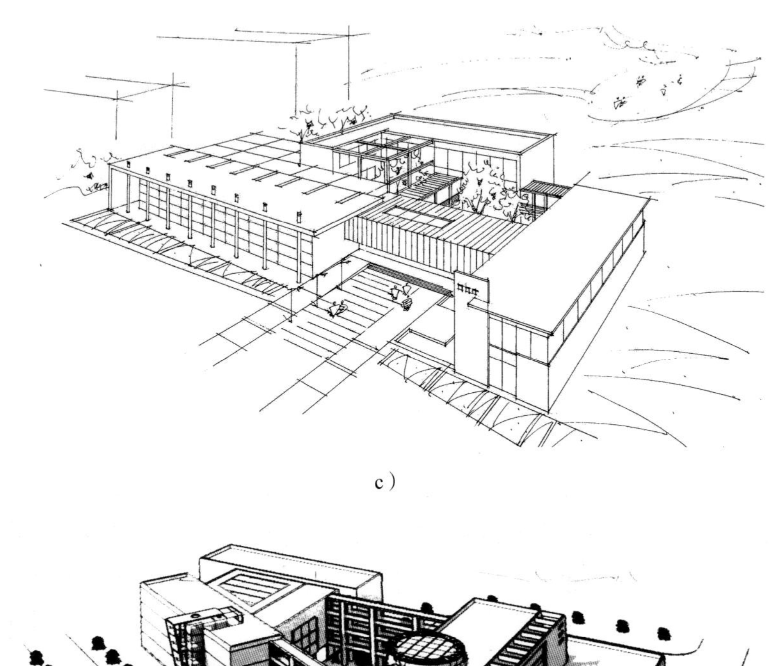

c）

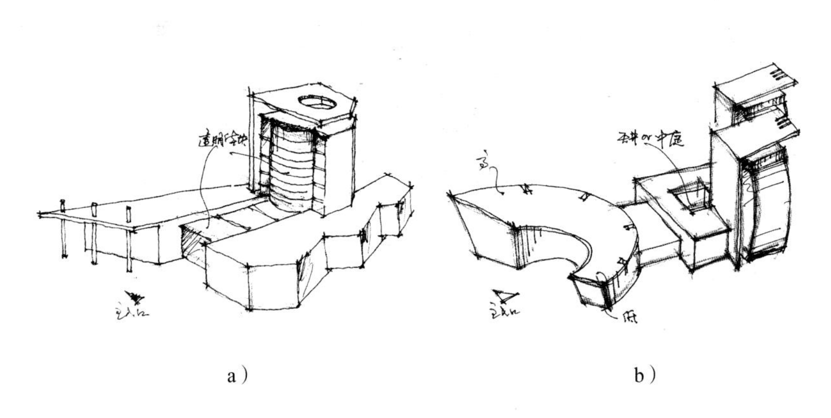
天井 or 中庭

a）　　b）

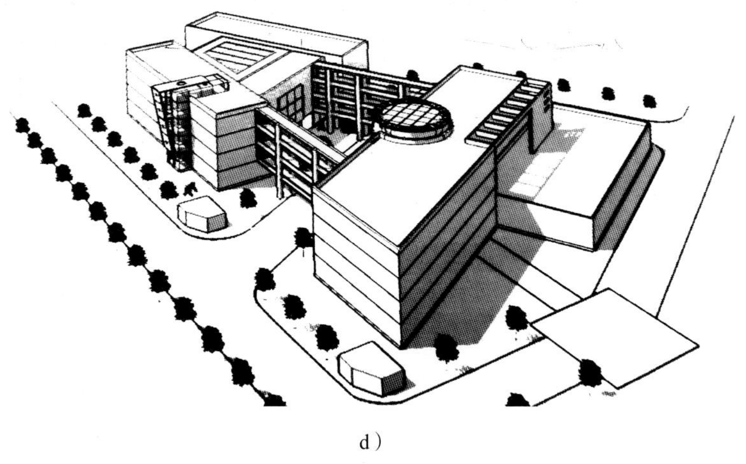

d）

图2-8　造型体块与平面同步推敲示意

a）徒手线体块推敲图（一）　b）徒手线体块推敲图（二）　c）尺规线体块推敲图　d）SU模型体块推敲图

3 方案设计中常见易混概念阐释

限于篇幅与内容侧重等，这里不可能囊括中小型多层建筑方案设计里涉及的所有易混概念，仅列出常见常错的易混概念进行一定的阐释，望读者能尤为关注并明辨易混概念，夯实专业之基。

3.1 横向–纵向

从小用惯横格本的我们往往会将图纸上的水平线对应为横向、竖直线对应为纵向，在建筑设计专业领域里则谬矣。横向与纵向一般是指一个房间或单体建筑的相对短边（宽）与相对长边（长），以常见的住宅单元平面为例，水平方向的墙为纵向墙（纵墙），竖直方向的墙为横向墙（横墙）。

3.2 开间–进深

开间也叫面宽（对应中国古建筑中的“面阔”），指相邻两个横向墙体间的距离，即一个单独房间的宽度，从图纸上的上下左右关系而言，也可认为是左右墙体之间的距离。

进深，还以住宅单元平面为例，一间独立的房间从前墙到后墙之间的实际长度，即一间房屋的深度，从图纸上的上下左右关系而言，也可认为是上下墙体（纵向）之间的距离。

3.3 尺寸–尺度–模数–比例

尺寸是形体大小的绝对值，而尺度是大小的单位，比例和尺度也是两回事，比例更关乎形状，而尺度更关乎大小。比例和尺寸决定了形体的外观，而尺度使我们能够理解形体。人是万物的尺度，这不仅限于建筑学，但对建筑学意义深远，达・芬奇的人体比例也影响深远，而柯布西耶的人体尺度也很有趣。西方和东方古典建筑都不约而同地选择了建筑构件的一个尺寸作为尺度，西方古典建筑用的是柱径，而中国古代用的是材分和斗口。

模数和尺度比较接近，可以认为模数是尺度的一种应用，但模数更关注建造标准化，而尺度关注整体理解和把控。比例指形体自身各部分的大小、长短、高低在度量上的比较关系，一般不涉及具体量值，是人们在长期的生活实践中所创造的一种审美度量关系。在比例学说上影响最大也是实践中运用得最多的是黄金分割比例，此外还有均方根比例、整数比例、相加级数比例和人体模数比例等。

3.4 天井-院落

天井与院落的空间形态不同，天井是一个无具象界面的类井状空间，属于单体建筑的一部分，是指宅院中房与房之间或房与围墙之间所围成的露天空地，即四面有房屋，或三面有房屋另一面有围墙，抑或两面有房屋另两面有围墙时中间的空地。而院落是房屋前后用墙或栅栏围起来的空地，或是建筑群之间的室外空间，在建筑群中与建筑形成一种图底关系。从构造上说天井的构成要素中没有“门”，而院落可以是由门、堂、廊等组成。

天井与院落的不同之处还有避光与采光上的功效之别，南方地区多采用天井，北方地区多采用院落，反映在空间尺度上则偏封闭与偏开阔，与中庭而言，二者都是室外空间，不计入建筑面积。而中庭通常是指建筑内部的庭院空间（即局部去楼板化后的上下贯通空间），中庭地面需计入建筑面积。中庭有时亦称为吹拔空间，“吹拔”是由日本的图纸中借用过来的，特指两层或两层以上通高的空间。

3.5 等高线平距-等高距-等高线间距

相邻等高线之间的水平距离称为等高线平距（表达的是水平方向上的距离），常以D表示，因为同一张地形图内等高距是相同的，所以等高线平距D的大小直接与地面坡度有关。地形图上相邻等高线之间的高差称为等高距（表达的是竖直方向上的距离），用H表示。等高线间距，在有些教材里认同为等高距的简称，也被称为等高线间隔，也有的教材指出等高线间距指的是等高线平距，因此有待概念统一，在此之前根据具体应用场景而定。

3.6 开敞式楼梯间-封闭式楼梯间-防烟式楼梯间

开敞式楼梯间又叫敞开式楼梯间，是指建筑物内由墙体等围护构件构成的、无封闭防烟功能，且与其他使用空间相通的楼梯间。封闭式楼梯间是指用耐火建筑构件分隔，能防止烟和热气进入的楼梯间。防烟楼梯间是指具有防烟前室和防排烟设施并与建筑物内使用空间分隔的楼梯间。

3.7 建筑密度-建筑面积密度-容积率

建筑密度指在一定范围内，建筑物的基底面积总和与占用地面积的比例（%）。它是指建筑物的覆盖率，具体指项目用地范围内所有建筑的基底总面积与规划建设用地面积之比（%），它可以反映出一定用地范围内的空地率和建筑密集程度。

建筑面积密度和容积率基本可以等同，都是指地块内建筑总面积和地块用地面积的比值，建筑面积密度是指每公顷建筑用地上容纳的建筑面积。一般容积率是地上建筑面积和地块面积的比值，地下部分一般不计，容积率决定了地块的可建建筑面积。

建筑密度用%表示，建筑面积密度单位为m^2/hm^2，容积率仅为一个数字，用小数点而不用%表示。

3.8 绿地率–绿化率

绿地率指的是居住区用地范围内各类绿地的总和与居住区用地之比。这里的绿地包括公共绿地、宅旁绿地、公共服务设施所属绿地、道路红线内的绿地，不包括屋顶、晒台的人工绿地。距建筑外墙1.5m和道路边线1m以内的用地，即使长草也不得计入绿化用地。

绿化率又指绿化覆盖率，指项目规划建设用地范围内的绿化面积与规划建设用地面积之比。绿化率只是开发商宣传楼盘绿化时用的概念，并没有法律和法规依据。绿化率一般指的是绿地覆盖面积，绿地率一般指的是绿地垂直绿化面积，所以通常一个项目的绿化率比绿地率大。

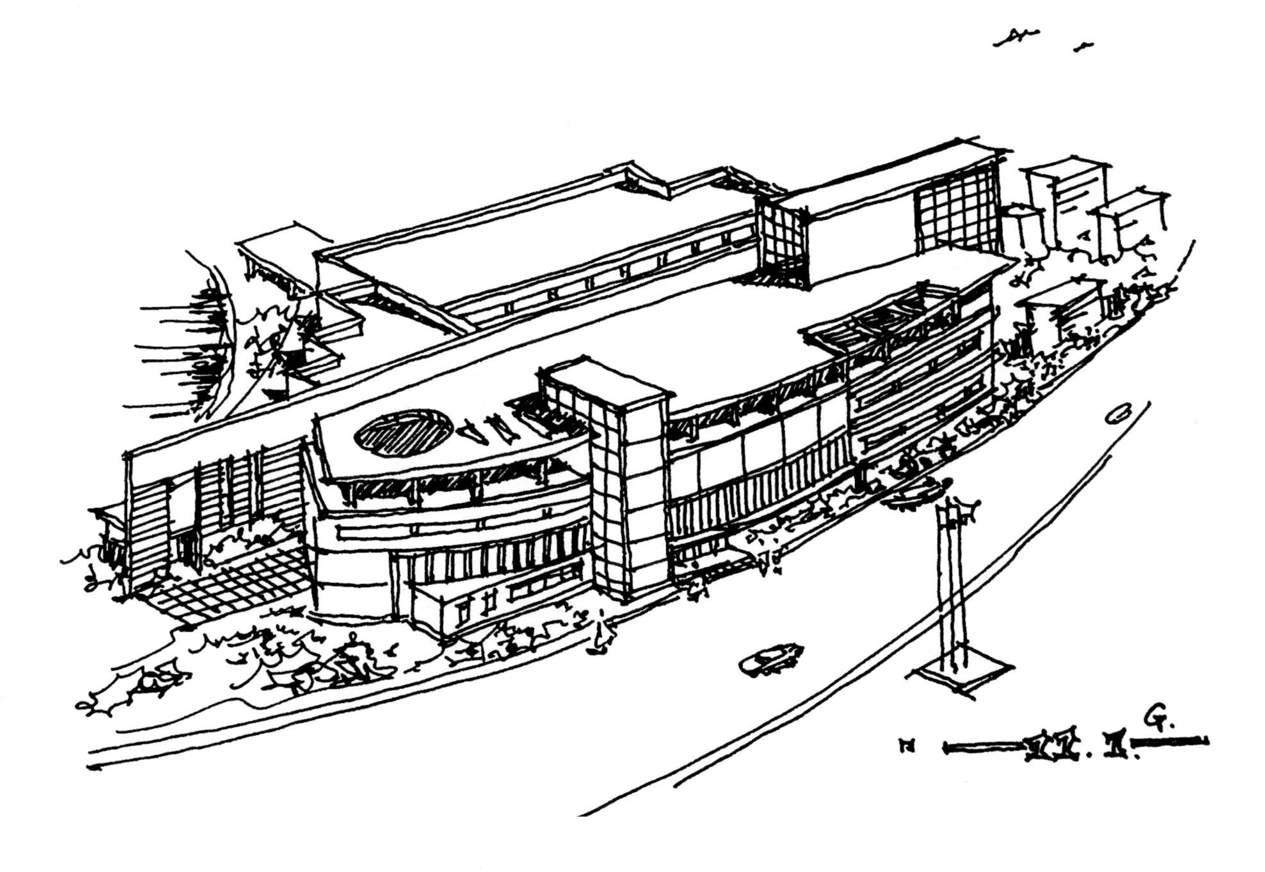

4 总平面图设计要点

4.1 单体建筑在用地红线内的定位与样式

建筑红线在有些任务书中指定或在有些任务书中省略，但用地红线起码都会予以明确，当只有用地红线时，单体建筑“放哪儿”合适以及大概模样往往需要基于理性判断。用地红线是明摆在那里的显性界线，还需自发找出隐性界线，即画出用地红线内进一步缩小范围的辅助线，如通过场地内外周边的日照间距、防火间距、卫生视距、建筑密度，以及等高线间距等要素或条件来定位，在此基础上进一步考虑单体建筑与场地条件相适宜的可能样式，即“第五立面”的雏形由此孕育而生，单体建筑在用地红线内的定位与样式可以说是场地设计的核心考查范围（图4-1）。

4.2 用地红线内道路设计要点

根据多年对设计作业作品的观察评判，用地红线内道路设计属于学生设计里的相对弱项，这里的道路设计主要是指车行道路，兼顾人行道路，也包括红线内的广场用地（如果有的话），道路设计不仅要表达合适的路宽（单车道4m，双车道7m），还有合理的转弯半径（一般多为6m）、道路与单体建筑的间距（通常至少2m为妥）、道路与围墙的间距（通常1.5m左右为宜，如封闭小区或幼儿园设置围墙时）、消防通道的考虑（首先判断是否需要设置，需要时路宽4m，且是否有条件形成环路）、人行道路的与车行道路的分置与混合，以及必要的回车场地（有时设置小型广场既是人员集散的缓冲需要，也是兼顾到倒车时的场地需要）等方面（图4-2）。

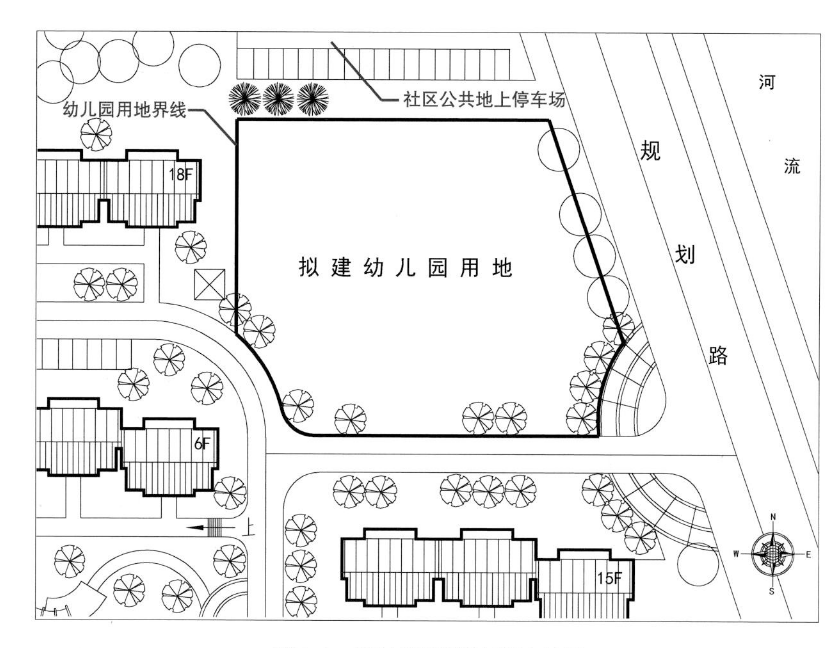
社区公共地上停车场
幼儿园用地界线
河
流
规
划
路
18F
拟 建 幼 儿 园 用 地
6F
上
15F
N
W
E
S

图4-1 原始地形图的用地范围

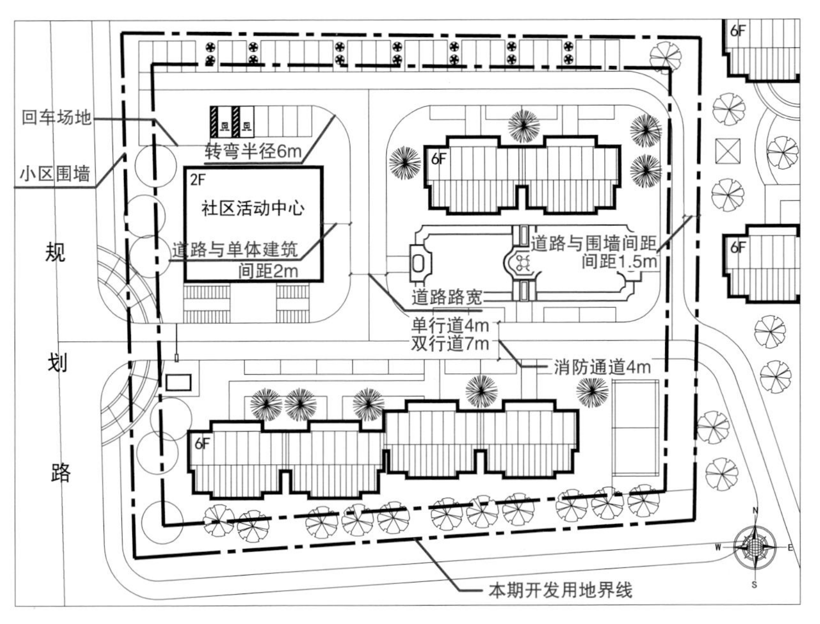
回车场地
小区围墙
规
划
路
转弯半径6m
2F
社区活动中心
道路与单体建筑
间距2m
6F
道路与围墙间距
间距1.5m
道路路宽
单行道4m
双行道7m
消防通道4m
6F
本期开发用地界线

图4-2　道路设计环节的用地退让

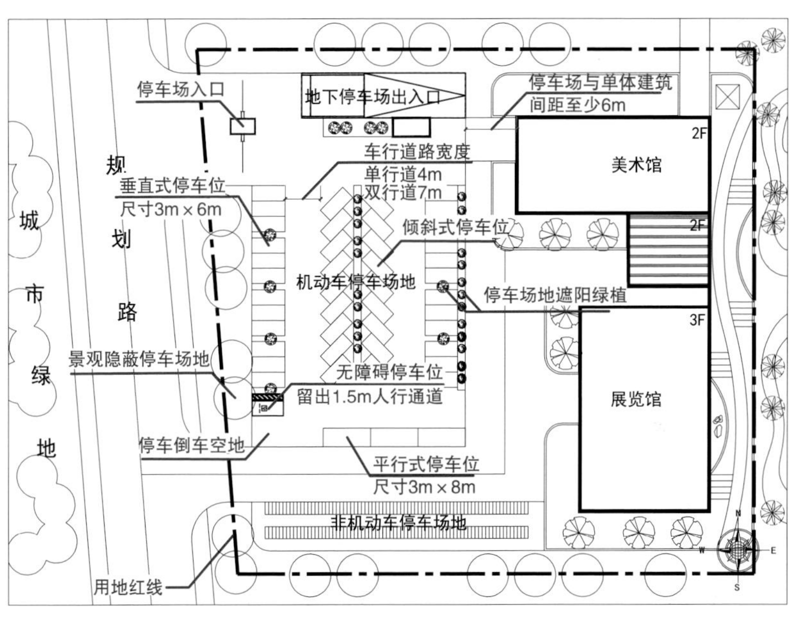
停车场入口
地下停车场出入口
停车场与单体建筑
间距至少6m
城
市
绿
地
规
划
路
垂直式停车位
尺寸3m×6m
车行道路宽度
单行道4m
双行道7m
美术馆
2F
倾斜式停车位
机动车停车场地
停车场地遮阳绿植
3F
景观隐蔽停车场地
无障碍停车位
留出1.5m人行通道
展览馆
停车倒车空地
平行式停车位
尺寸3m×8m
非机动车停车场地
用地红线

图4-3　室外停车技术要点示意

4.3　用地红线内停车设计要点

总平面图里多数情况下都要绘制机动车停车场地，有时还要表达一定的非机动车场地。停车设计需注意有以下几个要点：室外停车位尺寸（3m×6m）与画法（平行式、垂直式和倾斜式，其中平行式停车位尺寸宜为3m×8m），无障碍停车位的设置（留出1.5m人行专用通道），停车处倒车空地的表达，根据场地尺寸、停车位数量和高程等条件判断采取集中式还是分散式，停车场出入口的表达（集中式停车场停车数量一般都在50辆以内，设置1个出入口），停车场与单体建筑的距离（至少6m），停车场地对景观的影响（面向主要街景时停车场地位置宜偏隐蔽些），地下停车场出入口的表达要点以及停车场地利用建筑、绿植或其他遮蔽物阴影减少暴晒的考虑（图4-3）。

4.4 用地红线内绿化设计要点

在技术经济指标里有“绿地率”这一项（一般在30%以上为妥），因此总平面图里的绿化设计通常是不可或缺的，绿化设计不是随意画上几个圆圈示意种树就完事了，这一环节也能反映出设计者的专业素养与功力，反之则“露怯”。起码在乔木与灌木上应有所区分，绿植也应有一定的层次性表达，行道树的间距合理（一般示意在5~8m间距即可），屋顶绿化出于覆土厚度的限制宜为草坪或小型绿植，在总平面图表达里散点绿植、组团绿植以及树阵表达应结合场地条件与路线规划等方面进行布局，还有视线遮挡（通过绿植对有碍观瞻的房屋或其局部进行一定的遮挡，如箱式变电站、锅炉房等）、季节效果的考虑（常青树还是落叶树，北方冬季采光的考虑在南窗前宜为落叶树）等（图4-4）。

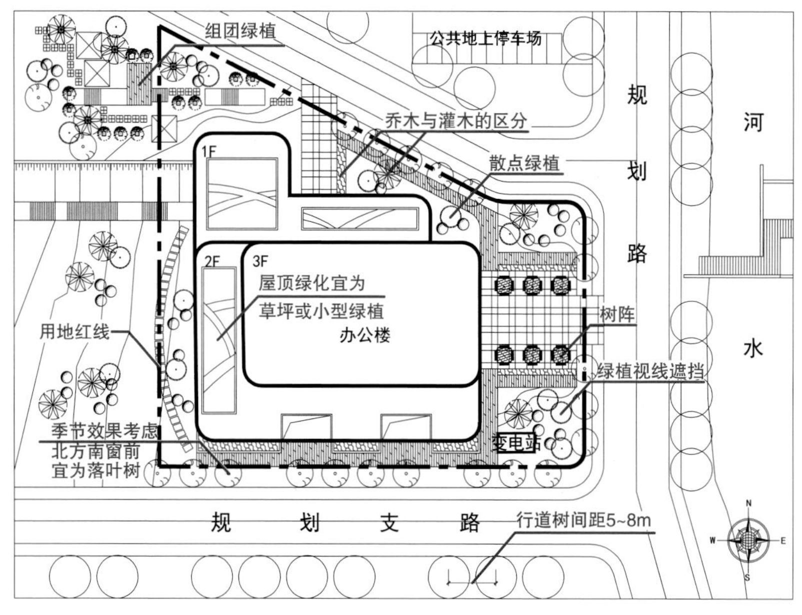
组团绿植
公共地上停车场
乔木与灌木的区分
散点绿植
规划路
河
水
1F
2F
3F
屋顶绿化宜为
草坪或小型绿植
办公楼
树阵
用地红线
绿植视线遮挡
季节效果考虑
北方南窗前
宜为落叶树
变电站
规划支路
行道树间距5~8m
N
S
W
E

图4-4　场地绿化设计要点示意

4.5 用地红线内竖向设计要点

竖向设计不容忽视，除非场地是平地或任务书明确说可以不考虑竖向设计，当场地内有等高线时，应根据提供的或测算的等高距与等高线间距数据进行建筑大体定位的推敲，对道路坡度进行设计（在该阶段一般可忽略道路横坡，只考虑与表示道路纵坡即可，如人行道路坡度控制在8%以内为宜，车行道路坡度别超过10%），对于场地内明显高差的处理切忌懒得考虑土方量平衡而粗暴式平整化，局部场地平整与填挖应通过场地剖面设计进行一定的推演而得出合理化的解决方案，当需要设置不同高差的台地、挡土墙或护坡时应在总平面图上予以必要的数据或图例示意（图4-5）。

4.6 总平面图制图表达要点

总平面图线条表现要分粗细，用地红线最粗（且为虚线或点划线），建筑、道路、水体等轮廓线较粗，铺装、等高线和标注线最细。注意基地内外道路与停车场的位置关系，合理设置转弯半径、人行道，表明用地主次道路入口和建筑主次入口。表明建筑的高度、层数，画出建筑和绿植等的投影（光源方向一致、阴影方向一致，且阴影根据物体的高度表现出来的宽窄不同，日照投影方向要合理，为了迁就投影效果使光源来自东北或西北方向的做法是不合适的），用地周边环境可适当弱化，做到主次分明。指北针不仅不要漏画，而且最好有一定设计感。另外，广场上铺地分隔线切忌过于密集（一是脱离真实尺度，二是占用更多不必要的时间，费力不讨好），一般格子边长控制在1.5m左右即可（图4-6）。

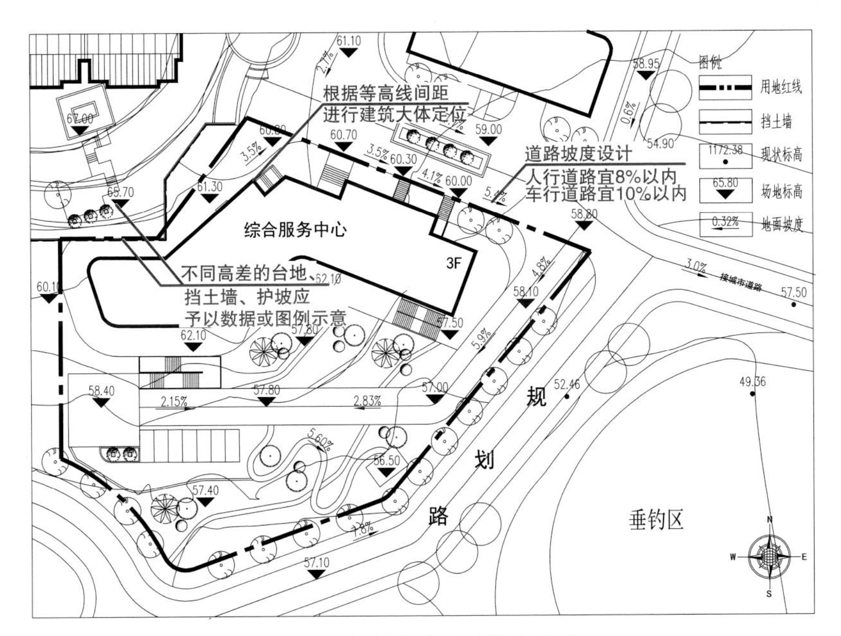

根据等高线间距
进行建筑大体定位
道路坡度设计
人行道路宜8%以内
车行道路宜10%以内
图例
用地红线
挡土墙
现状标高
场地标高
地面坡度
综合服务中心
3F
不同高差的台地、
挡土墙、护坡应
予以数据或图例示意
规
划
路
垂钓区

图4-5　场地竖向设计要点示意

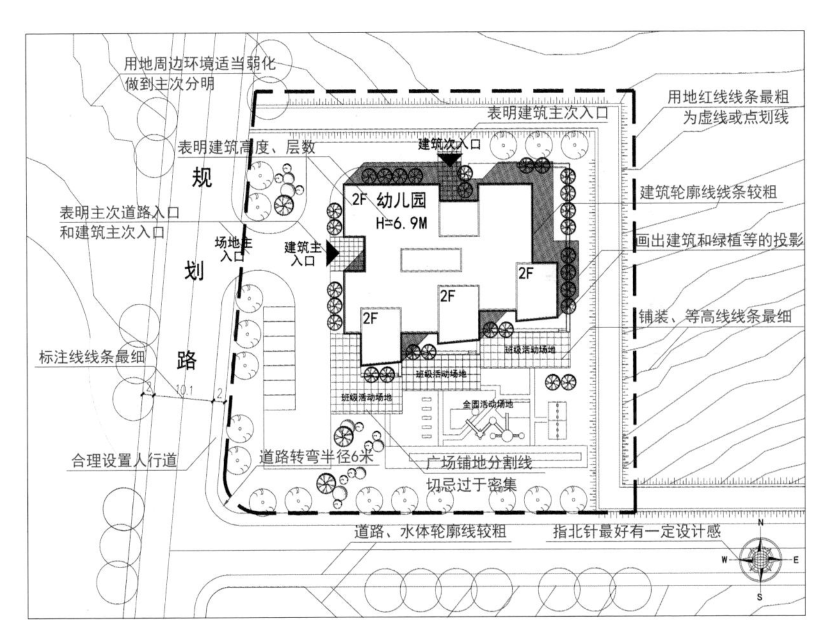

用地周边环境适当弱化
做到主次分明
用地红线线条最粗
为虚线或点划线
表明建筑主次入口
表明建筑高度、层数
建筑次入口
2F 幼儿园
H=6.9M
建筑轮廓线线条较粗
表明主次道路入口
和建筑主次入口
场地主入口
建筑主入口
画出建筑和绿植等的投影
2F
铺装、等高线线条最细
标注线线条最细
规
划
路
合理设置人行道
道路转弯半径6米
广场铺地分割线
切忌过于密集
道路、水体轮廓线较粗
指北针最好有一定设计感

图4-6　总平面图制图表达要点示意

5 平面图设计要点

5.1 网格法+组内外定位

有了前面提到的“功能泡”阶段（即平面框架布局基础）和效果图体块草图推敲后的协调，接下来的平面图设计与绘制宜在网格化底图上进行表达，这种网格尺寸往往提取于任务书主要房间面积的倍数关系或是来自于自拟的主要柱网间距（图5-1），在设计之初对平面雏形心里较为没底的前提下，宁可稍微费点事

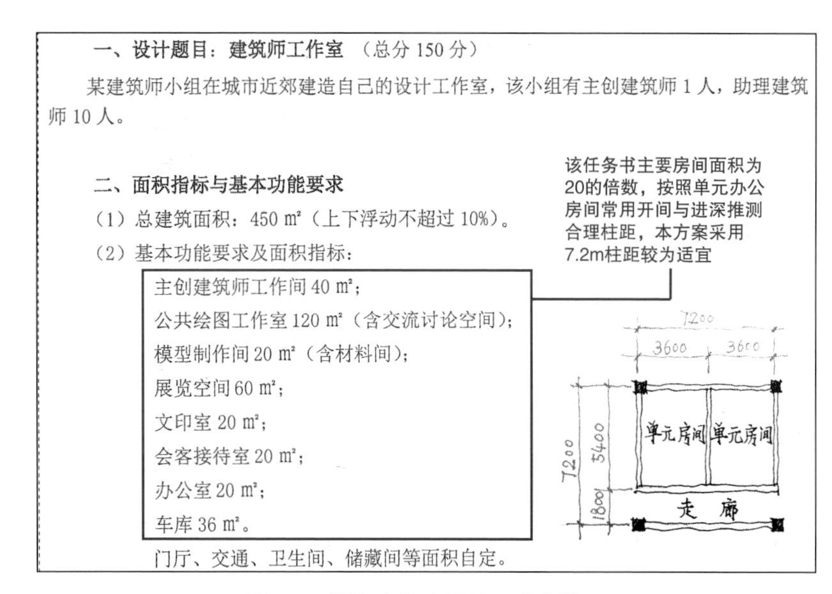
一、设计题目：建筑师工作室 （总分 150 分）
某建筑师小组在城市近郊建造自己的设计工作室，该小组有主创建筑师 1 人，助理建筑师 10 人。
二、面积指标与基本功能要求
（1）总建筑面积：450 m²（上下浮动不超过 10%）。
（2）基本功能要求及面积指标：
主创建筑师工作间 40 m²；
公共绘图工作室 120 m²（含交流讨论空间）；
模型制作间 20 m²（含材料间）；
展览空间 60 m²；
文印室 20 m²；
会客接待室 20 m²；
办公室 20 m²；
车库 36 m²。
门厅、交通、卫生间、储藏间等面积自定。
该任务书主要房间面积为20的倍数，按照单元办公房间常用开间与进深推测合理柱距，本方案采用7.2m柱距较为适宜
7200
3600
3600
7200
5400
1800
单元房间
单元房间
走 廊

图5-1 提取主体房间单元确定柱网

画出网格进行参考定位从而“打底”。接下来是对同类房间形成的“组”（多数任务书给定的分类，例如有的办公区=5间办公室+1间会议室+1间财务室+1间接待室）进行定位，“组”的面积应为该类房间面积之和再乘以1.1~1.3的系数（辅助交通或其他配套面积），根据设计布局的样式，如内廊式、外廊式、内院式等推敲模块的大体尺寸，然后将各个“组”间进行纵向（上下层之间）与横向（同一层之间）定位，在定位协调过程中大致保持“组”的面积维稳的前提下改变其形状以适应组间的配合，最后是“组”内房间的布局，尽量磨合以适应本“组”的样式，当难以适应时则反推上一步的“组”间调整，然后再从“试”到“适”。

5.2 房间尺寸与长宽比设计要点

任务书给定的房间面积数看上去只是一个数字，实则是一个区间，通常上下浮动10%以内即可，例如任务书要求50m^{2}的办公室，那么所做的办公室面积在45~55m^{2}区间里任意一个数字就行。房间尺寸宜避开长宽比为1∶1、2∶1、3∶1的整数比（注册建筑师考试作图除外），有时任务书会给出50m^2、100m^2、200m^{2}和300m^{2}等有意或无意出现的房间面积数，若将长宽比直接锁定在10m×5m、10m×10m、20m×10m和30m×10m的话，一来是房间长宽比非常受限制难以协调，二来这几种整数比房间一般都不

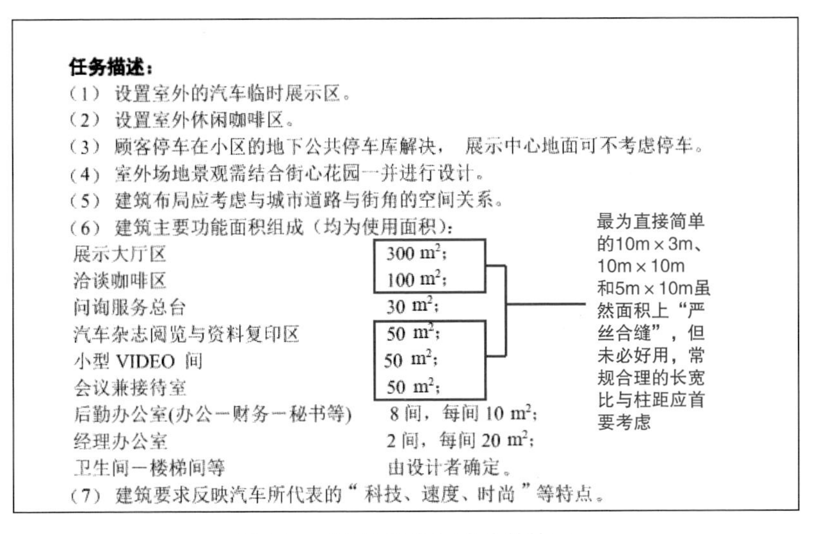

任务描述：

（1）设置室外的汽车临时展示区。

（2）设置室外休闲咖啡区。

（3）顾客停车在小区的地下公共停车库解决，展示中心地面可不考虑停车。

（4）室外场地景观需结合街心花园一并进行设计。

（5）建筑布局应考虑与城市道路与街角的空间关系。

（6）建筑主要功能面积组成（均为使用面积）：

展示大厅区	300 m²；
洽谈咖啡区	100 m²；
问询服务总台	30 m²；
汽车杂志阅览与资料复印区	50 m²；
小型 VIDEO 间	50 m²；
会议兼接待室	50 m²；
后勤办公室(办公—财务—秘书等)	8 间，每间 10 m²；
经理办公室	2 间，每间 20 m²；
卫生间—楼梯间等	由设计者确定。

（7）建筑要求反映汽车所代表的“科技、速度、时尚”等特点。

最为直接简单的10m × 3m、10m × 10m和5m × 10m虽然面积上“严丝合缝”，但未必好用，常规合理的长宽比与柱距应首要考虑

图5-2　房间面积与长宽比的协调

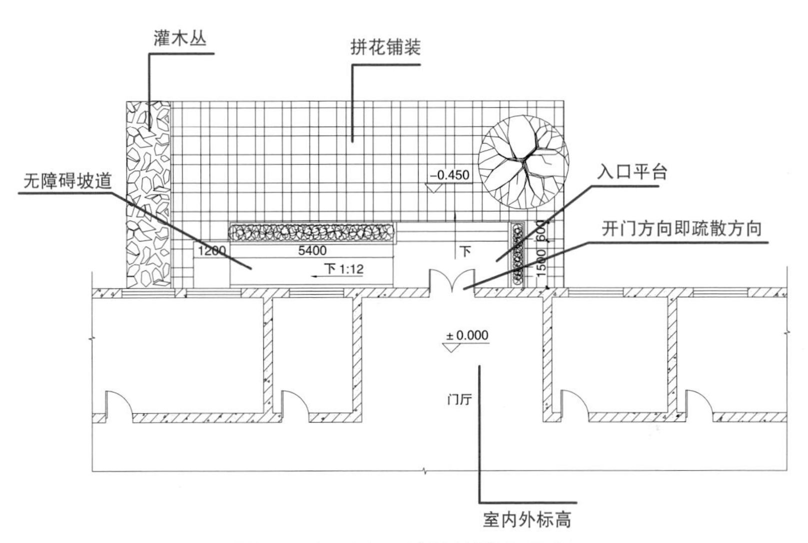
灌木丛
拼花铺装
无障碍坡道
-0.450
入口平台
开门方向即疏散方向
1200
5400
下 1:12
下
1500
600
±0.000
门厅
室内外标高

图5-3　门厅入口处设计要点示意

大好用（图5-2）。确定主要房间长宽时需与自定的柱网协调，如当出现若干15m²的房间时，可预判设置9m开间的柱网，房间尺寸为3m × 5m，则一个柱跨开间内布置3个房间，这样梁柱在边墙出现，对房间内部布局的影响降至最低。当需设置地下车库时，柱网尺寸还得兼顾停车尺寸的合理性，这也是确定房间尺寸与长宽比的主要出处，如某些多层宾馆带地下车库，其标准间尺寸与柱网的确定均要考虑地下停车因素。

5.3　门厅入口处设计要点

建筑物主入口有时被称为视觉焦点或趣味中心，也是人们看首层平面图的切入之处，那么门厅入口的设计往往也就决定了人们对于首层平面图的初始印象（门厅如同门面）。首层平面图里的门厅入口处设计需注意以下几点：室内外高差的表达（室内外标高、台阶数量与尺寸、需设置无障碍坡道时的坡度比例和转折线等），入口处平台的合理宽度（1.2m以上为宜）（图5-3），台阶踏步与坡道在入口平台的方位与流线设计，设置雨篷时的投影线，雨篷有支撑柱或片墙时的相应表达，平开门门扇开启方向（朝向疏散方向，即朝外），设置旋转门和推拉门时配置疏散门，服务台台面表达，当设置传达室或值班室时朝向门厅的窗户和窗台表达（访客等登记用的台面），进门视线与空间感设计（门厅空间的长宽高尺度以及是否设置吹拔空间，进门不宜正对柱子等），门厅内外的景观表达（门厅外设置景观，门厅内对景

层次表达），门厅外休憩等候功能的表达（如非主要流线区域设置坐式台阶和兼具休憩等候功能的缓冲式外廊等）。

5.4 楼（电）梯设计要点

楼（电）梯作为垂直交通核，在平面图里可谓举足轻重，也是方案评判核心要点之一。在中小型多层建筑里大多为开敞式楼梯间和封闭式楼梯间，防烟楼梯间可暂忽略，各层楼梯的平面画法与尺寸首先得正确合理（如踏步面宽度通常取300mm宽，部分项目案例出于造价等因素有所不同而另当别论，另外踏步数连续不超过18个，超过时需加设平台加以缓冲）（图5-4），然后是其样式（直跑式、双跑式、三跑式还是旋转式，最为常用的是双跑式）与位置的合理性（楼梯间应有自然采光，首层楼梯间到最近疏散门的直线距离应在15m以内，袋型走廊等平面形式的楼梯位置应符合疏散距离等要求），再次是要考虑其与卫生间和电梯等的组合设计，升降式电梯附近宜有楼梯与之配合，卫生间宜靠近或紧邻楼梯间布置（大家上厕所时遇到蹲位满员而去其他楼层寻找希望的经历还少吗？楼梯紧邻的做法在第一时间解决人生“大”事善莫大焉，另外对不愿紧邻卫生间的房间还有过渡作用），最后还要兼顾楼梯形式在整体外观上的效果塑造。中小型多层建筑里的电梯多为升降式电梯，自动扶梯因其占用空间大应用相对较少，首先电梯的平面画法与尺寸得正确合理，然后是升降式电梯的电梯厅宜有自然采光且宽度合理（大于等于轿厢宽度且大于等于1.5m），最后需考虑电梯运行对相邻房间的噪声影响。

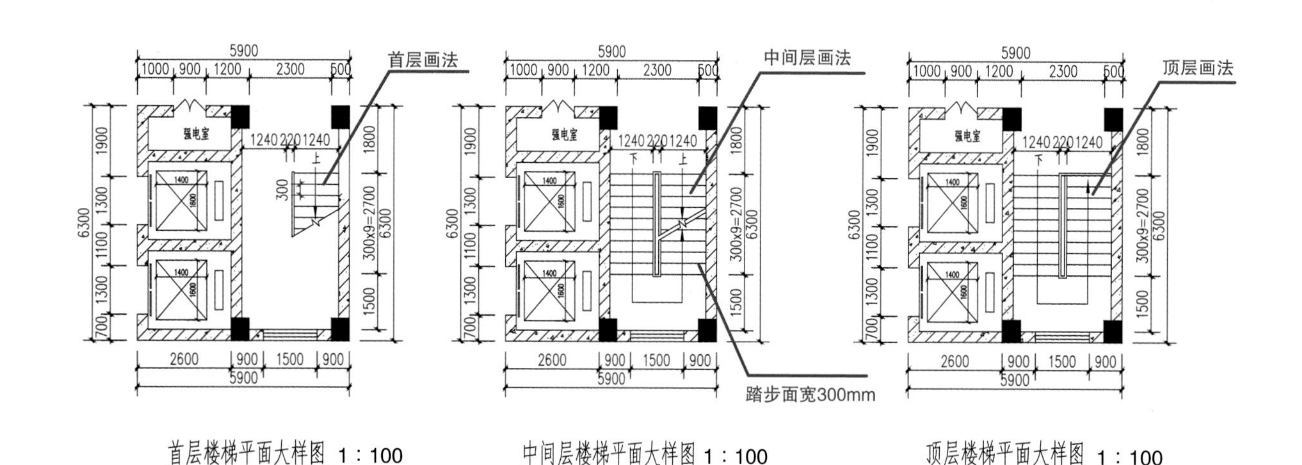
首层画法
中间层画法
顶层画法
强电室
踏步面宽300mm
首层楼梯平面大样图 1：100
中间层楼梯平面大样图 1：100
顶层楼梯平面大样图 1：100

图5-4 楼（电）梯设计要点示意

5.5 内庭院设计要点

内庭院（这里泛指建筑内部围合而成的院落或天井，不包括中庭）布置需进行一定针对性训练，否则草率处理会与平面不相匹配，何况这本身也是分内之事。一马平川式的草坪地、或仅是被一棵大树占据的内庭院给人一种仓促感甚至应付感。首先，通过营造平面序列的空间节点并丰富景深层次来对内庭院进行平面定位，然后才是对庭院本身进行布景，可以有树（原有或新增，本身也可以有高低或单簇等层次之分）、路径、建筑小品、构架、硬质铺地、沙地、水池、草地、遮阳伞、凉亭、片墙、石桌凳和楼梯间等。再次要注意内庭院与室内的交通衔接处理（衔接处的高差表达，如平台与台阶、雨篷投影线等，忌讳的做法是将内庭院完全封闭，即不设置门洞与室内相通），另外当内庭院的短边长度大于24m时，宜设置能进入庭院的消防通道。最后要兼顾内庭院各个围合面之间的卫生视距，即可能有视线干扰的状况时需在设计环节就予以规避（图5-5）。

5.6 卫生间设计要点

卫生间可谓是平面图里的敏感部位，几乎每个设计任务里都要画卫生间，站在评判的角度，若是卫生间的表达上出现若干错误，则往往很难对整个平面设计有好印象，虽是以偏概全，但却情有可原。卫生间既要考虑其位置的合理性，如路线便捷又不能过于醒目，如不能一进门厅就看见（除非是独立式公厕），又要

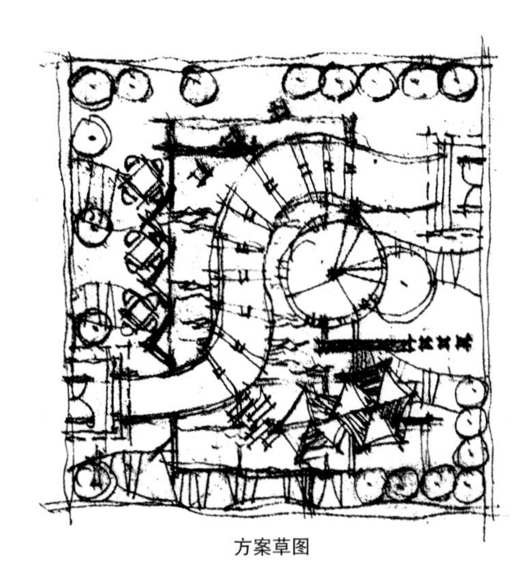

方案草图

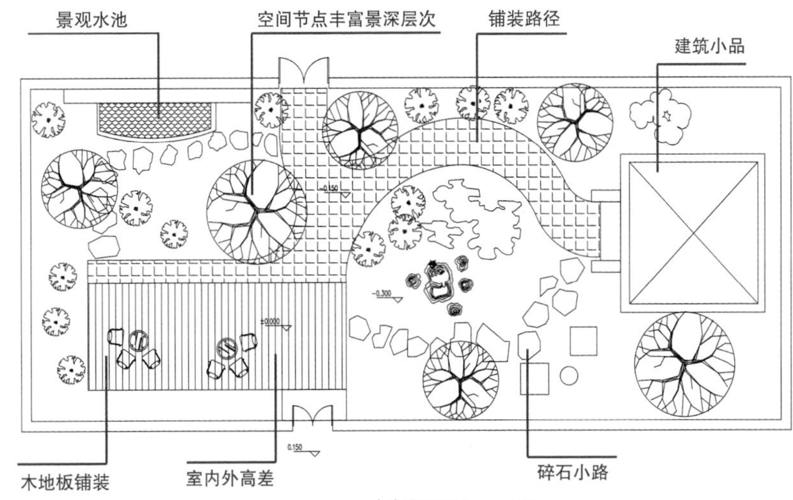
景观水池
空间节点丰富景深层次
铺装路径
建筑小品
木地板铺装
室内外高差
碎石小路
内庭院平面图 1：150

图5-5 内庭院设计要点示意

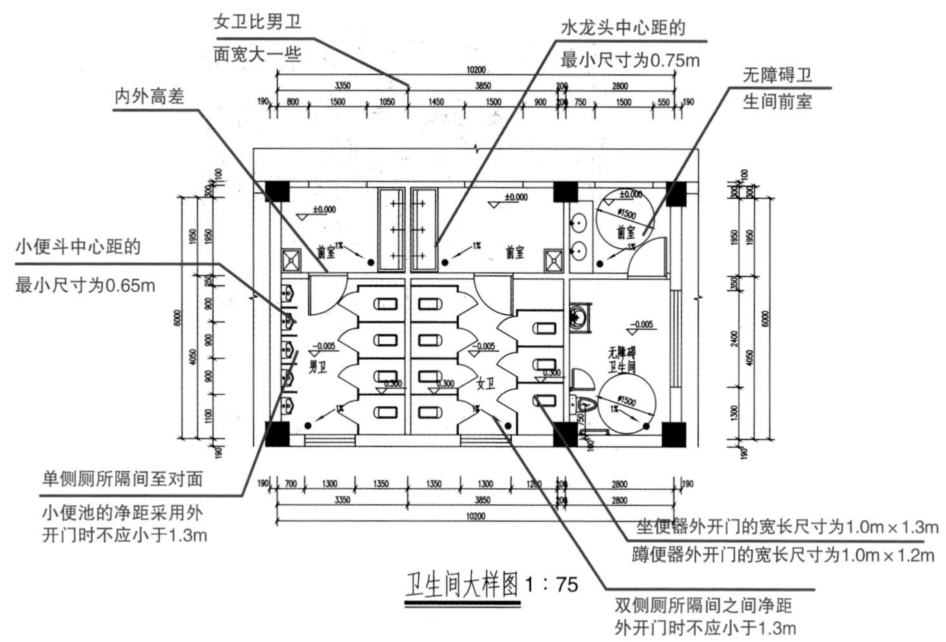
女卫比男卫
面宽大一些
水龙头中心距的
最小尺寸为0.75m
无障碍卫
生间前室
内外高差
小便斗中心距的
最小尺寸为0.65m
单侧厕所隔间至对面
小便池的净距采用外
开门时不应小于1.3m
坐便器外开门的宽长尺寸为1.0m×1.3m
蹲便器外开门的宽长尺寸为1.0m×1.2m
双侧厕所隔间之间净距
外开门时不应小于1.3m
卫生间大样图 1：75
男卫
女卫
前室
无障碍
卫生间

图5-6　卫生间设计要点示意

注意洁具尺寸合理（如蹲位隔间分为内开门与外开门，内开门的宽长尺寸为1.0m×1.4m，外开门的宽长尺寸为1.0m×1.2m，小便斗中心距的最小尺寸为0.65m，洗手盆手龙头中心距的最小尺寸为0.75m）（图5-6），还要注意高差设计，最后还要注意视线遮挡设计以及前室洗手盆的分合设计（根据梳妆需求等确定洗手盆是男女卫共用还是分设男女卫内）。根据任务书给定的卫生间面积或是建筑类型及服务人群人数等基础数据来确定洗手盆、蹲位与小便斗（或小便池）数量，还有开窗应考虑避开蹲位隔间以及首层的室外视线遮蔽问题，另外男卫女卫并非只有等面积或对称式布局，根据建筑类型和实际使用状况来看，女卫面积占比有时应大于男卫面积占比，如商场和教学楼等。当卫生间不做降板时，蹲位处地面需抬起，对应平面图上该处应有台阶线。

5.7　上人屋顶平台设计要点

在屋顶设置上人平台，既是争取室外活动或绿植绿化等用途场地，又可丰富立面天际线和“第五立面”。上人屋顶平台设计应注意以下几点：首先是维护设施，既可以是女儿墙也可以是栏杆或栏板等设施，高度1.0m左右为宜。上人屋顶一般都是平屋顶，兼顾平屋顶有组织排水的做法，其维护设施宜比外墙退后，留出约排水沟宽度的距离；其次是平台入口设计，由于平台保温层和防水层等构造层次厚度，导致门口内外高差，需注意台阶特殊表达形式；以及必要的雨篷投影线绘制，可结合入口处尺寸将雨篷延伸形成外廊空间，形成遮阳避雨的停留休憩空间从而提升平台使用效率；再次是平台内容设计，平台可以视为微型场地设计，较小时以留白为主，较大时可形成点线面多层级布置；最后需注意平台绿植以灌木类、盆景类或草坪类进行表达，贸然或随意在平台上画上几株乔木类绿植，又没有考虑其覆土厚度的影响，易被归为不切实际的做法（图5-7）。

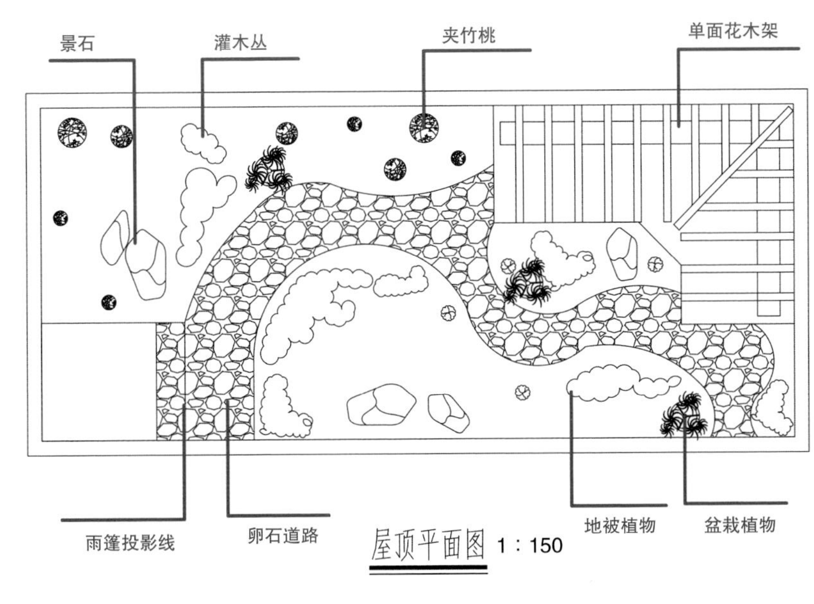

景石
灌木丛
夹竹桃
单面花木架
雨篷投影线
卵石道路
屋顶平面图 1：150
地被植物
盆栽植物

图5-7　上人屋顶平台设计要点示意

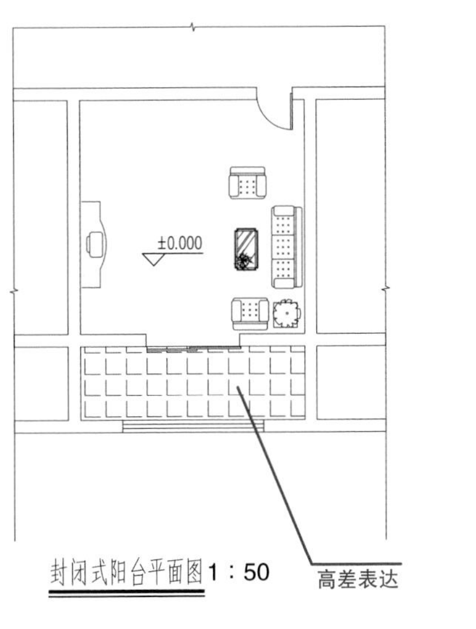

±0.000
封闭式阳台平面图 1：50
高差表达

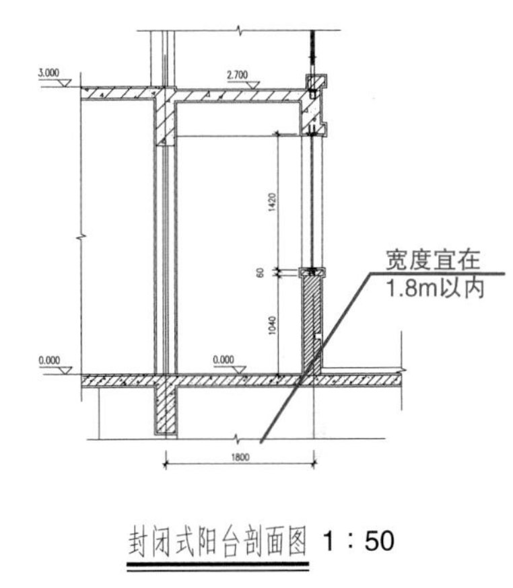

宽度宜在
1.8m以内
封闭式阳台剖面图 1：50

图5-8　封闭式阳台设计要点示意

5.8　阳台（外廊）与内廊设计要点

公建设置阳台（外廊）常见于宾馆标间、公寓宿舍、教学楼和部分办公室等，阳台（外廊）结合当地气候特征分为开敞式和封闭式，无论开敞或封闭阳台（外廊）都是其衔接房间的必要补充，当无柱支撑时阳台（外廊）的宽度（进深）宜在1.8m以内（图5-8），阳台（外廊）作为室内外的过渡式空间，无论在功能（晾晒、远眺、接打电话、吸烟、私聊等）还是效果（增加凹凸与丰富光影）上都有着积极意义。另外，阳台（外廊）按照进深程度或在外墙位置内外还可分为凹凸阳台（外廊），结合平面布局与立面凹凸需求进行定夺。内廊宽度根据建筑类型进行判断，多数中小型建筑2m宽左右，教学楼内廊宽度多为2~3m，医院内廊宽度为3m以上，另外应注意内廊端部设计，当不是房间门口时，端部外墙可考虑做成凹式或凸式阳台，一来辅助内廊采光，二来丰富山墙效果。最后还应注意内廊高窗的设置以及对应在平面上的表达。

6　立面图设计要点

相当一部分同学在做立面时显得有些捉襟见肘，往往会陷入既对自己做的立面不甚满意，又觉得“没什么好画的”的窘境。诚然巧妇难为无米之炊，应对立面设计都有哪些元素或从哪些方面可以切入进行必要的梳理，但同时应注意避免矫枉过正，从单调乏味走向复杂花哨亦不可取，元素间的统一或呼应意识（母题）是立面设计的基本保障（图6-1）。现就立面设计的常用元素分门别类进行一定的阐述与图示。

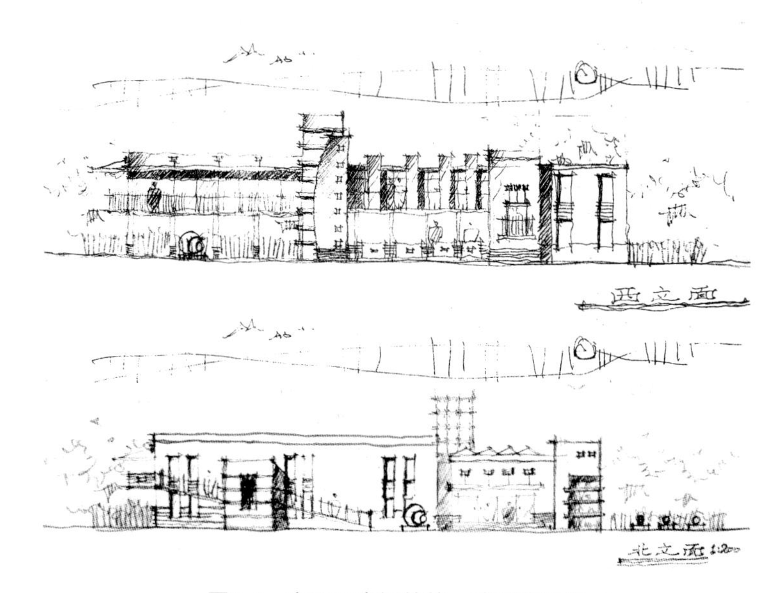

图6-1　立面元素间的统一或呼应示意

6.1　屋顶

可平可坡也可平坡结合，平坡时也可有一定的高差形成错落变化，若为坡屋顶并非就得仿古，除非任务指定为仿古类项目，否则往往会导致费力不讨好，另外坡屋顶可做单坡顶、双坡顶、四坡顶（攒尖式）等，双坡顶也可非等坡式（表6-1）。

表6-1　屋顶样式示意

单坡顶		
双坡顶		
四坡顶		
双坡顶非等坡式		

6.2 勒脚

勒脚的高度有的是表示室内地面的高度，有的直接做到窗台下沿，还有的地面一层都是勒脚材质，当然也有些建筑为表现立面的纯粹不做勒脚，但勒脚具体高度多是根据其在立面上的效果和构造需求而定。一般需注意其材质、色彩与墙面的区别（表6-2）。

表6-2 勒脚样式示意

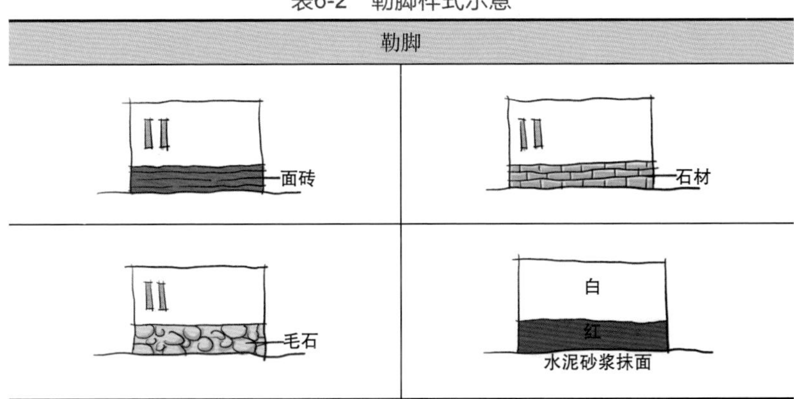
勒脚
面砖
石材
毛石
白
红
水泥砂浆抹面

6.3 材质对比

在有主次前提下形成冷暖或虚实对比，以理查德·迈耶为代表追求纯粹的白色派摒弃材质的对比应用，如同白描技法不加光影的表现形式，但更多建筑类型需要材质对比提升立面表现力，材质种类不宜求多，尤其在快题里2~4种材质即可，过多则显凌乱（表6-3）。

表6-3 材质对比样式示意

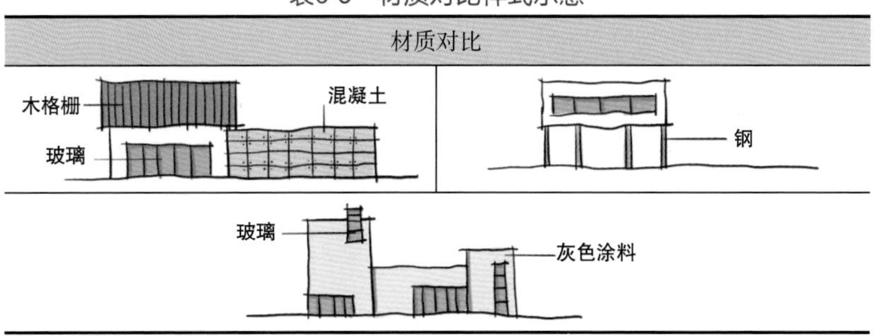
材质对比
木格栅
混凝土
玻璃
钢
玻璃
灰色涂料

6.4 比例运用

立面整体或局部长宽比、窗口长宽比、洞口长宽比等应用适当的比例优化立面效果，如通过对角线辅助统一相关部位的比例，运用黄金分割比、根号比（如$\sqrt{2}$、$\sqrt{3}$）控制立面视角焦点或立面局部部位抑或同一节奏要素间间距的比例关系（表6-4）。

表6-4 比例运用样式示意

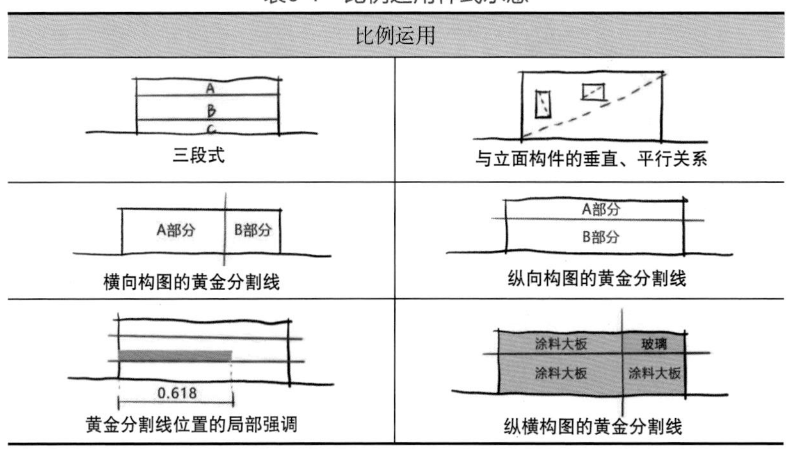
比例运用
A
B
C
三段式
与立面构件的垂直、平行关系
A部分
B部分
横向构图的黄金分割线
A部分
B部分
纵向构图的黄金分割线
0.618
黄金分割线位置的局部强调
涂料大板
玻璃
涂料大板
涂料大板
纵横构图的黄金分割线

6.5 楼梯间

有些建筑形体出于某种追求将楼梯间在外观上予以隐匿，但当外观形象乏善可陈时楼梯间则可脱颖而出，可通透为主或封闭为主，单（直）跑式楼梯可“悬挂”或“镶嵌”于外立面，双跑式或三跑式楼梯可高出屋面或凸出于、凹进于墙面（表6-5）。

表6-5 楼梯间运用样式示意

楼梯间		
单跑式	镶嵌	悬挂
双跑式	凸出墙面	高出屋面

6.6 错层平台

利用形体上的错层打破立面上横向的一马平川，如以两层为主局部三层的单体建筑，同时利用二层屋顶作为上人平台，除了二三层错落形成的建筑立面轮廓外，平台内容（如构架廊道、遮阳伞等）亦可为立面效果锦上添花（表6-6）。

表6-6 错层平台样式示意

错层平台

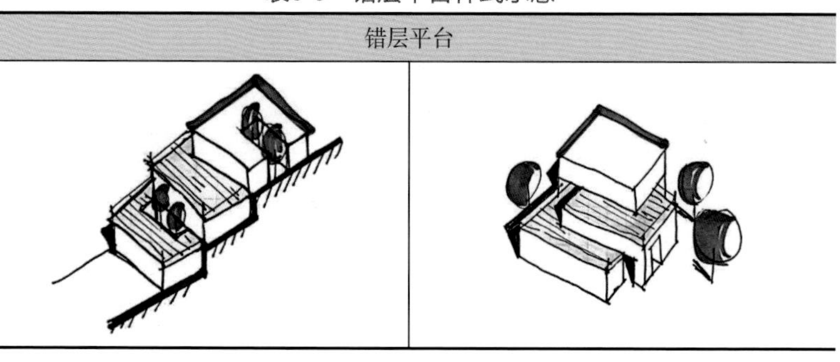

6.7 阳台（外廊）

建筑立面上如何体现“让光线来做设计”（贝聿铭语）是大多数设计工作对自然的追求，阳台（外廊）既是遮阳避雨、休憩远眺之处，也是室内外过渡缓冲之地，在外立面上的合理适当出现可以营造与丰富整个立面的光影效果（表6-7）。

表6-7 阳台运用样式示意

双边阳台	单边阳台

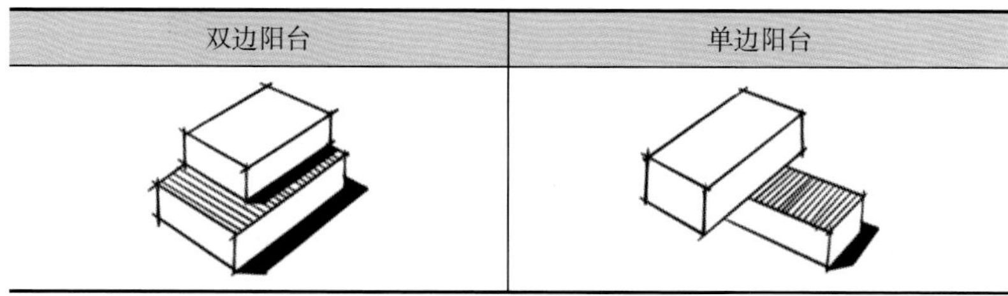

6.8 片墙

片墙或是独立于主体建筑的同时又与主体建筑存在某种空间对位关系，或是由建筑某处维护墙体向外延伸而形成。片墙可开洞口，可直可曲，形成室内外过渡的灰空间与取景效果，丰富了建筑空间层次与光影表达（表6-8）。

表6-8　片墙运用样式示意

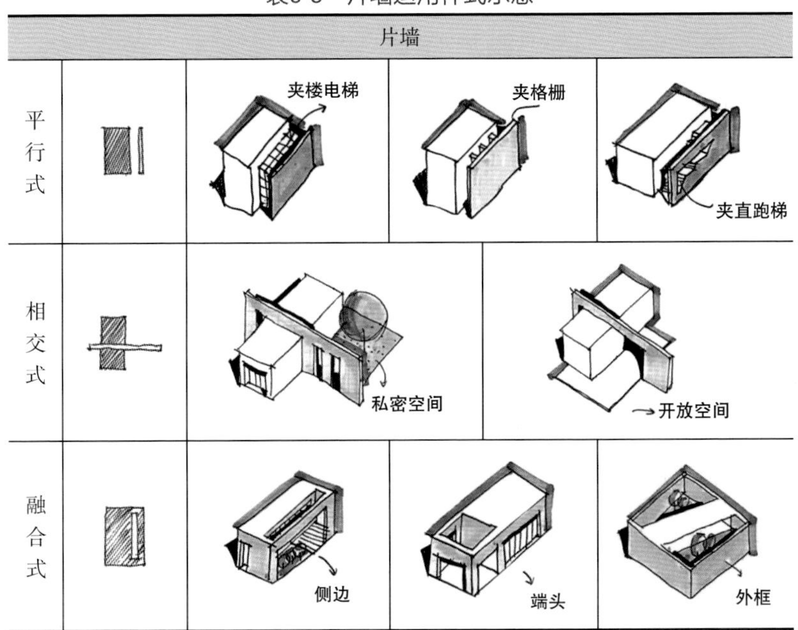

片墙
平行式
夹楼电梯
夹格栅
夹直跑梯
相交式
私密空间
开放空间
融合式
侧边
端头
外框

6.9　开窗（洞）样式

开窗（洞）样式除了常用的等距式或散点式单窗（洞）、水平条窗（洞）、竖向条窗（洞）、百叶窗和玻璃幕窗外，还有横向或竖向成组布局窗（洞）样式、结合窗框强化光影的布局样式、局部使用凸窗以丰富光影与进深层次的样式等多种样式（表6-9）。

表6-9　开窗（洞）样式示意

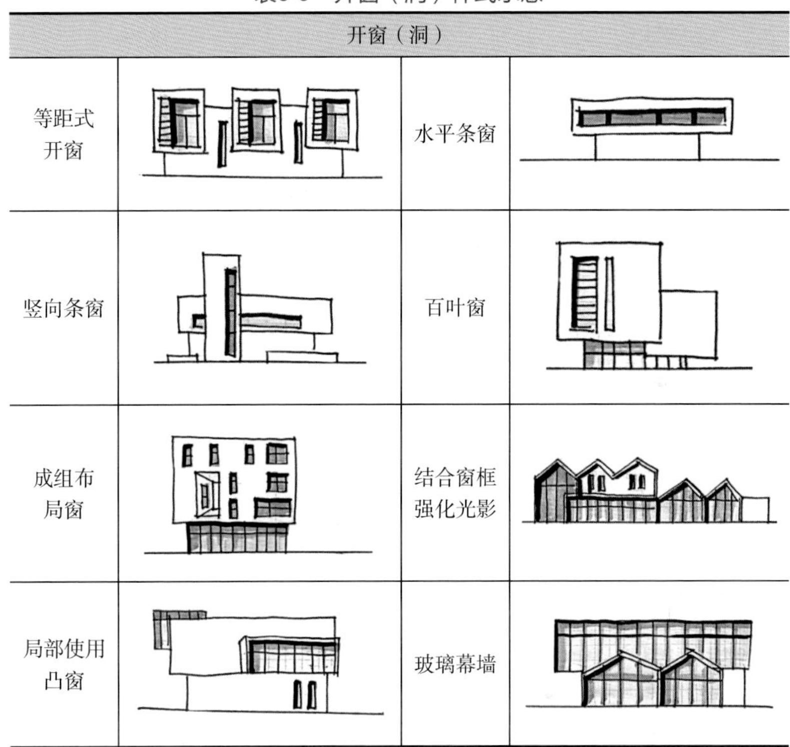

开窗（洞）
等距式开窗
水平条窗
竖向条窗
百叶窗
成组布局窗
结合窗框强化光影
局部使用凸窗
玻璃幕墙

6.10　局部架空

建筑首层或中间层局部架空形成视线通廊或对景，尤其首层局部架空形成灰空间较多，既能扩大地面视线的通透，又能形成遮阳避雨或某些功能（社交、展览、休憩、零售等）的延伸，另外架空也可以基于建筑生长意识，为以后增扩建提供可能（表6-10）。

表6-10　局部架空样式示意

单一体块架空	双体块架空	多体块架空

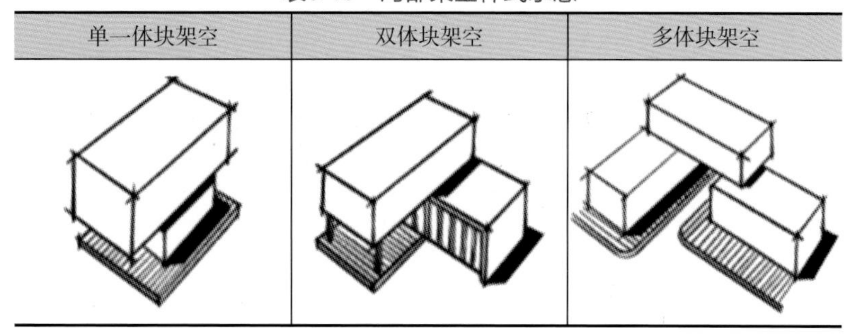

6.11　穿插咬合

一种互扣相握而非拼接粘贴的做法，如同榫卯结构给人以结实与整体之感。穿插咬合的设计手法通常会将截面较小的建筑形体穿过截面较大的体量，体块的穿插感往往会利用悬挑与架空等手法增强视觉效果，同时也丰富了建筑纵横向进深层次感（表6-11）。

表6-11　穿插咬合样式示意

“凹”形立面	“L”形穿插	多体块穿插

6.12　对位错位

利用立面纵向或横向的分隔线（显性）或辅助线（隐性），将门窗洞口、列柱、开槽等不同要素进行垂直方向或水平方向的对位与错位处理，从而强化同一立面里不同要素间的整体感与统一感，或是形成某种节奏感韵律感（表6-12）。

表6-12　对位错位样式示意

对位错位样式示意

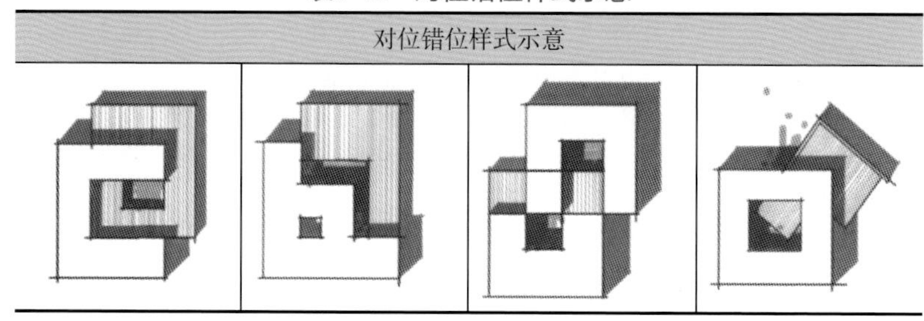

6.13　化整为零

当立面尺度较大时，尤其是水平方向偏长的情况下应进行一定的分段处理。化整为零主要是指将大体量的建筑空间在视觉效果上的大体量感弱化、缩小化，“零”为零散、若干和数量化的意思，而非没有。化整为零可结合竖向开槽等手法进行处理（表6-13）。

表6-13　化整为零手法示意

一层：环绕	二层：发散

7 剖面图设计要点

剖面图设计主要是考查学生的空间、构造和尺度上的基本概念与设计表达，绘制剖面图时易出错的结构部位与设计表达出错概率较高的几类问题如下。

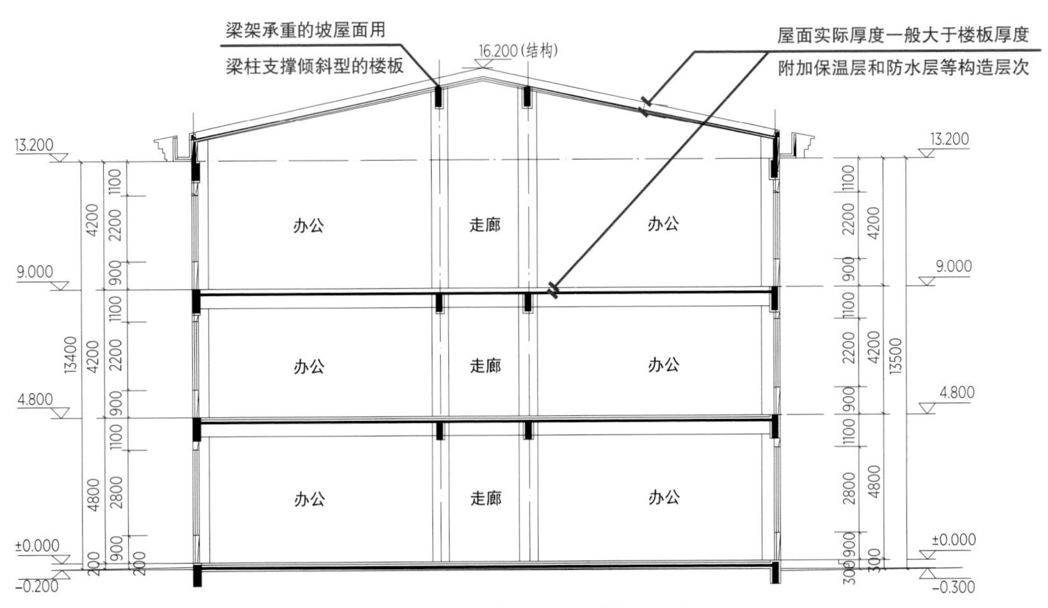

梁架承重的坡屋面用
梁柱支撑倾斜型的楼板
16.200 (结构)
屋面实际厚度一般大于楼板厚度
附加保温层和防水层等构造层次
13.200
9.000
4.800
±0.000
-0.200
13.200
9.000
4.800
±0.000
-0.300
办公
走廊
办公
办公
走廊
办公
办公
走廊
办公
13400
13500

图7-1 梁柱支撑倾斜型楼板示意

7.1 屋面绘制要点

屋面分为平屋面和坡屋面。多数平屋面需设置女儿墙，分为可上人和不可上人两种。通常表达可上人的女儿墙居多（约1m高），但类似书报亭、传达室、集装箱改造类等小型建筑则画成不上人屋面即可，设置约30cm高女儿墙即可或者按无组织排水不予设置亦可。坡屋面常用的承重结构类型有山墙承重、屋架承重和梁架承重三类，在本科设计作业涉及最多的是梁架承重，相当于以梁柱支撑倾斜型的楼板（图7-1）。另外，屋面实际厚度（多了保温层和防水层等构造层次）一般是大于楼板厚度的，在剖面图里根据比例确定是否形成二者厚度的区别。

7.2 楼板绘制要点

板类型虽然有钢筋混凝土楼板、砖拱楼板、木楼板和钢衬板组合楼板等，但对于在校生的建筑设计作业、考研快题，以及职场实际项目中使用最为普遍的还是钢筋混凝土楼板（分为现浇式、装配式和装配整体式），基于篇幅与针对性，这里只简介一下现浇钢筋混凝土楼板里最常用的板式楼板和肋梁楼板：板式楼板直接支撑在墙上且不需另设梁，如住宅、宿舍等小开间房屋使用较多；肋梁楼板是在房间开间、进深尺寸较大时设置肋梁，分为单向板肋梁（分主次梁，主梁由支撑柱传递荷载）和双向板肋梁（井式楼板，平面为方形或接近方形，长短边比小于1.5，用于不设柱的房间或大厅）（图7-2）。

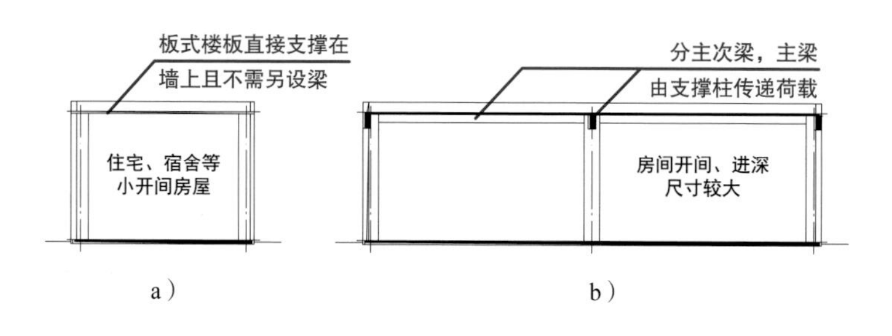
板式楼板直接支撑在
墙上且不需另设梁
住宅、宿舍等
小开间房屋
a）
分主次梁，主梁
由支撑柱传递荷载
房间开间、进深
尺寸较大
b）

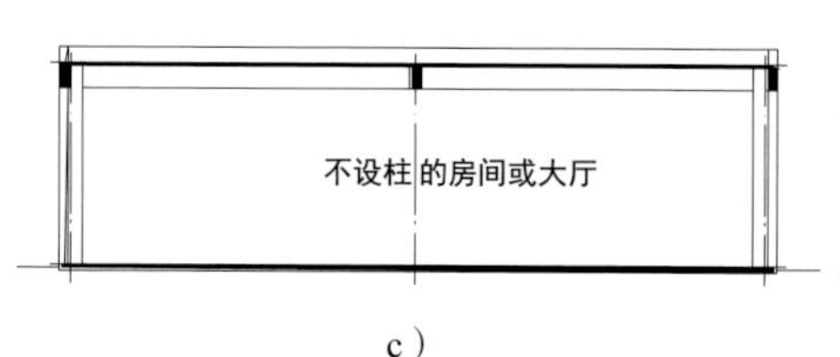
不设柱的房间或大厅
c）

图7-2　现浇钢筋混凝土板式楼板和肋梁楼板示意
a）板式楼板　b）单向板肋梁楼板　c）井式楼板

7.3　梁柱绘制要点

中小型多层建筑最常用的结构形式是由许多梁和柱共同组成的以框架来承受房屋全部荷载的框架结构，而且该结构形式由于墙体只分隔不承重故而带给建筑设计极大的自由度。梁作为剖面图里主要的横向支撑结构需要予以表达，不论是砖混结构还是框架结构，在剖面图中一般都会表达剖到梁的梁截面及未剖到梁的梁看线，梁截面宽度不宜小于200mm，高宽比不宜大于4，净跨与截面高度之比不宜小于4。柱作为剖面图里主要的竖向支撑结构亦需要予以表达，在剖面图中一般都会表达剖到柱的柱截面及未剖到柱的柱看线，柱截面的宽度和高度均不宜小于300mm；圆柱直径不宜小于350mm（图7-3）。

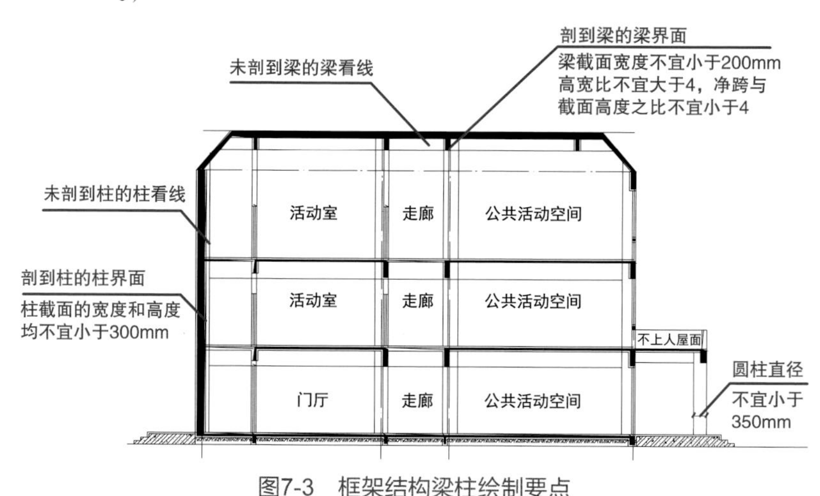
剖到梁的梁界面
梁截面宽度不宜小于200mm
高宽比不宜大于4，净跨与
截面高度之比不宜小于4
未剖到梁的梁看线
未剖到柱的柱看线
剖到柱的柱界面
柱截面的宽度和高度
均不宜小于300mm
活动室
走廊
公共活动空间
活动室
走廊
公共活动空间
门厅
走廊
公共活动空间
不上人屋面
圆柱直径
不宜小于
350mm

图7-3　框架结构梁柱绘制要点

7.4　楼梯间绘制要点

以开敞双跑楼梯为例，首先切割方式宜从楼层平台与梯段中间平台两侧进行，不宜从梯段短边两侧“拦腰”切割。其次，楼梯平台上部及下部过道处的净高不应小于2m，梯段处净高不应小于2.2m，楼梯转向平台宽度不应小于梯段净宽并不得小于1.2m。再次，楼梯踏步的高与宽在不同建筑类型中有不同要求，除了老幼建筑类型外，其他大多建筑楼梯踏步可取高150mm、宽300mm计算取得。最后，注意梯段梁与平台梁的表达，以及有些快题里1：200和1：300的剖面图中不必具体画出每个踏步的高宽，一个梯段由斜线直接表达即可，栏杆或栏板也不必画出，只需画出高约1m左右的扶手线即可（图7-4）。

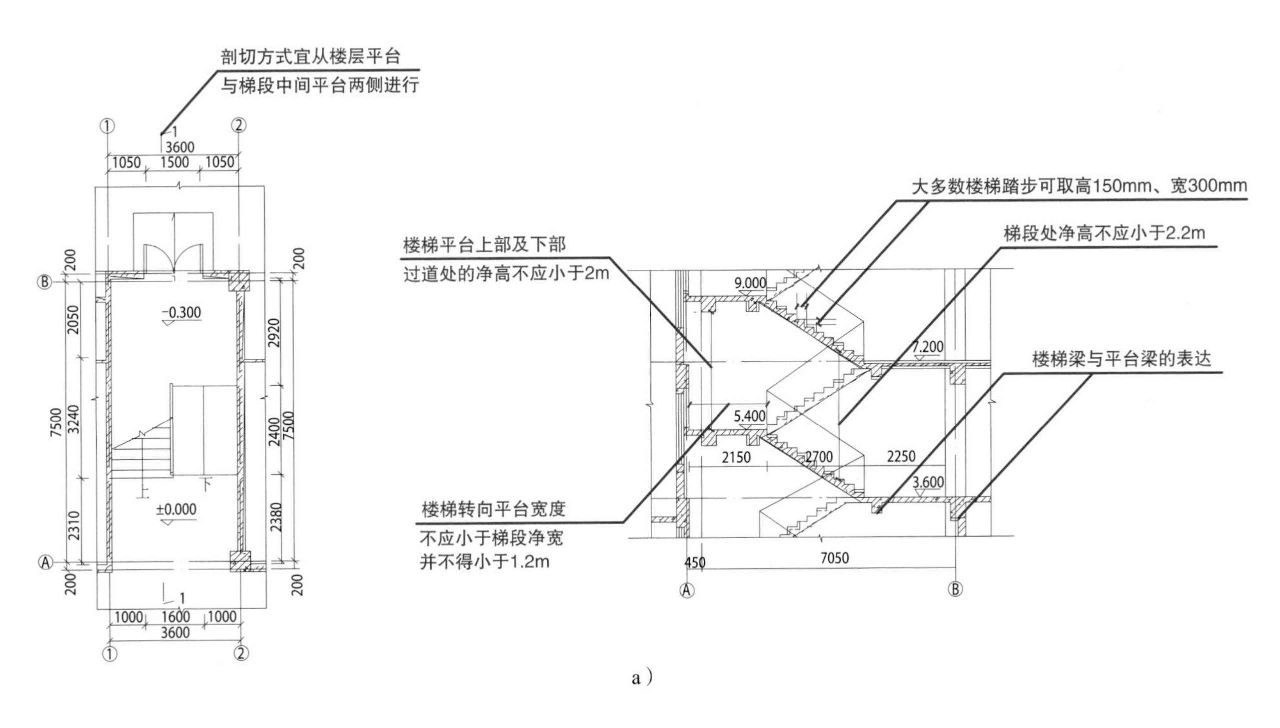
剖切方式宜从楼层平台
与梯段中间平台两侧进行
大多数楼梯踏步可取高150mm、宽300mm
楼梯平台上部及下部
过道处的净高不应小于2m
梯段处净高不应小于2.2m
楼梯梁与平台梁的表达
楼梯转向平台宽度
不应小于梯段净宽
并不得小于1.2m
−0.300
±0.000
9.000
7.200
5.400
3.600
2150
2700
2250
450
7050
3600
1050
1500
1000
1600
2050
3240
2310
7500
2920
2400
2380
200

a）

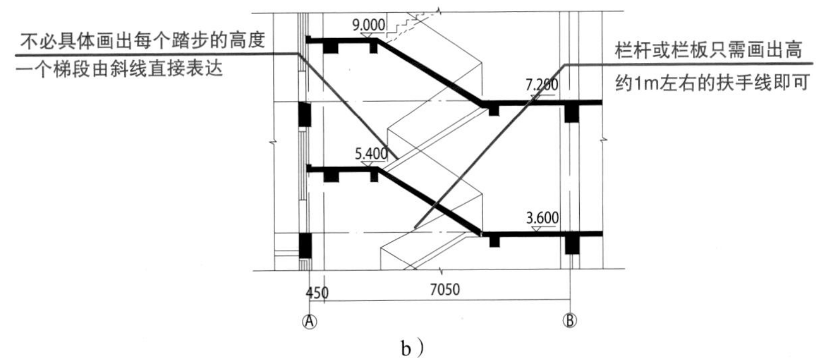
不必具体画出每个踏步的高度
一个梯段由斜线直接表达
栏杆或栏板只需画出高
约1m左右的扶手线即可
9.000
7.200
5.400
3.600
450
7050

b）

图7-4　楼梯间绘制要点

a）开敞双跑楼梯平面图、剖面图　b）快题中楼梯剖面画法

7.5 室内外高差绘制要点

出于预防雨水倒灌和室内外视线高差等因素，大多数建筑应表达室内外高差，即地面线不应是如同在平整场地上的立面图里的一条连续水平地面线。根据场地平整程度与土方量平衡后估算出室内外高差，平整场地一般较多取室内外高差为0.45~0.75m，即为3~5阶踏步即可，当剖到主入口室内外高差的雨篷时应予以表达，另外还应注意有内院或天井时的内外高差表达以及室内外大门两侧的高差表达（学生作业里剖面图此处可忽略高差表达，仅在平面图里的门口处加上高差线即可）（图7-5）。

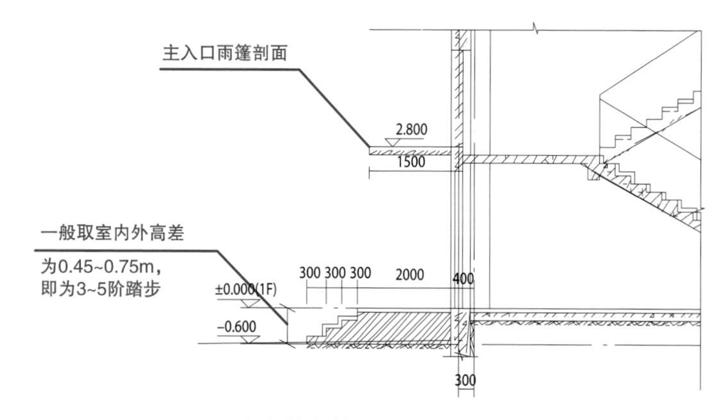
主入口雨篷剖面
2.800
1500
一般取室内外高差
为0.45~0.75m，
即为3~5阶踏步
300 300 300
2000
400
±0.000(1F)
-0.600
300

图7-5 室内外高差及出入口雨篷绘制要点

7.6 剖切位置选取要点

剖切位置通常应该选取最能反映剖面空间关系的位置进行表达，也可理解为选取呈现剖面相对丰富或相对精彩之处，如令剖切线经过门厅、中庭、外廊、内院、露台、天井和楼梯间等，同时也要根据任务绘制剖面图个数和构图方面需求进行选取绘制偏长或偏短的剖面图，剖切位置选取与相应的绘制成图的底线是不要令人看其剖面图有明显充数和占地的乏味之感，在快题的剖面图表达里尤应注意（图7-6）。另外，若剖到卫生间时需注意是否需降板处理及其表达，或剖到电梯间时梯井顶底两端的合理表达。

7.7 其他绘制要点

剖面图中的标高不要遗漏，单位为米且书写至小数点后三位，在标注时位置既可统一在剖面图的一侧，也可在各层上缘处进行标注，可结合构图与识别便利性而定。注意室外地面、各层层高位置于建筑檐口处及最高处上均应有标高表示。另外剖面图相对立面图而言易产生空洞感，因此可以在剖到的房间里注明房间名称，也可以示意性的画上极简配景人（一来丰富剖面内容，二来通过人物也可以表达空间尺度感）。另一方面剖面图里看到的部分不必做出光影变化（阴影表达粗线或排线易和剖切粗线混淆）（图7-7）。

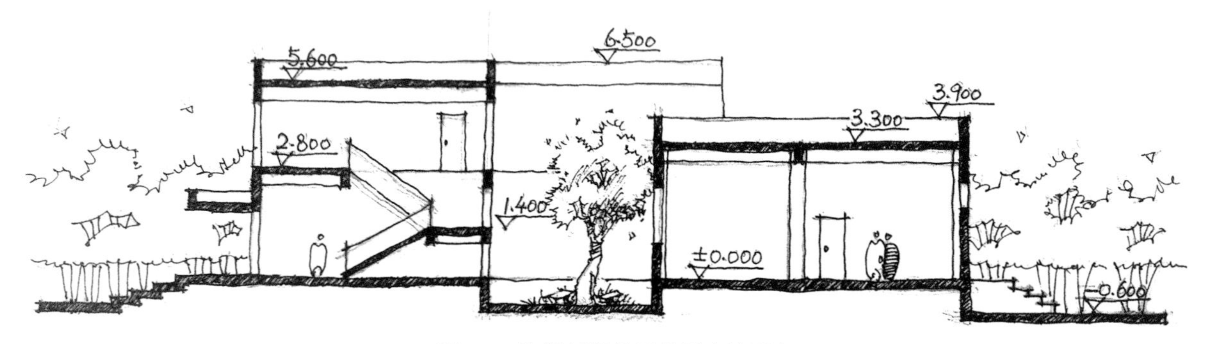

5.600
6.500
3.900
3.300
2.800
1.400
±0.000
-0.600

图7-6　快题剖切位置效果表达示意

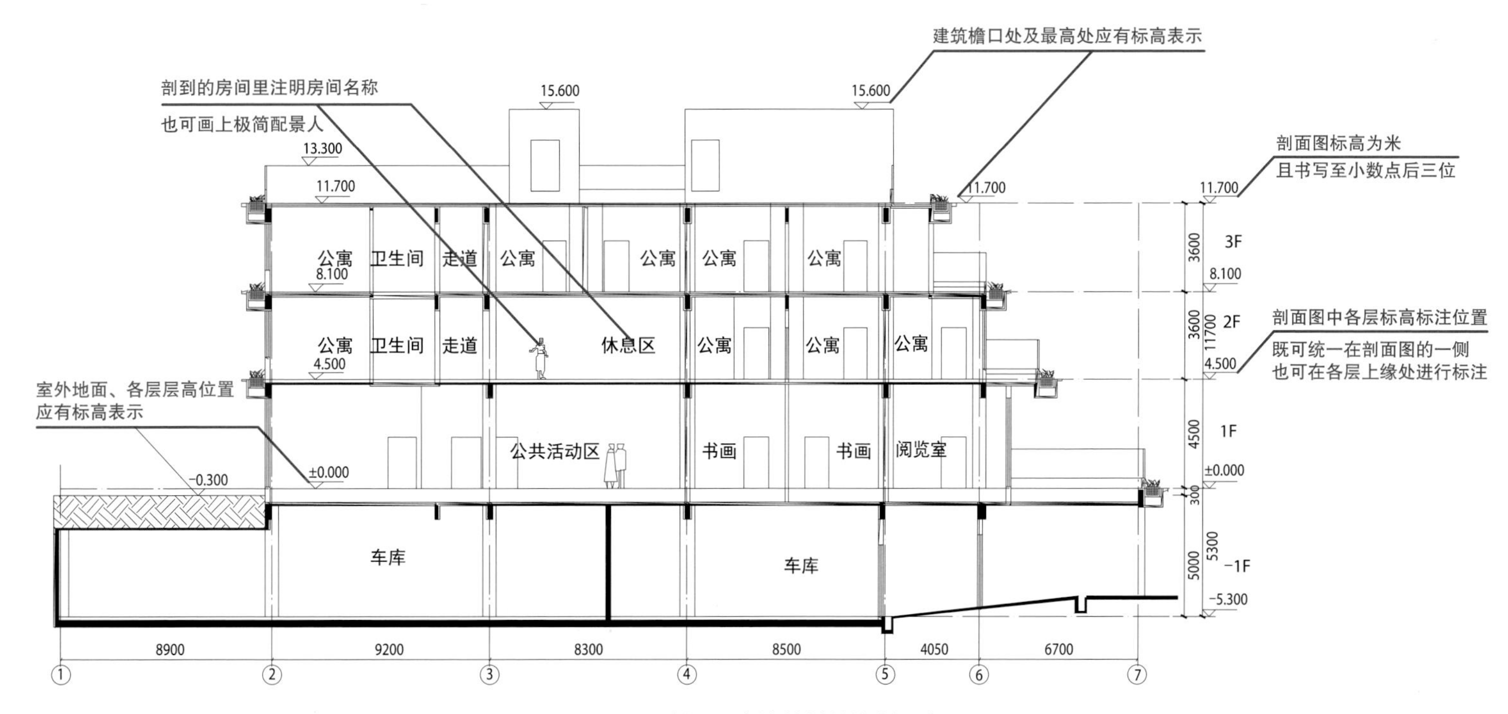

建筑檐口处及最高处应有标高表示
剖到的房间里注明房间名称
也可画上极简配景人
15.600
15.600
13.300
11.700
11.700
11.700
剖面图标高为米
且书写至小数点后三位
公寓
卫生间
走道
公寓
公寓
公寓
公寓
8.100
8.100
3F
3600
2F
3600
11700
剖面图中各层标高标注位置
既可统一在剖面图的一侧
也可在各层上缘处进行标注
公寓
卫生间
走道
休息区
公寓
公寓
公寓
4.500
4.500
室外地面、各层层高位置
应有标高表示
公共活动区
书画
书画
阅览室
4500
1F
±0.000
±0.000
-0.300
300
车库
车库
5000
5300
-1F
-5.300
8900
9200
8300
8500
4050
6700
1
2
3
4
5
6
7

图7-7　剖面图表达的其他绘制要点

8 分析图设计要点

8.1 分析图概念阐释

在大多建筑院校的设计作业画图“套路”里，平面图、立面图、剖面图、总平面图和效果图（排名不分先后）之后就到分析图上场时间了，而且分析图似乎成了面对每一次图面“边角料”的“填空题”。其实，分析图是一种概念性的示意解析图，其特点在于清晰地阐明设计中建筑元素与建筑整体之间的关系，以及建筑元素之间相连的过程关系，将一个复杂难懂的设计概念变成多个简单清晰且易于理解的图像，协助设计者从发现问题到分析问题最后到解决问题的一个系列化衍生与释义的思考与表达过程。

8.2 常用分析图分类

任务书通常没有分析图数量的具体要求，设计者基于表达需求与构图匹配等因素自定分析图种类与版式。分析图按大类可分为规划层面分析图和建筑层面分析图。规划层面分析图也称为前期分析图，是对基地现状和周边环境的整体考量，涉及内容多且杂，前期分析的“侦察情报”指明接下来的设计方向，主要包括图表制作、数据可视化、现状类分析、文脉分析、区位分析、周边环境分析、发展轴线或历史轴线分析等分析图纸。建筑层面分析图则是对方案的衍生进行解释，主要包括形体生成逻辑、空间构成、建筑结构、功能布局、节点细部等。接下来则需要对设计好的方案加以阐释，包括建筑流线分析图、功能分析图、构思过程分析图（图8-1）、体块衍生分析图（图8-2）、材质分析图和节能分析图等。

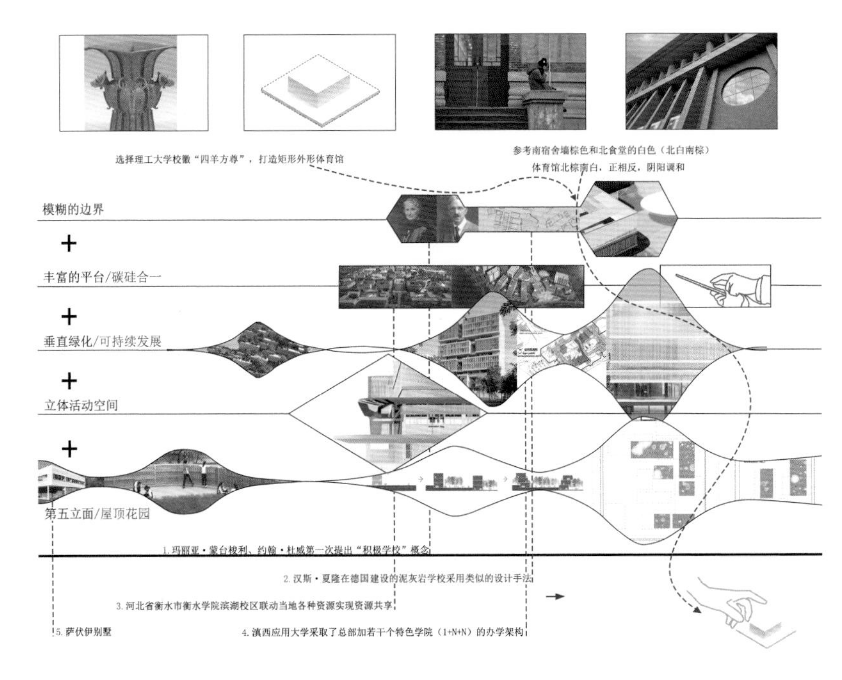
选择理工大学校徽“四羊方尊”，打造矩形外形体育馆
参考南宿舍墙棕色和北食堂的白色（北白南棕）
体育馆北棕南白，正相反，阴阳调和
模糊的边界
+
丰富的平台/碳硅合一
+
垂直绿化/可持续发展
+
立体活动空间
+
第五立面/屋顶花园
1. 玛丽亚·蒙台梭利、约翰·杜威第一次提出“积极学校”概念
2. 汉斯·夏隆在德国建设的泥灰岩学校采用类似的设计手法
3. 河北省衡水市衡水学院滨湖校区联动当地各种资源实现资源共享
5. 萨伏伊别墅
4. 滇西应用大学采取了总部加若干个特色学院（1+N+N）的办学架构

图8-1 构思过程分析图示意

图8-2　体块衍生分析图示意

8.3　分析图制图表达要点

分析图除了其内容表达，还有制图表达不容忽视，既可平面表达，也可截面表达，还可立体表达，可结合图面与预期效果选择性地尝试爆炸图、剖透视图、轴测图与序列图等。不同的分析图需要同一类图框进行统一，有时还可将分析图图框加上阴影表达使其形成跃然纸上的立体感。另外，分析图制图表达切忌忽略团队组织而孤芳自赏，应结合正幅图面效果确定分析图采取清新素雅还是拼贴插画或色彩绚丽等表达风格（图8-3）。

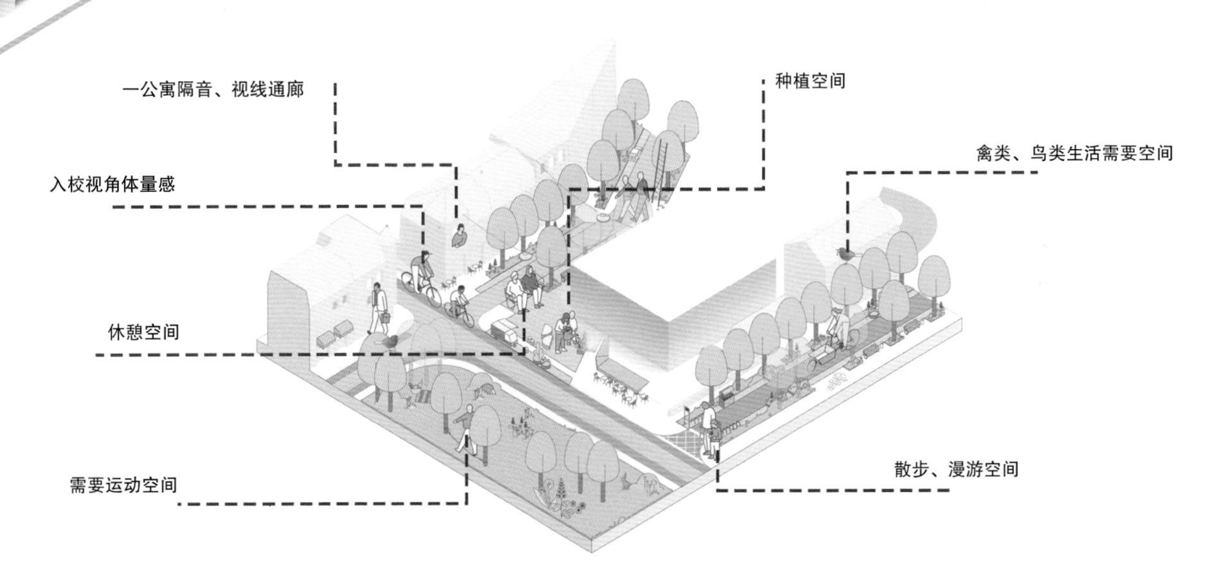
一公寓隔音、视线通廊
种植空间
禽类、鸟类生活需要空间
入校视角体量感
休憩空间
需要运动空间
散步、漫游空间

图8-3　分析图制图表达风格示意

9 文字类设计要点

9.1 图纸大标题设计表达要点

不论是计算机制图还是徒手制图都有图纸大标题设计成分，讲究还是将就在业内人士看来其实不难甄别。首先，图纸大标题字不是简单填空，很多同学作图时根据图纸“所剩”来对号入座书写或投放图纸大标题字，即“图有多大地，人有多大胆”，诚然不妥。当针对性地观察统计大多数优秀设计图纸的大标题时，会发现其大标题字的大小基本都在一个区间范围内，如A1图幅里大标题字的边界尺寸宜控制在4~6cm，其中需要突出的个别核心字词可再适当放大或加重处理。其次，大标题字本身既可字体、字号统一化，亦可有大小、轻重、色差等对比处理，但建议二级对比即可，求多时则显杂乱无章。最后，徒手大标题字的写法有：①透明纸上的空心字，当用拷贝纸或硫酸纸作图时，可先在草稿纸上写上单线的标题字，然后将拷贝纸或硫酸纸蒙在其上，沿单线外围写出空心字；②不透明纸的轮廓字效，先用马克笔的宽头直接书写（相对浅色），后用马克笔的细头沿字外围描一遍（同色系的相对深色），描时的另一作用是将字形进一步进行修整；③不透明纸的立体字效，先用马克笔的宽头直接书写（相对浅色），后用同色系的相对深色或深灰色马克笔为其加阴影，一来使标题字具有立体感，二来将字形进一步进行修整（图9-1）。

快题设计
快题设计
快题设计
图9-1　立体字效书写示意

9.2 技术经济指标设计表达要点

技术经济指标呈现的是一个设计项目的必要数据，也是设计图纸的标配，技术经济指标表达内容里通常有基地面积、总建筑面积、容积率、建筑密度和绿地率等，一般表达内容不少于三项，除上述内容外，还可表达建筑层数、建筑高度（注意坡屋顶高度的定位位置）、建筑占地面积、机动车停车位以及非机动车停车位等（图9-2）。“技术经济指标”六个字和其下属各项内容可采用两级字号，“技术经济指标”六个字字号与平面图、立面图等图名字号相当或一致，下属各项内容字号宜与平面图里房间名称字号相当或一致。技术经济指标这一版块内容可加横隔线与图框，为使其较为醒目也可进一步给图框加上阴影表达。

	经济技术指标				
	指标		合计		备注
1	总用地面积		87038	m^2	根据CAD自行计算所得
2	总建筑面积		363670	m^2	
3	地上建筑面积		174076	m^2	
4	住宅面积		133717	m^2	根据调查问卷数据统计所得百分比
	其中	洋房	46801	m^2	35%
		小高层（7~11）	56161	m^2	42%
		高层（11~33）	30755	m^2	23%
5	配套公建		40359	m^2	
	其中	商业	14218	m^2	
		教育	2800	m^2	
		娱乐餐饮休闲	12781	m^2	
		创意创新产业等	10560	m^2	
6	地下建筑面积		11232	m^2	
	其中	机动车库面积	7685	m^2	3. 9m^2/辆
		非机动车库面积	3547	m^2	1. 8m^2/辆
7	建筑占地面积		191483	m^2	
8	容积率		2		要求2. 0左右
9	绿地率		40%		要求绿地率>30%
10	建筑密度		0. 29		要求建筑密度<30%
11	总户数		1452	户	
	其中	洋房	508	户	
		小高层	610	户	
		高层	334	户	
12	停车泊位		1000	个	
	其中	地上车位	250	个	
		地下车位	750	个	
13	人防建筑面积		21063	m^2	

图9-2　技术经济指标要点示意

9.3　设计说明设计表达要点

项目文本里设计说明和作业图纸里设计说明有别，这里着重讲一下面对设计作业任务出图的图纸设计说明的表达要点。此处的设计说明相当于一篇微型作文，应言简意赅地表达设计意图与理念追求等，没有固定的格式与文风，可以偏陈述体也可以偏诗歌体等，一般忌讳长篇大论，语言凝练并突出重点即可，切勿絮叨随性，更不要出于有感而发就洋洋洒洒地挥毫泼墨。设计图纸图示为第一语言，文字是辅料配角，这一版块如不予控制则是喧宾夺主，或是本末倒置，所以要控制情绪与控制字数。另外，“设计说明”四个字字号宜与平面图、立面图等图名字号相当或一致，其内容字号宜与平面图里房间名称字号相当或一致。设计说明这一版块内容可加横隔线与图框，为使其较为醒目也可进一步给图框加上阴影表达（图9-3）。

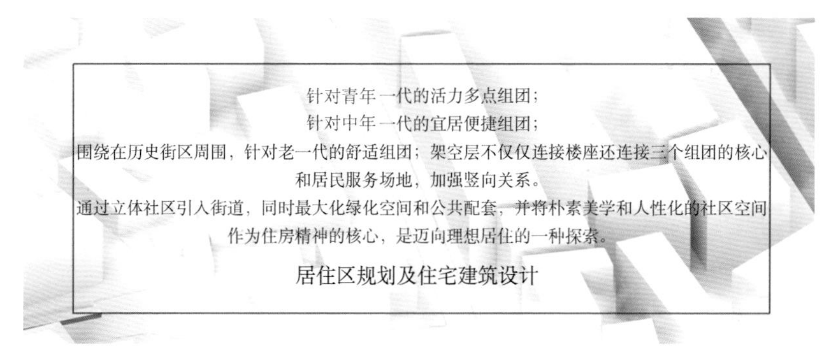
针对青年一代的活力多点组团；
针对中年一代的宜居便捷组团；
围绕在历史街区周围，针对老一代的舒适组团；架空层不仅仅连接楼座还连接三个组团的核心
和居民服务场地，加强竖向关系。
通过立体社区引入街道，同时最大化绿化空间和公共配套，并将朴素美学和人性化的社区空间
作为住房精神的核心，是迈向理想居住的一种探索。
居住区规划及住宅建筑设计

图9-3　设计说明设计表达效果示意

9.4 其他文字设计表达要点

平面图、立面图、剖面图、总平面图及效果图等图名设计表达应注意彼此字体与字号的统一，平面图、立面图、剖面图、总平面图的比例数字字号或字高宜小于其图名字号，整幅图面里的各种文字的字体不宜超过三种，如隶书、仿宋和楷体的组合。对于徒手绘制的图纸，即使没有明确的字体也无伤大雅，“自创体”本身注意字体结构适当（字本身亦有其字的构图），清晰可辨即可。另外，平面图和剖面图里的房间名称应注意名称字词在房间里的构图，还有重复的房间名称可简约明晰地书写表达，尤其徒手书写时，多个重复的房间名称重复书写，不会博取他人的感动反而暴露你尚未知晓简便地书写表达。

还有就是对于数字的书写，在标高、尺寸标注和比例尺等位置得以展示，应注意其书写规范，如标高默认单位为米且保留小数点后三位，尺寸标注默认单位为毫米且注意东西向书写朝向等。另外，英文书写不是必需的，除非参赛作品或是任务书有特别要求，或出于构图与效果表达的需要可以考虑添加，一般没有必要书写。如果添加时，注意其作为陪衬在大小、轻重等方面与对应汉字宜呈现出主次对比的关系（图9-4）。

01 花坛广场/Flower Bed Square
02 永兴游园/Yongxing Amusement Park
03 牛毛山公园/Niumao Mountain Park
04 公园东侧/East side of the park
05 水上公园/Aquatic Park
06 文化休闲广场/Cultural and Leisure Plaza
07 批发市场/Wholesale Market
08 公共绿地/GREEN
09 李沧文化公园/Licang Cultural Park
10 海博家居/Haibo Home Furnishings
11 设计场地/Design site
12 主题公园/Theme Park

图9-4 中英文表达效果示意

10 构图设计要点

10.1 构图的范畴

构图是图面展示的第一印象，其实构图意识与表达既涉及整幅图面的构图，也包括效果图本身的构图，平面图、立面图、剖面图、总平面图等各个版块自身的构图，还有上述提到的房间名称在对应房间书写的构图，甚至还有一个字本身的构图，所以从大到小均有其不同层级对应的构图表达。

10.2 构图的原则与形式

构图训练应遵循形式美的原则——多样统一，包括主从与重点、均衡与稳定、对比与微差、韵律与节奏、比例与尺度等方面。计算机构图排版的常用软件有Photoshop和InDesign，其中Photoshop用来处理图像，而InDesign则用来排版，但对于构图设计而言至关重要的是构图排版逻辑与原则，如对比原则、疏密原则、对齐原则、三分法原则、黄金分割、斐波那契数列等。另外，范德格拉夫原理和奥内库尔图表值得掌握并在构图中应用。在上述原则和相关原理的指引下，构图可采取对称型、自由型、斜置型、中轴型和并列型等（图10-1）。

10.3 构图排版色彩

构图排版的色彩应以和谐统一为基准，并非是只能有一种颜色，而是将色系统一。无论是一种色系还是两三种色系，都需要达到一种和谐的状态，或互补或相近，使得内容相互衔接。如统一底图色调，尤其是深色图底是达到图面统一、吸引眼球的一种便捷有效方式，这种方式需要一张大图打破整张图的底色，基本是效果展示或实景地图等。还有色带贯穿图纸，以色带、色块加以渐变的方式使图面达成和谐统一的效果，通常使用高级灰+亮色的搭配最易出彩，以丰富亮色的层次变化调节丰富图面（图10-2）。

10.4 快题构图要点

核心原则是均匀饱满。均匀即指平面图、立面图、剖面图、总平面图和效果图之间以及和边框之间的空隙间距要大体相等，不要此疏彼密；饱满即指在图纸上宁可略显拥挤而非大面积留有空白，当图纸数量没有具体规定时，能在一张布置开的话会优于松垮感的两张（每张都给人分量不够、信息量不足的感觉）。利用配景拓展强化构图，如利用配景树将立面图和剖面图串联起来，环境有水景时将平面图水岸线与总平面图水岸线一体化表达强化构图效果。快题构图不必将平面图、立面图、剖面图倾斜一定角度追求某种变化与效果，徒增不必要的耗时。快题图框结合构图而定，图框本身可有一定的设计成分（图10-3）。

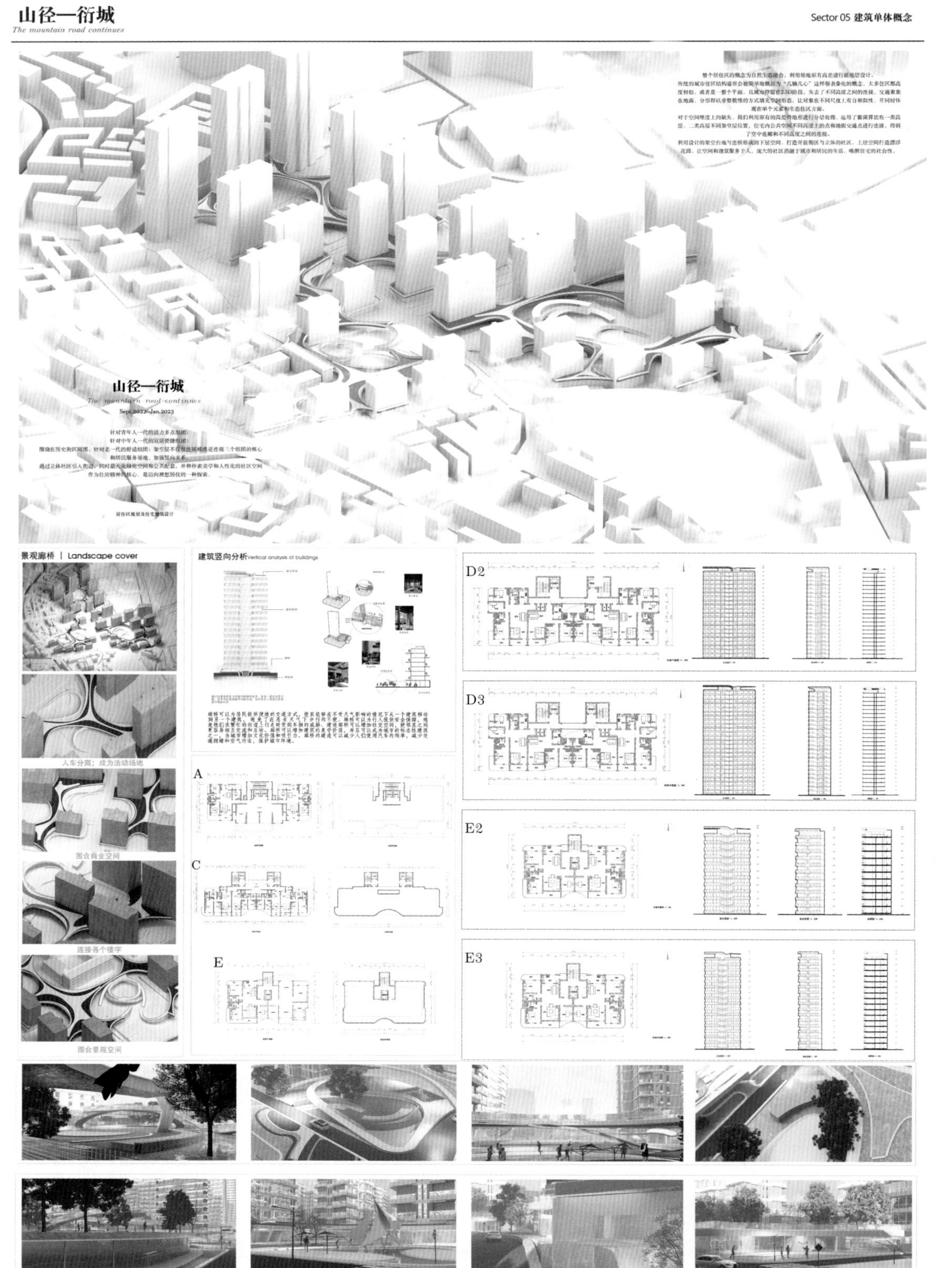

山径一衍城
The mountain road continues
Sector 05 建筑单体概念
山径一衍城
The mountain road continues
Sept.2022–Jan.2023
景观廊桥 | Landscape cover
人车分离；成为活动场地
围合商业空间
连接各个楼宇
围合景观空间
建筑竖向分析 Vertical analysis of buildings
A
C
E
D2
D3
E2
E3

图10-1 构图版式效果示意（陈钦铖 绘制）

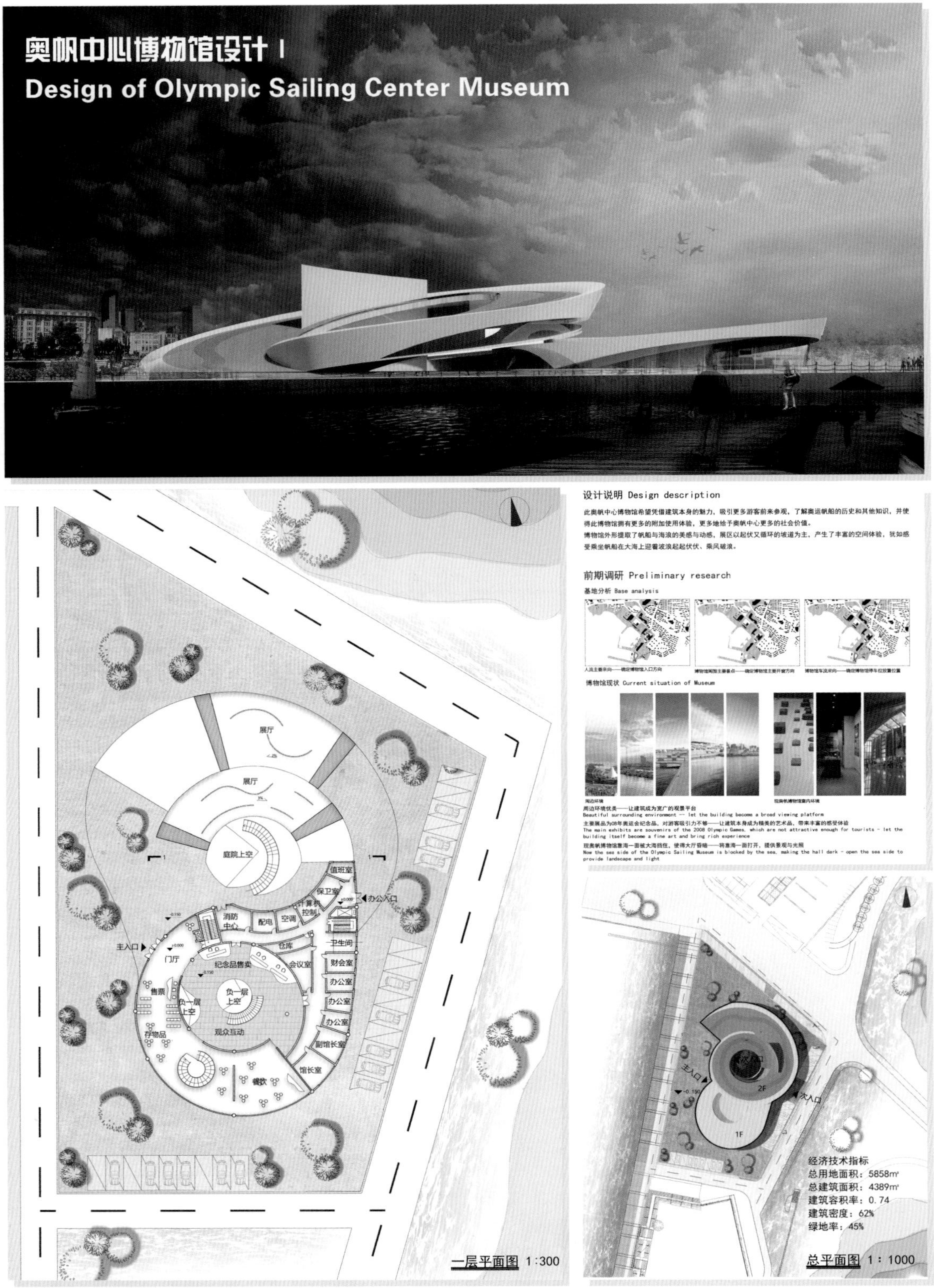
奥帆中心博物馆设计 I
Design of Olympic Sailing Center Museum
设计说明 Design description
前期调研 Preliminary research
基地分析 Base analysis
博物馆现状 Current situation of Museum
展厅
展厅
庭院上空
值班室
保卫室
计算机控制
办公入口
消防中心
配电
空调
卫生间
主入口
门厅
仓库
会议室
财会室
纪念品售卖
办公室
办公室
办公室
售票
负一层上空
负一层上空
观众互动
存物品
副馆长室
馆长室
餐饮
一层平面图 1:300
主入口
2F
次入口
1F
经济技术指标
总用地面积：5858㎡
总建筑面积：4389㎡
建筑容积率：0.74
建筑密度：62%
绿地率：45%
总平面图 1：1000

图10-2 构图色彩效果示意（曹家豪 绘制）

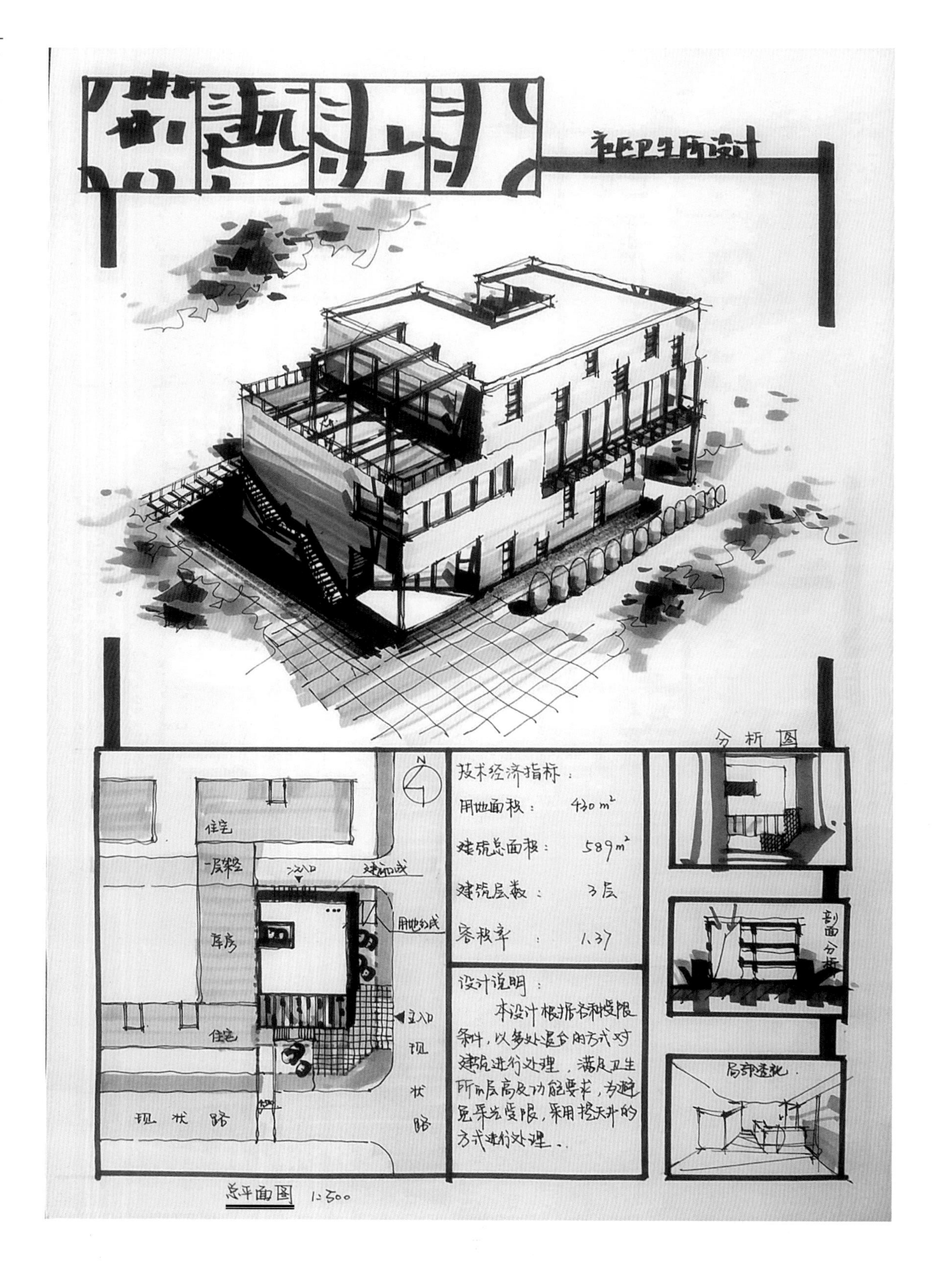

快题设计
卫生所设计
分析图
技术经济指标：
用地面积：430m²
建筑总面积：589m²
建筑层数：3层
容积率：1.37
设计说明：
本设计根据各种设限条件，以多处退台的方式对建筑进行处理，满足卫生所的层高及功能要求，为避免采光受限，采用挖天井的方式进行处理。
剖面分析
局部透视
住宅
一层紧
库房
次入口
主入口
建筑红线
用地红线
现状路
总平面图 1:500

图10-3　快题构图样式示意（李珊珊　绘制）

11　效果图设计要点

11.1　效果图选取要点

中小型多层建筑的效果图大多采用鸟瞰或人视视角，通过轴测图或透视图的方式来表现其三维效果。从表现力而言，轴测图不如透视图，但轴测图相对省时好画，尤其是徒手制图时，根据任务要求和用时进行二者的选取。关于透视图的灭点，同样是基于中小型多层建筑的体量，采用一点透视或两点透视即可（三点透视在高层建筑里运用较多），从表现力上通常也是两点透视优于一点透视。

计算机效果图制作软件较多，如SketchUp、VRay、Rhino、GrassHopper、3Dmax、Lumion、Photoshop等，且市面教程资源相当丰富，关于手绘效果图轴测图和透视图的制图画法也有众多图书和在线资源进行专题讲解，故在此不予赘述。这里强调一下最常用到的两点透视图在绘制时常见的几类问题：①首先应确保两个灭点在同一水平线上，否则透视会变形失真（图11-1a）；②注意灭点线位于两个主体侧面转折线靠下四分之一左右处较为合适，尤其不要将灭点线经过两个主体侧面转折线的二分之一处，那样两个主侧面均为等腰梯形，效果欠佳（图11-1b）；③注意两个灭点距离两个主体侧面转折线不要相等，那样两个侧面没有主次，两个灭点应距两个主体侧面转折线一近一远，主要表现的那个侧面的灭点应较远些（图11-1c）；④灭点线定位偏高（俯视）或过低（仰视），或者是灭点线经过基准线的二分之一处，或者是两个灭点不在同一水平线上会造成变形失真，灭点距离基准线过近会形成畸变。

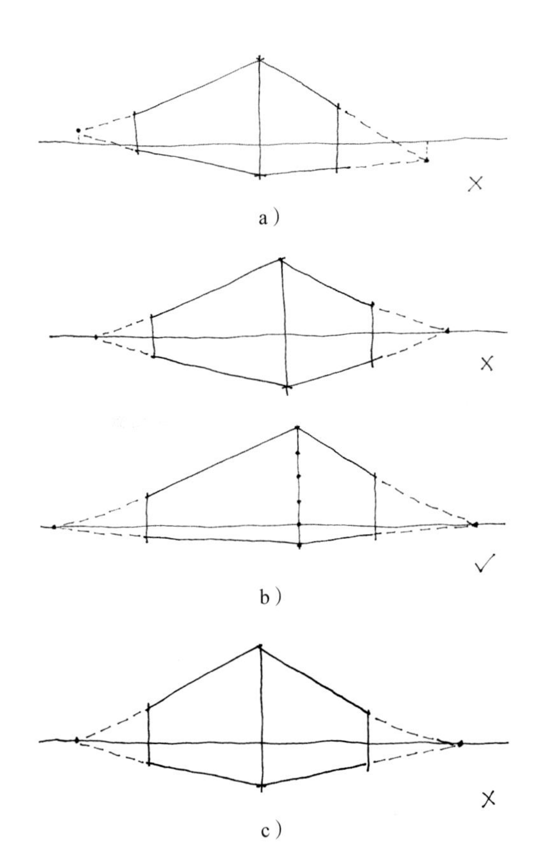

×
a）
×
✓
b）
×
c）

图11-1　两点透视图常见问题示意

a）灭点不在同一水平线
b）灭点线高低关系
c）无主次侧立面

11.2 对角线法的应用

当在一个透视图的展示面里进行2等分、4等分或8等分时，在需等分的矩形框里做两条对角线，再由对角线的交点做垂线即为该矩形框的等分线；当将一个面进行3等分（或5等分、7等分）时，在需等分的矩形框里做一条对角线，然后将两个主体侧面转折线进行3等分并将两个等分点与该侧的灭点相连，再由与对角线相交的交点做垂线即为该矩形框的3等分的等分线，也可将该侧面的两边转折线分别进行3等分，对应的等分点相连，再由与对角线相交的交点做垂线亦可（图11-2）。

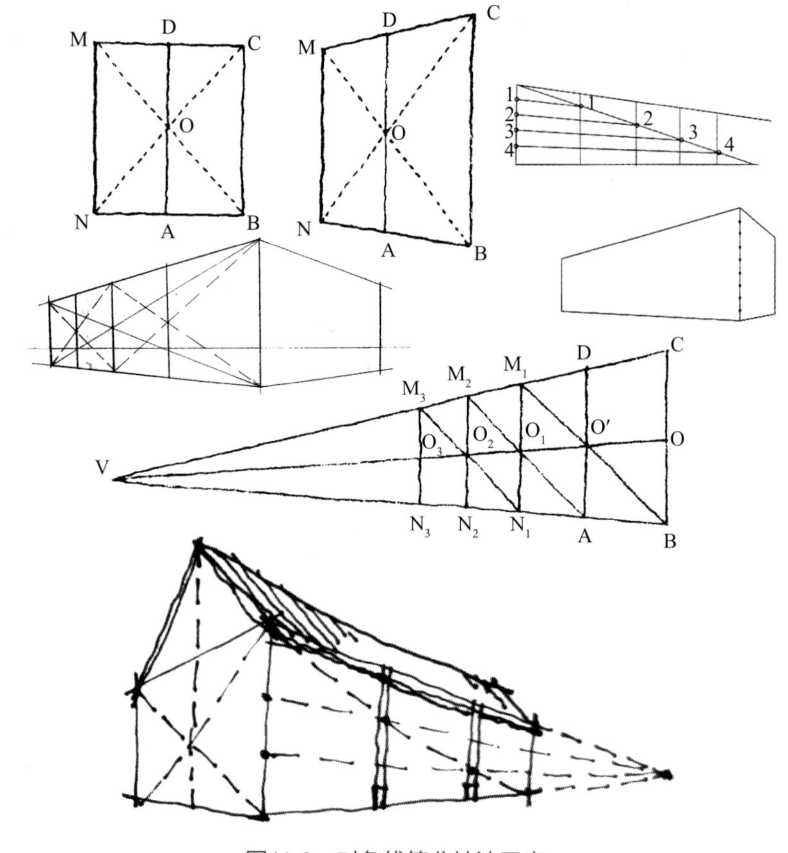

M
D
C
N
A
B
O
1
2
3
4
V
M_3
M_2
M_1
O_3
O_2
O_1
O′
N_3
N_2
N_1

图11-2　对角线等分技法示意

11.3 效果图中的配景

配景对效果图有着营造气氛和完善画面的重要作用，一般需遵循近实远虚的绘图规律，效果图中的配景主要由以下几个部分组成：

（1）人物。人物需掌握近、中、远三个层次的画法，另外在人视角度的透视图中近、中、远三个层次的人物应符合“人头一线”的规律（图11-3）。

（2）树木。一般画出两个层次即可，前景树和背景树。前景树通常位于主体建筑的一侧（左侧或右侧根据构图而定），前景树不必追求枝繁叶茂，那样一来可能喧宾夺主，二来耗费时间多，因此以简洁风格为妥。背景树根据主体建筑的繁简风格，对应采用简繁画法，即若建筑本身较为繁复，则背景树简约化处理，反之亦然（图11-4）。

（3）建筑小品。建筑小品在强化透视、路径引导、增加对比等方面都有着其他类型配景不可替代的作用，因此在透视图中应有意识地组织建筑小品的布局（图11-5）。

图11-3　配景人物表达示意

a）近景人示意　b）中景人示意

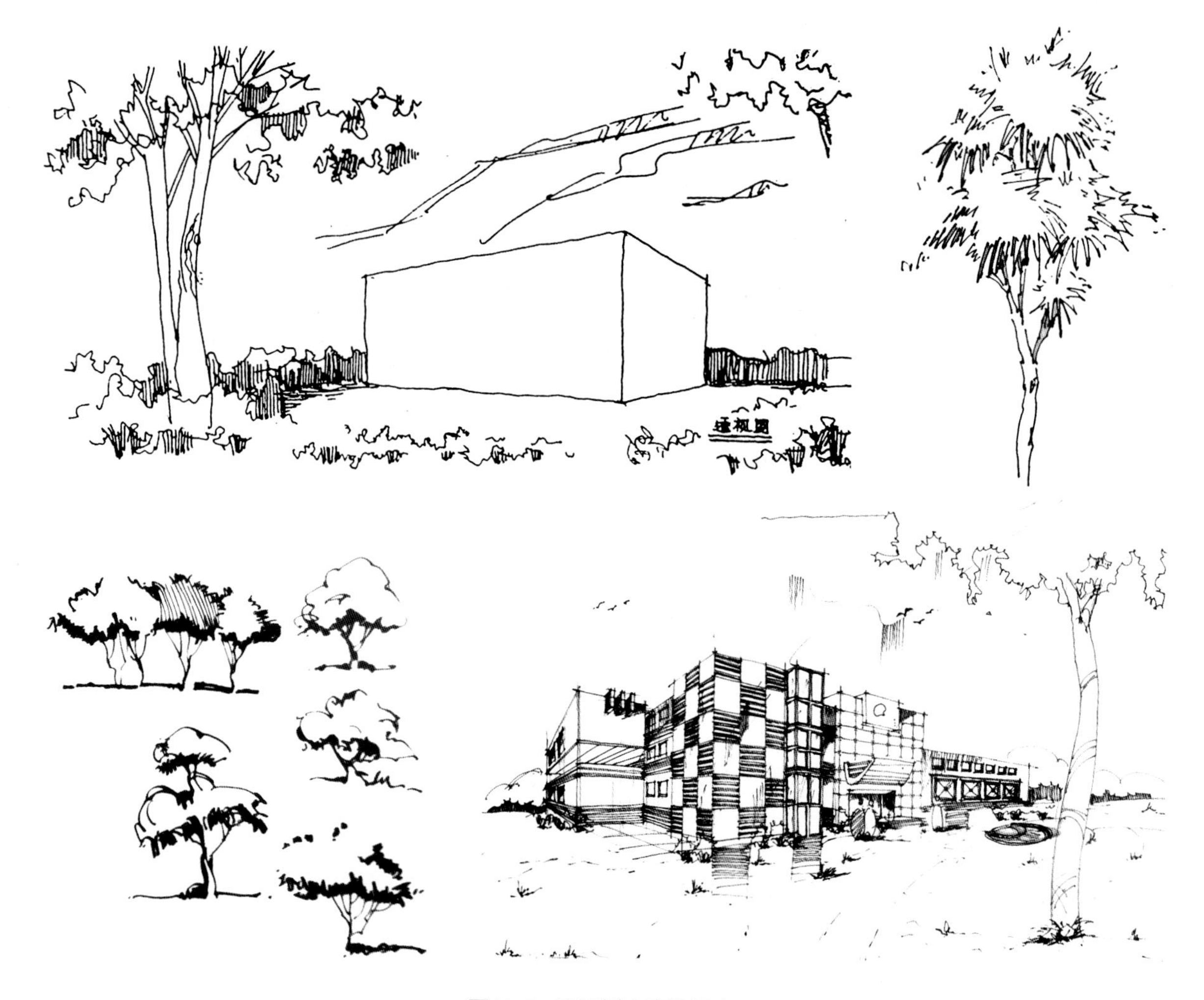

图11-4 配景树木表达示意

图11-5　建筑小品样式示意

（4）汽车。相对徒手制图配景中其他类型配景，汽车的画法较难掌握，其透视随着建筑视点及街道走向的不同而不同，不像其他类型的配景方向具有固定性，虽然投入一定时间和精力都能练好，但综合考虑投入产出比，尤其当考试时间日益临近甚至迫在眉睫时可以避开不练，靠其他几种配景完全可以将环境气氛营造得相当丰富。当然，如果想画汽车并且时间允许，可以画远景正向的汽车，或采用简洁的绘制手法来表达小汽车的透视感（图11-6）。

（5）天空。一般由云、鸟、远景高层建筑剪影及近景树的局部树冠部分等组成，相对地面景物而言，天空上的内容较少，不必也不宜做过多处理（图11-7）。

（6）水景。一般由岸边平台、矮柱、船、荷叶及其倒影等组成。在任务书中会有一定概率出现水景，建议有意选出一种船进行反复练习直至娴熟绘制，比较能烘托出效果（图11-8）。

图11-6　配景汽车绘制示意

图11-7　配景天空表达示意

图11-8　水面配景表达示意

11.4 效果图常用造型设计表达要点

中小型多层建筑的造型设计建立在符合平面功能、场地、建筑类别的整体关系的基础之上。格式塔心理学解释了整体大于部分，这就意味着建筑造型打动人的第一印象是其整体的完形形态，在整体“合格”的前提下才会接下去关注其分支与细部。造型设计表达主要可分为以下几类：

（1）造型加法。在较为完整的主体造型上添加一个附属的且相对较小的造型，对整体效果有丰富、补充作用；也可以是在主体造型上添加具有一定意义的符号，表达建筑所代表的特定意义、建筑风格或地域文化等。该附属造型不应使人感到是偶然被附加到主体造型上的，应与主体造型有机融合。

（2）造型减法。减法是从较大的主体造型上减去一个或数个较小的几何形体造型，或是对完整的几何形体进行切割、削减从而使主体造型形态趋于简约或富于变化。根据视知觉理论，只要被减形体的整体形象趋于完整，即使通过“减法”处理后局部产生残缺，但人们的视觉思维会将残缺的形体补充完整，依旧会在脑海中映射出初始完整形体。

（3）造型咬合。咬合是两个或两个以上的形体互相交错，一种相交互扣的状态，能够使建筑具有稳重而又不失变化的性格，形成具有深刻视觉印象的建筑形式。不同材料或不同色彩形成的体块之间的咬合，形成不同的材质质感或色彩交替的鲜明对比。

（4）造型推拉。推拉表现为多种形体的同时对比或者是与相似关系交织、穿插在一起，形成更复杂的统一与变化，最常用的方法是整体有规律时，局部破坏规律造成对比。推拉所产生的效果是变化，基础造型单元的形状大小可以形成对比，不同材质、位置的疏密、方向等都可形成对比。

（5）造型穿插。穿插可以是线与面穿插、面与面穿插、面与体的穿插或是体与体的穿插等，可以是相同形之间的穿插或是异形之间的穿插。穿插能够带来方向变化和形态变异，并由此形成了富有表情和趋势的造型形体空间。

造型设计表达往往是几类手法的综合应用（图11-9~图11-12），造型设计应在平时有计划地积累，形成属于自己的造型抄绘、改绘笔记，这也是迎接下一个设计任务的必要热身。

图11-9 造型设计手法综合应用示意（一）

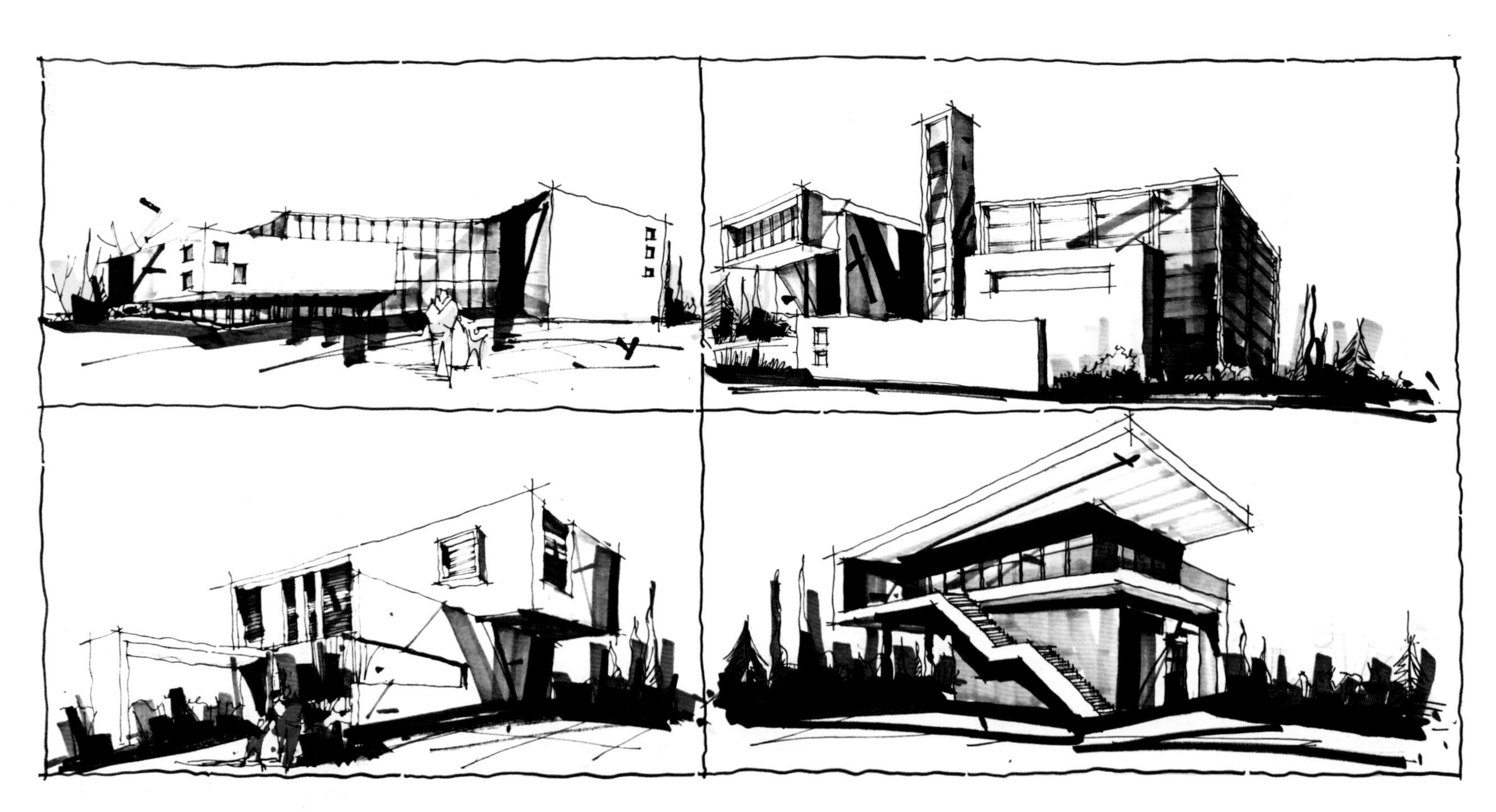

图11-10　造型设计手法综合应用示意（二）

（郭翔　绘制）

（郭翔　绘制）

（郭翔　绘制）

（袁东　绘制）

图11-11　造型设计手法综合应用示意（三）

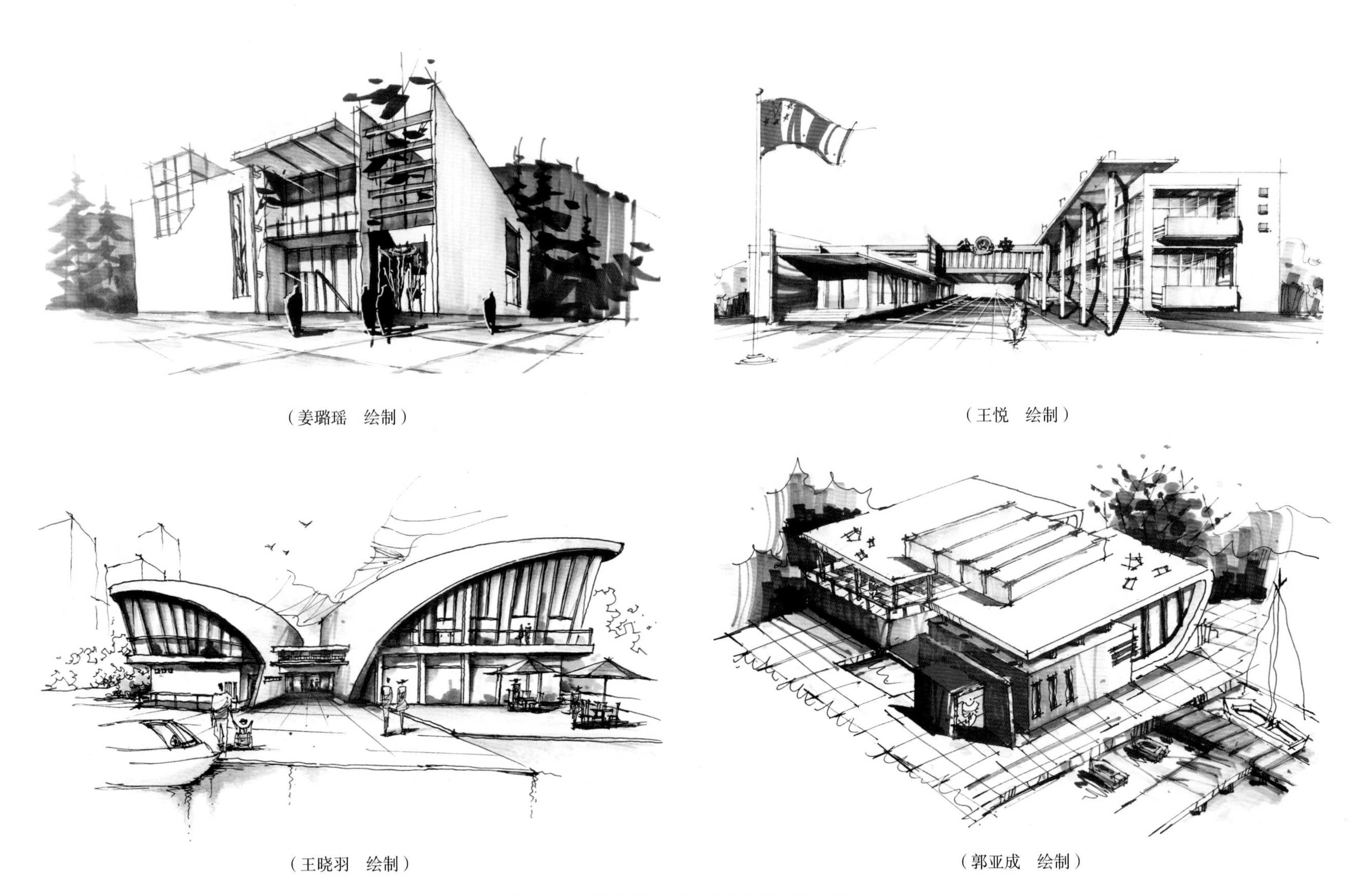

（姜璐瑶　绘制）

（王悦　绘制）

（王晓羽　绘制）

（郭亚成　绘制）

图11-12　造型设计手法综合应用示意（四）

12 色彩与材质设计表达要点

12.1 色彩设计表达要点

中小型多层建筑总平面图、立面图、效果图等都有色彩表达（除非是墨线阶段或限定于黑白表达）。色彩本身有一定的情感取向，大致可分为冷色与暖色。暖色是色轮上较亮的色调，如红、黄和橙等，餐饮类建筑采用暖色居多，典型的如麦当劳的红黄系列。而色轮上的另一边就是蓝、绿和紫的冷色了，据相关报道这类色彩等同于信任和专业，日常生活中所见到的派出所用色为蓝和白组成，除了派出所等较为特别的建筑类型在色彩上有其专属规定外，色彩可根据色量的运用、色彩的对比、色彩的协调等几个方面进行应用。

（1）色量的运用。建筑物用色都必须考虑色量感作用于视觉的问题。这里所指的色量是色面积及色纯度，色的面积越大，色量感就越大，色的纯度越高，色量感也越大。特别在用色板选取大面积用色时，要依据装饰面积的大小，在原色板色度的基础上酌情递减，才有可能达到设计需要的实际效果。通常大面积用色都需要递减1~3个明度阶段。平行于视域的用色，色的视觉进入量较大，故采用降低纯度来减弱色量。相反，与视角垂直的地面，因色量不直接进入视觉，采用大和强的色量正好与地面的厚重色彩相一致，形成了沉重地面色和清新墙面色的对比，丰富了空间的立体感（图12-1）。

（2）色彩的对比。在建筑色彩设计时，色彩的对比运用也是十分重要的。当然，对比必须讲究适度，对比过强可能造成过分刺激或喧宾夺主；而对比过弱可能会视而不见。一个恰当的对比能使视觉形象统一中富于变化，变化中又充分统一。一般过强的对比，面积比例是5∶5；而适中的对比是3∶7，弱对比是1∶9。不恰当的对比有时过分集中，显得孤立单调；有时又过分零散杂乱，破坏了整体性。比如中小型居住类建筑通常在阳台部分取对比色，常见阳台色与建筑物底色对比过分强烈，加上色彩本身就零星分散，势必造成零乱感，视觉效果也不会好。倘若在同类色中求适中对比和其他协调色中取弱对比，情况就会好得多（图12-2）。

（3）色彩的协调。在建筑色彩的运用中，如果多增加一些共同或相似性，减少一些相异性，色彩势必趋于调和。当然，过分的调和会缺少对比，色彩也会失去生气，显得呆板。在建筑配色时，一般以三色为宜，使其形成黑白灰三个色彩的空间层次。但也要视具体情况而定，通常对立面简单而感觉单调乏味的建筑配色可以丰富些。大而平的面可采用色间法进行分割，使平面富有立体感。色间法就是将色彩分段，把原底色分割开来，形成有节奏的间隔，给人以美的感受，又使大平面产生变化，打破单调感。相反，对于立面丰富的建筑，配色上尽量趋于简单，给丰富的立面有充分表露的机会（图12-3）。

图12-1　色量的对比运用示意（张锡尧　绘制）

图12-2　色彩的对比应用示意（王宝源　绘制）

图12-3　色彩的协调运用示意（郭亚成　绘制）

12.2 材质设计表达要点

如何赋予材质是和色彩一样在进行中小型多层建筑设计时要面对的问题（除非是以理查德·迈耶为代表的白色派，摒弃材质只求光影表现的特例），材质选择也和色彩一样有着对比与协调方面的考量。材质设计不宜求多，追求纯粹表达时运用1~2种材质即可，如清水混凝土+玻璃。在多材质对比上也有虚实、冷暖、光洁与粗犷等维度，而且材质本身也反映色彩，也需在材质选取中兼顾色彩的搭配协调问题。以下列举几种当今在中小型多层建筑里采用较多且颇具材质特色效果的主流材质。

（1）聚碳酸酯（Polycarbonate）。聚碳酸酯也称阳光板，是一种适应性和自由度都非常高的半透明建筑材料，材质轻盈且可以弯曲，是近年来非常受建筑师欢迎的网红建筑材料，如今已经广泛运用在很多建筑场景中。同时聚碳酸酯也具有良好的透光性和隔热性，在为室内空间提供更多隐蔽的前提下，保证室外光线柔和自然地渗透，打造舒适明亮的室内空间。此外同样作为透光材料，聚碳酸酯的重量仅是玻璃的二分之一，不仅可以保护建筑物免受潮湿天气的损害，也不需要过多的二级结构作支撑，可以更好地保证建筑立面的完整性和一致性（图12-4）。

（2）金属冲孔板（Perforated Metal Sheet）。金属冲孔板是按一定大小、间距、形状，通过机床加工打孔得到的一种金属板材。作为建筑立面材料时通常以干挂系统挂在建筑立面外部形成第二表皮，因此具有良好的通风性和抗冲击性。冲孔网上的孔洞可以在一定程度上为建筑内部，特别是大型公共建筑及商场起到遮阳控温的作用。而根据冲孔网的孔洞形状和排列变化也可以定制不同的图案样式，形成半透明的视线效果。此外，厚度适宜的

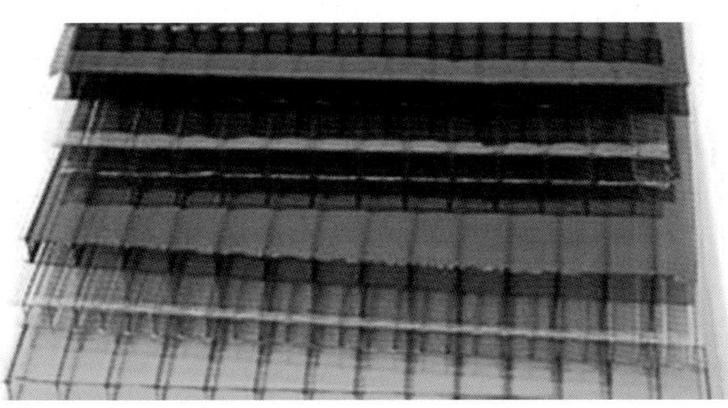

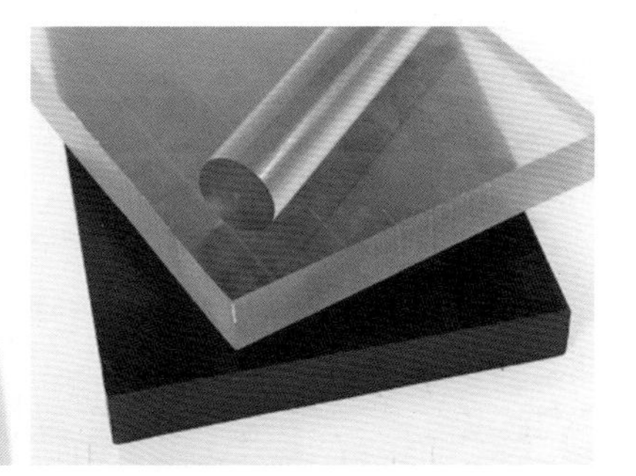

图12-4　聚碳酸酯材料示意

冲孔板可以根据需要塑形，做出正反弧的效果，在立面上呈现更立体动感的效果（图12-5）。

（3）金属网帘（Metal Mesh Curtain）。过去金属网帘主要常用于防护网、围墙和围栏中，不过近几年这种曾经在人们眼里十分简陋廉价的建筑材料却逐渐成了新一代的网红立面材料，在建筑中具有通透感和美观性，并有效调节光热舒适度，使外墙形成有效通风，防止热空气长时间聚集，是一种可以作为光线漫反射设施、遮阳设施、安全防护、防飞鸟蚊虫、透光透风透视的材料。常用于建筑外饰面的金属网帘一般多为耐候性好的铝合金、铜类丝网或不锈钢，防火的同时质地相对柔软，有一定张力弹力，可以像布料一样裹在建筑外表形成朦朦胧胧的第二表皮（图12-6）。

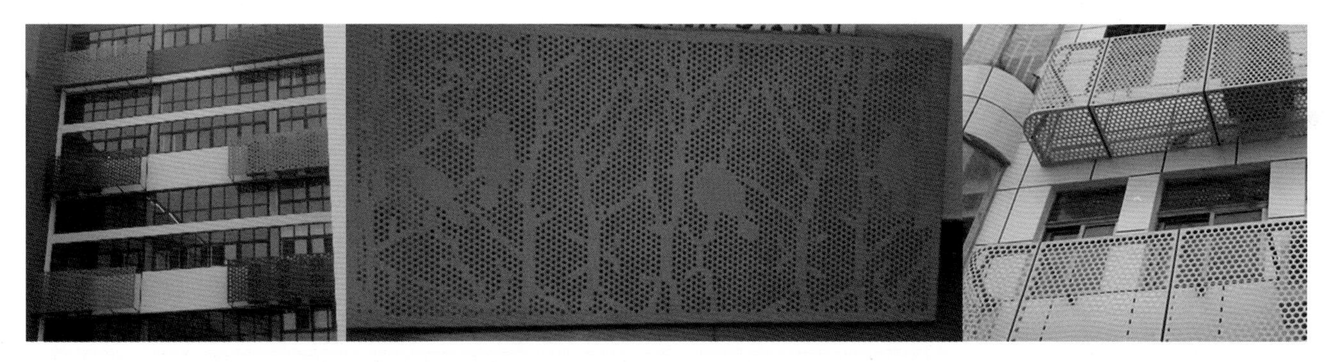
图12-5　金属冲孔板材料示意

图12-6　金属网帘材料示意

（4）清水混凝土（Concrete）。清水混凝土是现代建筑里最原始的建筑材料，通常一次浇灌成型后不再需要其他加工程序，表面平滑完整，色泽相对均匀，仅在表面加上一层或两层的透明保护剂即可。清水混凝土在诞生之初普遍被认为是一种单调、粗糙甚至丑陋的建筑材料，如今建筑师们开始欣赏它的朴实无华和自然沉稳，不同手法设计出的清水混凝土建筑经常能传递出截然不同的情感，它看似简单却远比很多金碧辉煌的现代建筑材料更具艺术性（图12-7）。

（5）交叉层压木板（Cross Laminated Timber）。交叉层压木板也称交错层压木材，是一种新型木建筑材料，被誉为现代混凝土的可持续替代产品，它的诞生让现代全木质建筑成为可能。这种材料采用窑干的杉木指接材经分拣和切割成木方，经正交（90°）叠放后，使用高强度材料通过压合多层木板胶合形成实木板材，可按要求定制面积和厚度；其特点是将横纹和竖纹交错排布的规格木材胶合成型，可以在两个方向上获得效果以满足现代建筑的需求（图12-8）。

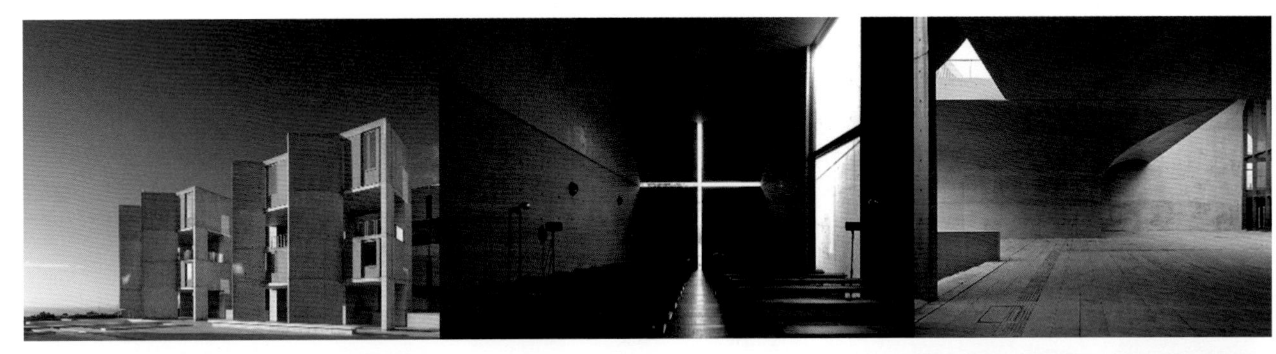

图12-7　清水混凝土材料示意

图12-8　交叉层压木板材料示意

（6）红砖（Red Brick）。红砖作为一种建筑材料可谓历史悠久，时至今日红砖依旧是建筑师们最爱不释手的建筑材料之一。无论是想传递怀旧情绪，或是想与周边建筑纹理、当地文化形成交流，红砖都是非常理想的一种建筑材料。同时，红砖作为一种单元较小的模块化建筑材料，尺寸规格相对统一，仅通过红砖排列的角度、间距、颜色深浅就能创造出千变万化的纹路样式和立面形式。随着技术革新，各式各样的镂空红砖、仿古做旧红砖越来越多，红砖墙的建造方式也从传统的垒砌变为干挂等新型的施工方式（图12-9）。

图12-9　红砖材料示意

专题篇

2023.4 G.

13 常用中小型多层单体建筑类型综述

本书所指的常用中小型多层单体建筑类型基本是大学本科建筑设计课程作业任务和国内大多建筑院校硕士研究生入学考试快题科目所涉及的常见建筑类型，不论哪种建筑类型都是进行建筑设计思维与建筑设计方法训练的载体。大家应该掌握大多数常见的中小型多层单体建筑类型，如中小型办公楼、教学楼、餐饮建筑（图13）、幼儿园、活动中心、社区图书馆、售楼处、网吧、别墅、中小型旅馆（公寓）、汽车客运站、小型展览（博物）馆等，以及扩建和改建项目，但没必要追求囊括全部类型，好比学英语掌握一定的单词是必要的，但也无须认知所有词汇，关键是学会思路与方法进而举一反三和触类旁通即可，尤其是没必要钻研“偏题”，如综合门诊楼、病房楼、寺庙、教堂、广播电视台、检察院、公安局、殡仪馆、洗浴中心和监狱等特殊类型，出题人一般都不会在题目里的建筑类型方面为难大家，何况若出特殊类型题目也是在为难自己，但不排除会出现些许小型规模的貌似新题甚至难题的“唬人”类型，如出现在往年考研快题真题里的婚纱影楼、野外科考站、景区公厕等类型，规模都是几百平方米且功能较为简单的类型。因此，面对中小型多层建筑的常用类型，我们应掌握其通性，注意其特性，尤其是上述常见建筑类型的专属特性对从业者而言应了然于胸。

水景
東莞某酒家外观設計

图13　餐饮类建筑方案草图示意（郭亚成　绘制）

14 幼儿园

14.1 相关设计要点归纳与解析

最新规范2019年版《托儿所、幼儿园建筑设计规范》（JGJ 39—2016）条文相对较为冗长，笔者已从中梳理出与大学课程设计作业以及考研快题里幼儿园这一类型相对应的要点与考点，查阅于此即可，现表述如下：

（1）幼儿园班级容量的要求见表14-1。

表14-1 幼儿园班级容量的要求

名称	班级	人数（人）
幼儿园	小班（3~4岁）	20~25
	中班（4~5岁）	26~30
	大班（5~6岁）	31~35

（2）幼儿园每班应设专用室外活动场地，人均面积不应小于$2m^2$。各班活动场地之间宜采取分隔措施。幼儿园应设全园共用活动场地，人均面积不应小于$2m^2$ [注：专用与共用场地都是$2m^2$/人，也可理解为共用场地面积为各班专用场地面积之和，上一版规范的全园共用场地面积为：$180+20\times(N-1)$，N为班数，新版规范更为体现了以人为本的原则]。

（3）共用活动场地应设置游戏器具、沙坑、30m跑道等，室外活动场地应有1/2以上的面积在标准建筑日照阴影线之外。幼儿园场地内绿地率不应小于30%，且宜设置集中绿化用地。

（4）幼儿园在供应区内宜设杂物院，并应与其他部分相隔离。杂物院应有单独的对外出入口。幼儿园基地周围应设围护设施，在出入口处应设大门和警卫室，警卫室对外应有良好的视野。

（5）幼儿园出入口不应直接设置在城市干道一侧；其出入口应设置供车辆和人员停留的场地，且不应影响城市道路交通。

（6）幼儿园建筑宜按生活单元组合方法进行设计，各班生活单元应保持使用的相对独立性。幼儿生活单元应设置活动室、寝室、卫生间、衣帽储藏间等基本空间。活动室、寝室及具有相同功能的区域，应布置在当地最好朝向，冬至日底层满窗日照不应小于3h。幼儿园生活用房应布置在三层及以下，但不应设置在地下室或半地下室。四个班及以上的幼儿园建筑应独立设置。

（7）活动室、多功能活动室的窗台面距地面高度不宜大于0.60m（注：小朋友坐着时的视野要照顾，若做成常规0.90m高的窗台那小朋友只好面壁思过了）；活动室、寝室、多功能活动室应设双扇平开门，门净宽不应小于1.20m；生活用房开向疏散走道的门均应向人员疏散方向开启，开启的门扇不应妨碍走道疏散通行；门上应设观察窗（注：画剖面图里当能看到的此门时，记得画上观察窗）；幼儿出入的门不应设置旋转门、弹簧门、推拉门，不宜设金属门；严寒地区幼儿园建筑的外门应设门斗，寒冷地区宜设门斗。

（8）幼儿园的外廊、室内回廊、内天井、阳台、上人屋面、平台、看台及室外楼梯等临空处应设置防护栏杆，防护栏杆的高度应从可踏部位顶面起算，且净高不应小于1.30m。防护栏杆必须采用防止幼儿攀登和穿过的构造，当采用竖直杆件做栏杆时，其杆件净距离不应大于0.09m（注：由于栏杆间距较小，在效果图中表达时会很密集，接近完全涂黑，图面效果欠佳）。

（9）楼梯间应有直接的天然采光和自然通风；除设成人扶手外，应在梯段两侧设幼儿扶手，高度宜为0.60m；供幼儿使用的楼梯踏步高度宜为0.13m，宽度宜为0.26m；严寒地区不应设置室外楼梯；幼儿使用的楼梯不应采用扇形、螺旋形踏步；楼梯间在首层应直通室外。

（10）幼儿经常通行和安全疏散的走道不应设有台阶，当有高差时，应设置防滑坡道，其坡度不应大于1∶12。疏散走道的墙面距地面2m以下不应设有壁柱等凸出物。建筑室外出入口应设雨篷，雨篷挑出长度宜超过首级踏步0.50m以上。

（11）幼儿园建筑走廊最小净宽见表14-2。

表14-2 幼儿园建筑走廊最小净宽

房间名称	走廊布置（走廊最小净宽）	
	中间走廊	单面走廊或外廊
生活用房	2.4m	1.8m
服务、供应用房	1.5m	1.3m

（12）幼儿园主要房间最小使用面积见表14-3。

表14-3 幼儿园主要房间最小使用面积

房间名称		房间最小使用面积
活动室		$70m^2$
寝室		$60m^2$
活动室与寝室合用		$105m^2$
卫生间	厕所	$12m^2$
	盥洗室	$8m^2$
衣帽储藏间		$9m^2$

（13）幼儿园活动室、寝室最小净高为3.0m，多功能活动室最小净高为3.9m。

（14）厨房、卫生间、实验室、医务室等使用水的房间不应设置在幼儿生活用房的上方。

（15）设置的阳台或室外活动平台不应影响生活用房的日照。单侧采光的活动室进深不宜大于6.6m。

（16）同一个班的活动室与寝室应设置在同一楼层内（注：以往楼上寝室、楼下活动室的单元模式一去不复返了）。寝室应保证每一幼儿一张床铺的空间，床位侧面或端部距外墙距离不应小于0.6m，不应布置双层床。

（17）卫生间应由厕所和盥洗室组成，并宜分间或分隔设置。每班卫生间卫生设备最少数量（女卫大便器不应少于4个，男卫大便器不应少于2个）见表14-4。卫生间应临近活动室或寝室，且开门不宜直对寝室或活动室。盥洗室与厕所之间应有良好的视线贯通。盥洗池宽度宜为0.40~0.45m，水龙头间距宜为0.55~0.60m，大便器或小便器之间均应设隔板（注：若无隔板，小朋友爱玩的天性容易误了“正事”）。厕位的平面尺寸不应小于0.70m×0.80m（宽×深），厕所、盥洗室、淋浴室地面不应设台阶，夏热冬冷和夏热冬暖地区幼儿园建筑的幼儿生活单元内宜设淋浴室，寄宿制幼儿生活单元内应设置淋浴室，并应独立设置。

表14-4 每班卫生间卫生设备最少数量

污水池	大便器	小便器	盥洗台（水龙头）
1个	6个	4个	6个

（18）多功能活动室位置宜临近生活单元，其使用面积宜0.65m²/人，且不应小于90m²。单独设置时宜与主体建筑用连廊连通（注：连廊应做雨篷，严寒和寒冷地区应做封闭连廊）。

（19）晨检室（厅）应设置在门厅主入口处，并应靠近保健观察室。保健观察室应符合：①有一张幼儿床的空间；②与幼儿生活用房有适当的距离，并与幼儿活动路线分开；③宜设有单独出入口；④应设独立的厕所，厕所内应设幼儿专用蹲位和洗手盆。

（20）教职工的卫生间、淋浴室应单独设置，不应与幼儿合用。

（21）供应用房宜包括厨房、消毒室、洗衣间等房间，厨房应自成一区，并应与幼儿生活用房有一定的距离（图14-1）。厨房使用面积宜0.4m²/人，且不应小于12m²。厨房加工间室内净高不应低于3m。当幼儿园为二层及以上时，应设提升食梯。幼儿园建筑应设玩具、图书、衣被等物品专用消毒间。寄宿制幼儿园建筑应设置集中洗衣房。

14.2 设计作品案例参考与讲评

案例一（图14-2、图14-3），案例二（图14-4、图14-5）。

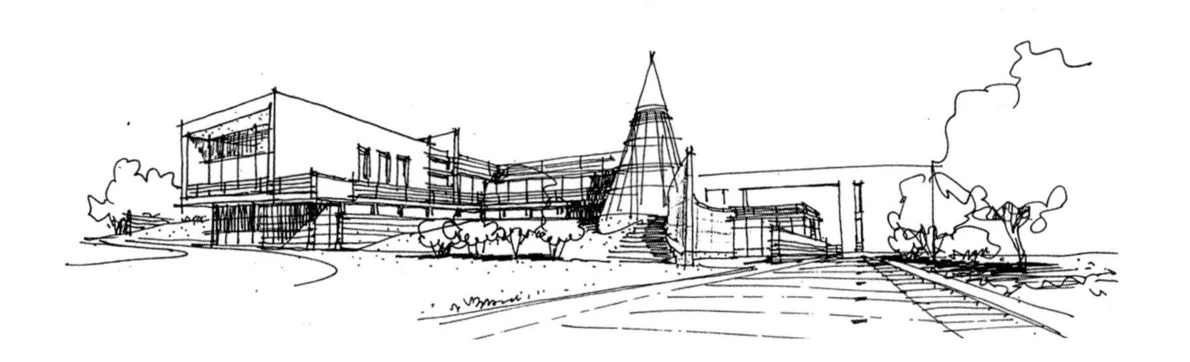

图14-1 供应用房与幼儿园整体协调关系示意（郭亚成 绘制）

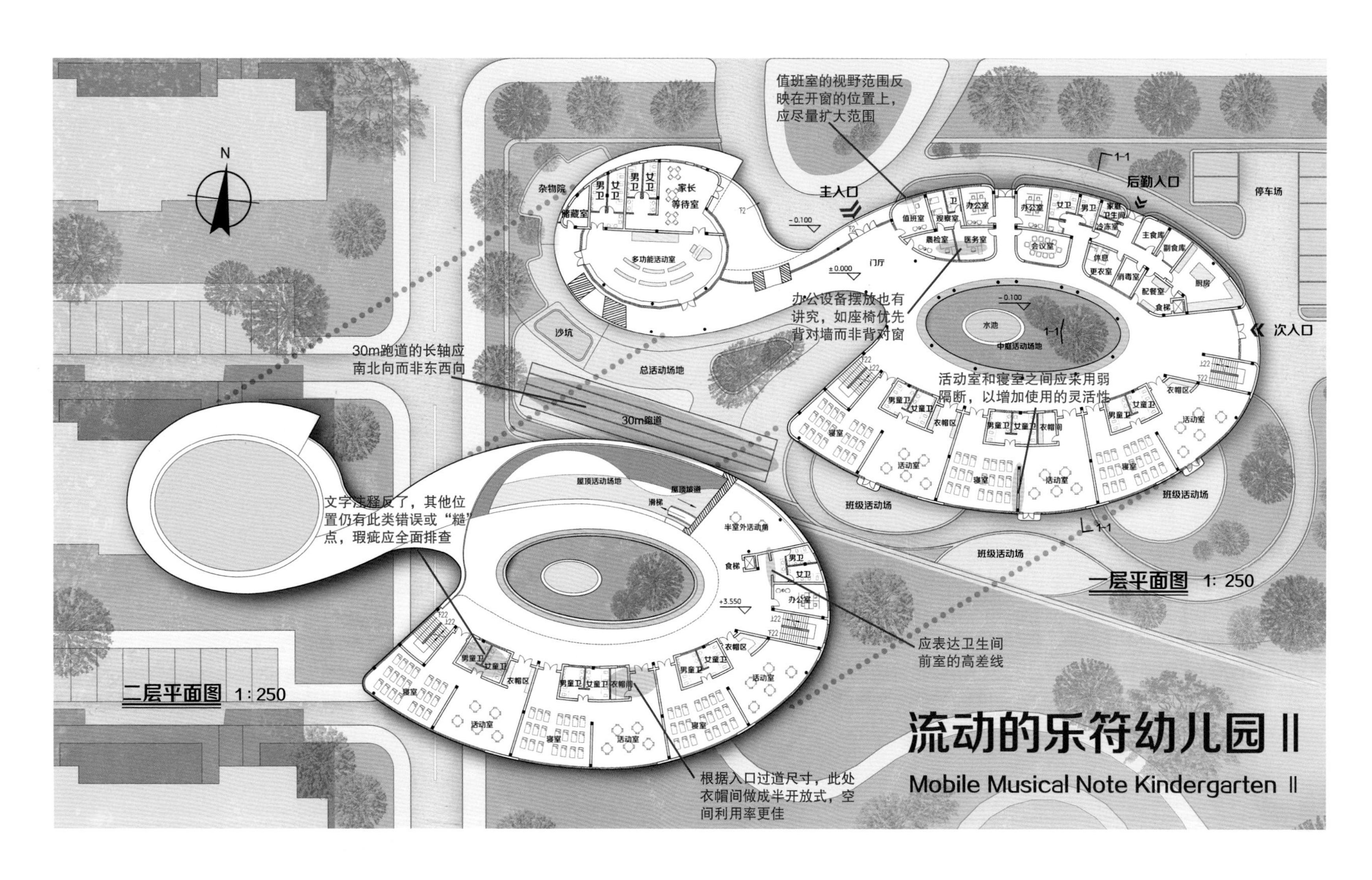
值班室的视野范围反
映在开窗的位置上，
应尽量扩大范围
主入口
后勤入口
停车场
次入口
办公设备摆放也有
讲究，如座椅优先
背对墙而非背对窗
30m跑道的长轴应
南北向而非东西向
活动室和寝室之间应采用弱
隔断，以增加使用的灵活性
30m跑道
总活动场地
沙坑
杂物院
文字注释反了，其他位
置仍有此类错误或“糙”
点，瑕疵应全面排查
应表达卫生间
前室的高差线
一层平面图 1：250
二层平面图 1：250
根据入口过道尺寸，此处
衣帽间做成半开放式，空
间利用率更佳
流动的乐符幼儿园 Ⅱ
Mobile Musical Note Kindergarten Ⅱ

图14-2　案例一平面图设计解析

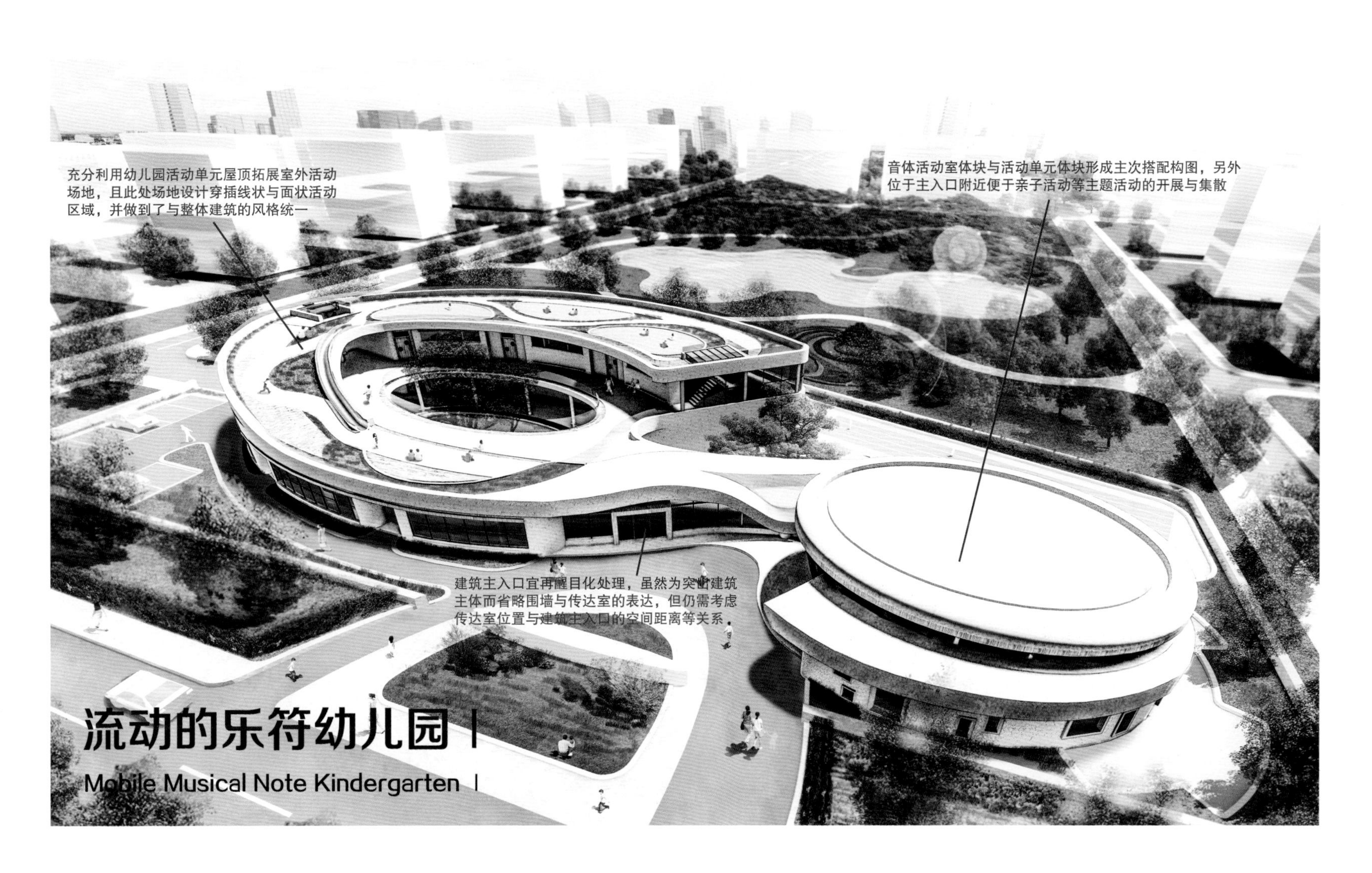
充分利用幼儿园活动单元屋顶拓展室外活动
场地，且此处场地设计穿插线状与面状活动
区域，并做到了与整体建筑的风格统一
音体活动室体块与活动单元体块形成主次搭配构图，另外
位于主入口附近便于亲子活动等主题活动的开展与集散
建筑主入口宜再醒目化处理，虽然为突出建筑
主体而省略围墙与传达室的表达，但仍需考虑
传达室位置与建筑主入口的空间距离等关系
流动的乐符幼儿园
Mobile Musical Note Kindergarten

图14-3　案例一效果图设计解析

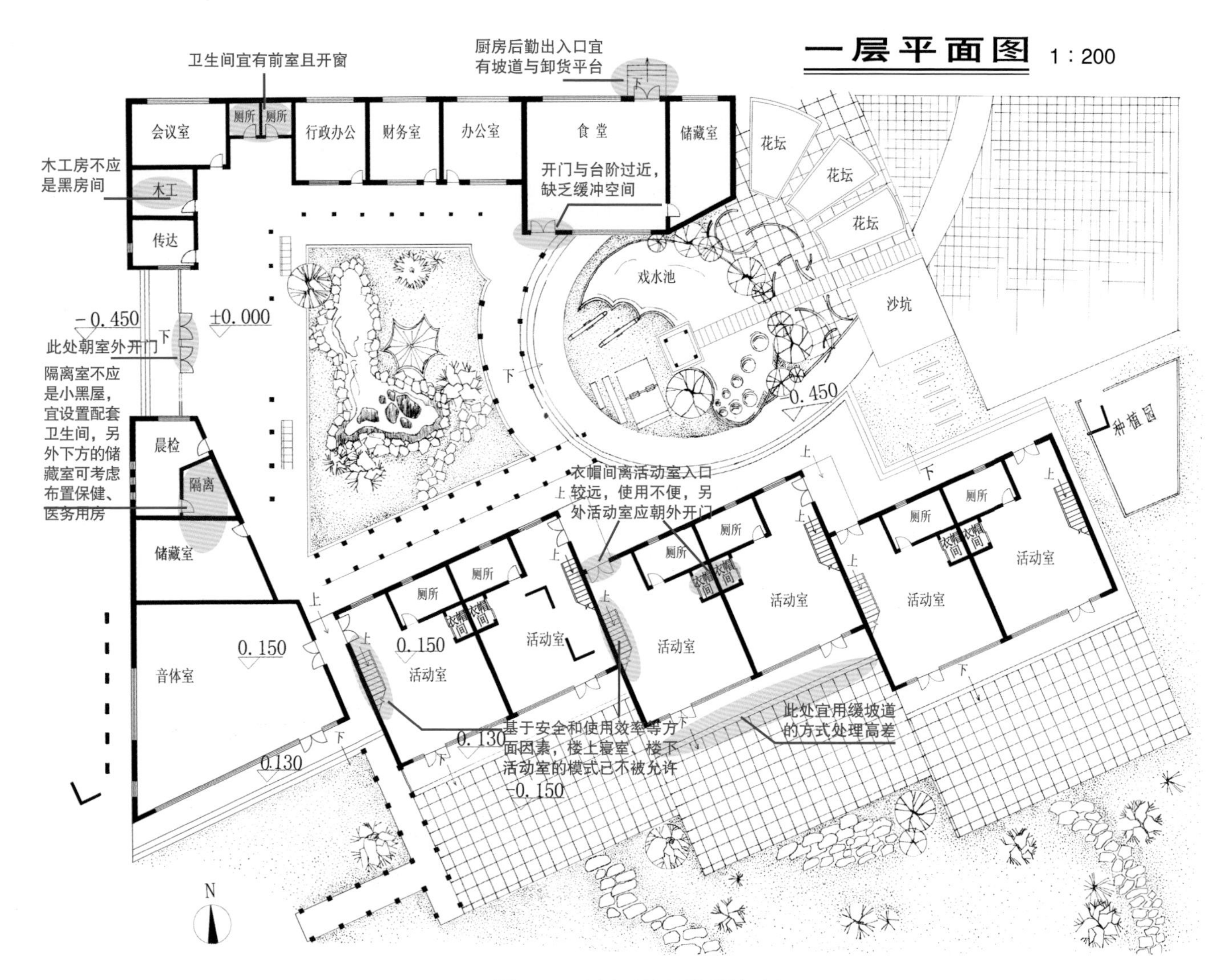

一层平面图 1:200
卫生间宜有前室且开窗
厨房后勤出入口宜有坡道与卸货平台
会议室
厕所
厕所
行政办公
财务室
办公室
食堂
储藏室
开门与台阶过近，缺乏缓冲空间
木工房不应是黑房间
木工
传达
花坛
花坛
花坛
戏水池
沙坑
-0.450
±0.000
此处朝室外开门
隔离室不应是小黑屋，宜设置配套卫生间，另外下方的储藏室可考虑布置保健、医务用房
晨检
隔离
储藏室
音体室
0.150
0.130
-0.450
种植园
衣帽间离活动室入口较远，使用不便，另外活动室应朝外开门
厕所
衣帽间
活动室
0.150
0.130
基于安全和使用效率等方面因素，楼上寝室、楼下活动室的模式已不被允许
-0.150
此处宜用缓坡道的方式处理高差
N

图14-4　案例二平面图设计解析

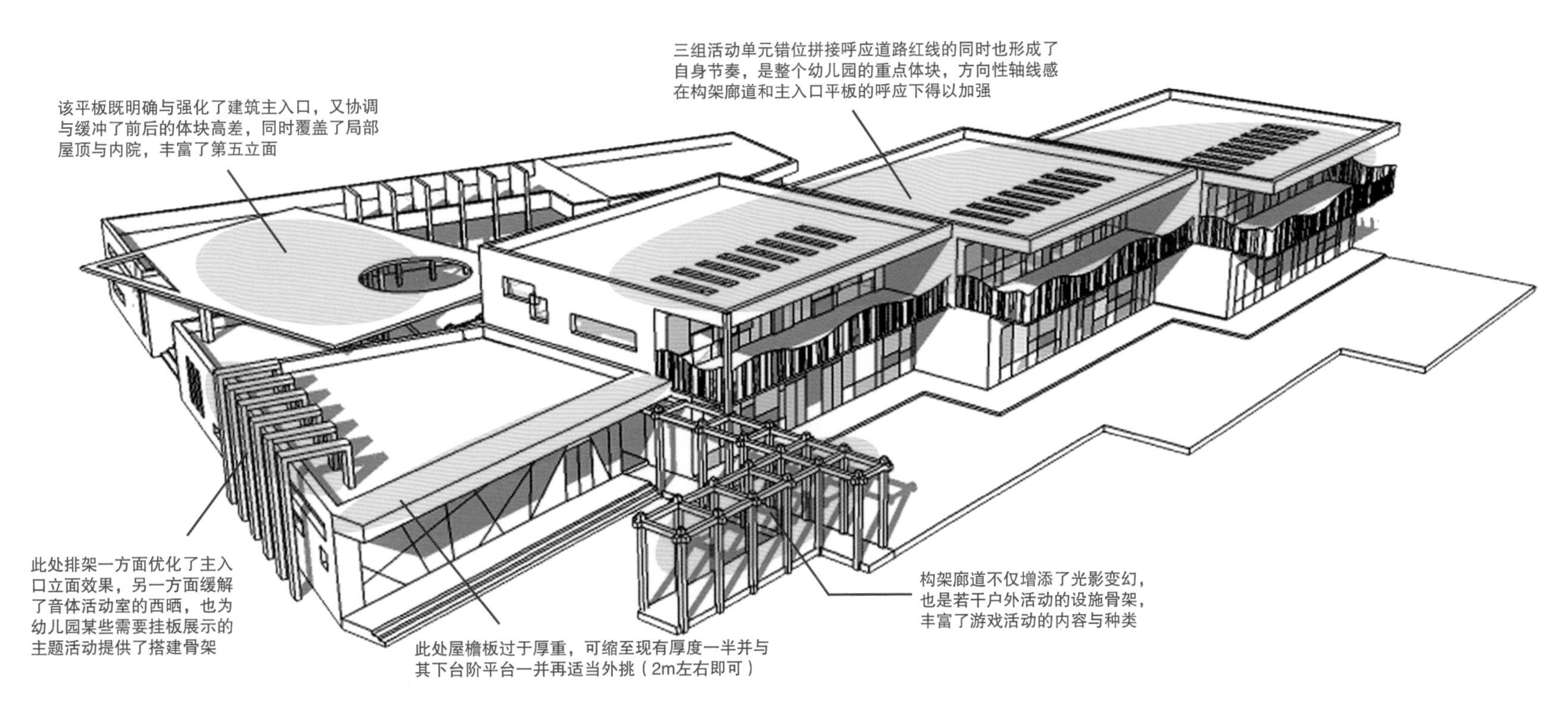
三组活动单元错位拼接呼应道路红线的同时也形成了
自身节奏，是整个幼儿园的重点体块，方向性轴线感
在构架廊道和主入口平板的呼应下得以加强
该平板既明确与强化了建筑主入口，又协调
与缓冲了前后的体块高差，同时覆盖了局部
屋顶与内院，丰富了第五立面
此处排架一方面优化了主入
口立面效果，另一方面缓解
了音体活动室的西晒，也为
幼儿园某些需要挂板展示的
主题活动提供了搭建骨架
构架廊道不仅增添了光影变幻，
也是若干户外活动的设施骨架，
丰富了游戏活动的内容与种类
此处屋檐板过于厚重，可缩至现有厚度一半并与
其下台阶平台一并再适当外挑（2m左右即可）

图14-5　案例二效果图设计解析

14.3 相关设计手绘草案与素材

相关设计手绘草案与素材见表14-5。

表14-5 相关设计手绘草案与素材

1		2		3	
	陈钦钺同学的幼儿园建筑设计方案成为该类型设计作业的优秀范图（指导教师：李科然）		迟德馨同学的幼儿园建筑设计方案成为该类型设计作业的优秀范图（指导教师：李科然）	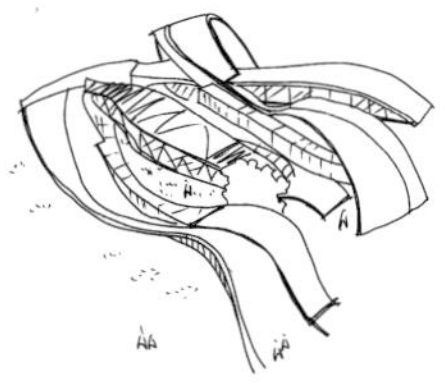	沈思同学的幼儿园建筑设计方案成为该类型设计作业里颇具参考性的手绘类范图
4		**5**		**6**	
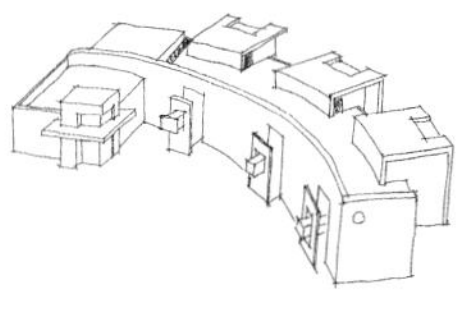	本书作者在其主持的幼儿园实际项目进行多方案设计比选阶段里绘制的手绘效果图之一		吴逸伦同学的幼儿园建筑设计方案成为该类型设计作业的优秀范图（指导教师：郭亚成）	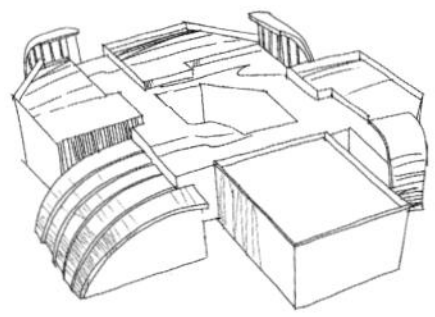	该同学的幼儿园建筑设计方案成为近几年设计作业里难得的优秀水彩渲染范图

15 艺术家工作室

15.1 相关设计要点归纳与解析

艺术家工作室这个建筑类型是由工作区、会客区和居住区所组成的，所涉及的相关建筑规范基本为独立住宅里的居住类规范，具体可参见本书第28章《独立住宅（别墅）》里的相关规范与设计要点，这里不予赘述。

15.2 设计作品案例参考与讲评

案例一（图15-1~图15-4），案例二（图15-5、图15-6）。

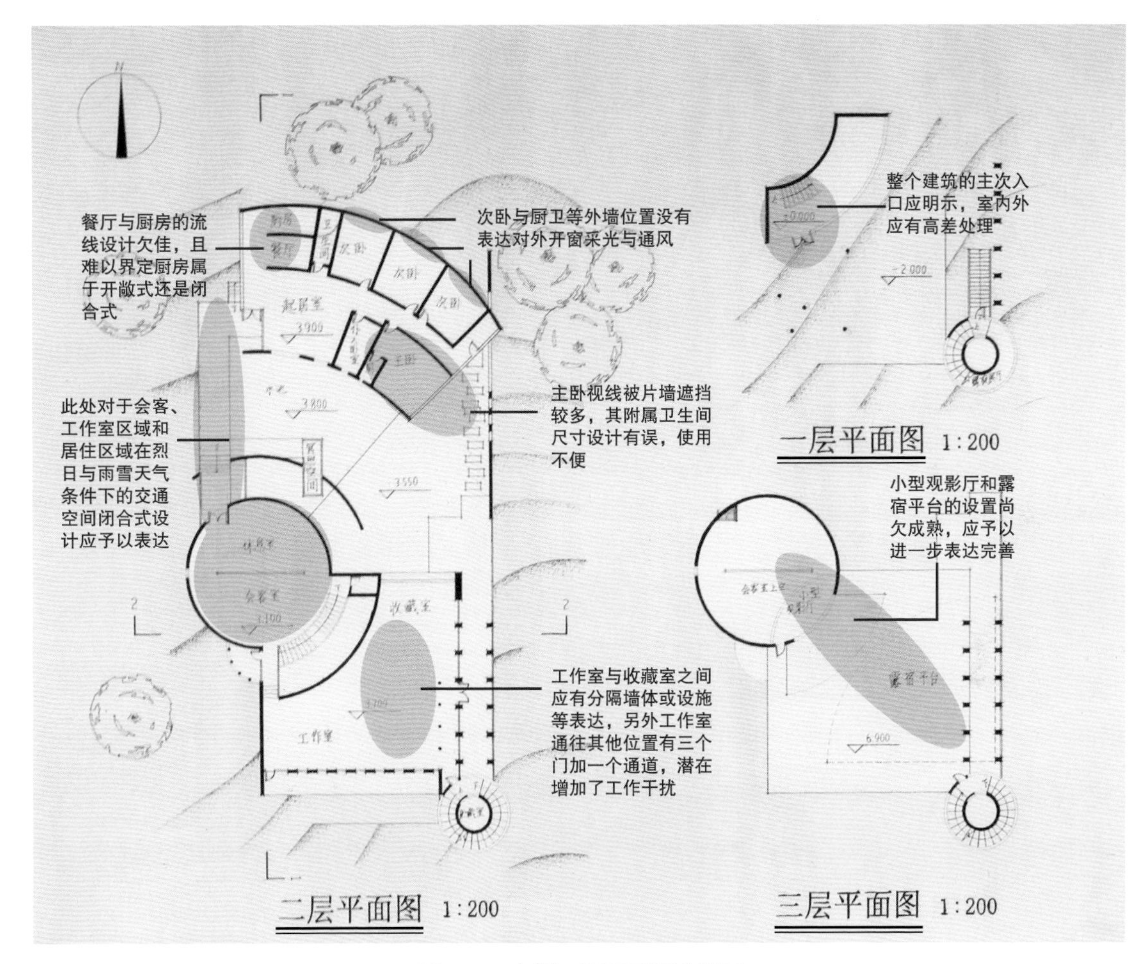

餐厅与厨房的流线设计欠佳，且难以界定厨房属于开敞式还是闭合式
次卧与厨卫等外墙位置没有表达对外开窗采光与通风
整个建筑的主次入口应明示，室内外应有高差处理
主卧视线被片墙遮挡较多，其附属卫生间尺寸设计有误，使用不便
此处对于会客、工作室区域和居住区域在烈日与雨雪天气条件下的交通空间闭合式设计应予以表达
小型观影厅和露宿平台的设置尚欠成熟，应予以进一步表达完善
工作室与收藏室之间应有分隔墙体或设施等表达，另外工作室通往其他位置有三个门加一个通道，潜在增加了工作干扰
一层平面图 1:200
二层平面图 1:200
三层平面图 1:200

图15-1 案例一平面图设计解析

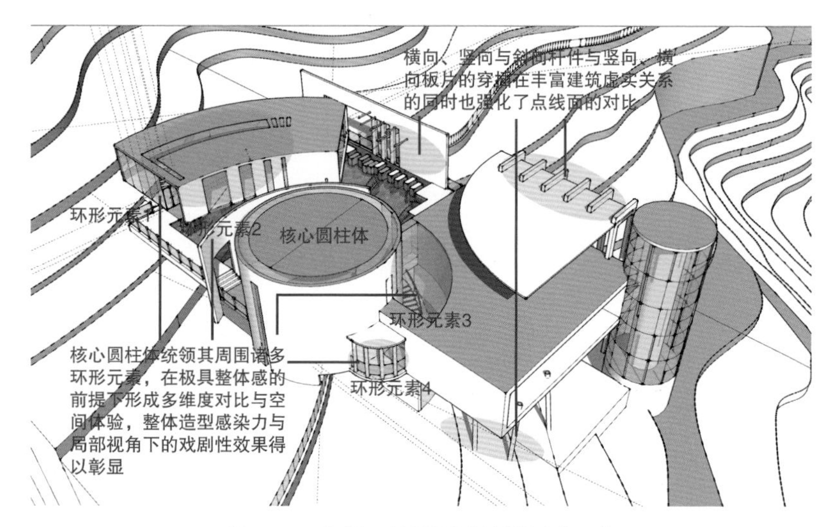
横向、竖向与斜向杆件与竖向、横向板片的穿插在丰富建筑虚实关系的同时也强化了点线面的对比
环形元素1
环形元素2
核心圆柱体
环形元素3
环形元素4
核心圆柱体统领其周围诸多环形元素，在极具整体感的前提下形成多维度对比与空间体验，整体造型感染力与局部视角下的戏剧性效果得以彰显

图15-2　案例一效果图设计解析（一）

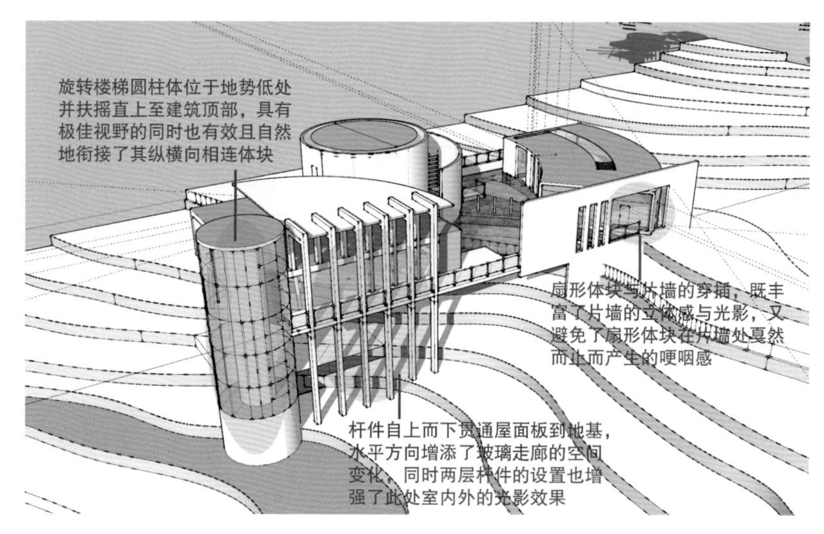
旋转楼梯圆柱体位于地势低处并扶摇直上至建筑顶部，具有极佳视野的同时也有效且自然地衔接了其纵横向相连体块
扇形体块与片墙的穿插，既丰富了片墙的立体感与光影，又避免了扇形体块在片墙处戛然而止而产生的哽咽感
杆件自上而下贯通屋面板到地基，水平方向增添了玻璃走廊的空间变化，同时两层杆件的设置也增强了此处室内外的光影效果

图15-3　案例一效果图设计解析（二）

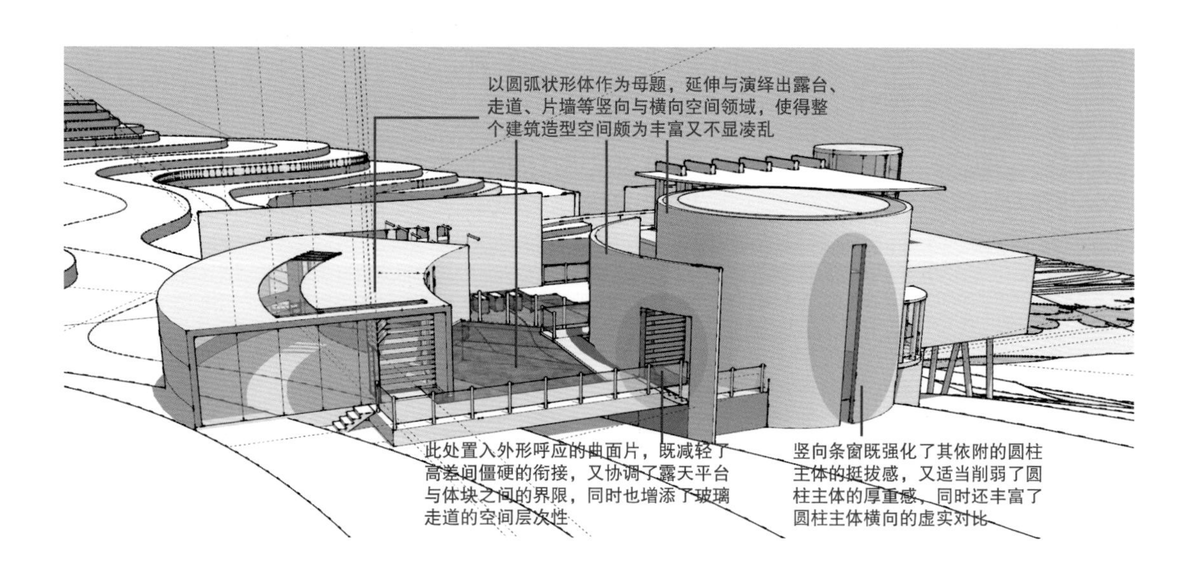
以圆弧状形体作为母题，延伸与演绎出露台、走道、片墙等竖向与横向空间领域，使得整个建筑造型空间颇为丰富又不显凌乱
此处置入外形呼应的曲面片，既减轻了高差间僵硬的衔接，又协调了露天平台与体块之间的界限，同时也增添了玻璃走道的空间层次性
竖向条窗既强化了其依附的圆柱主体的挺拔感，又适当削弱了圆柱主体的厚重感，同时还丰富了圆柱主体横向的虚实对比

图15-4　案例一效果图设计解析（三）

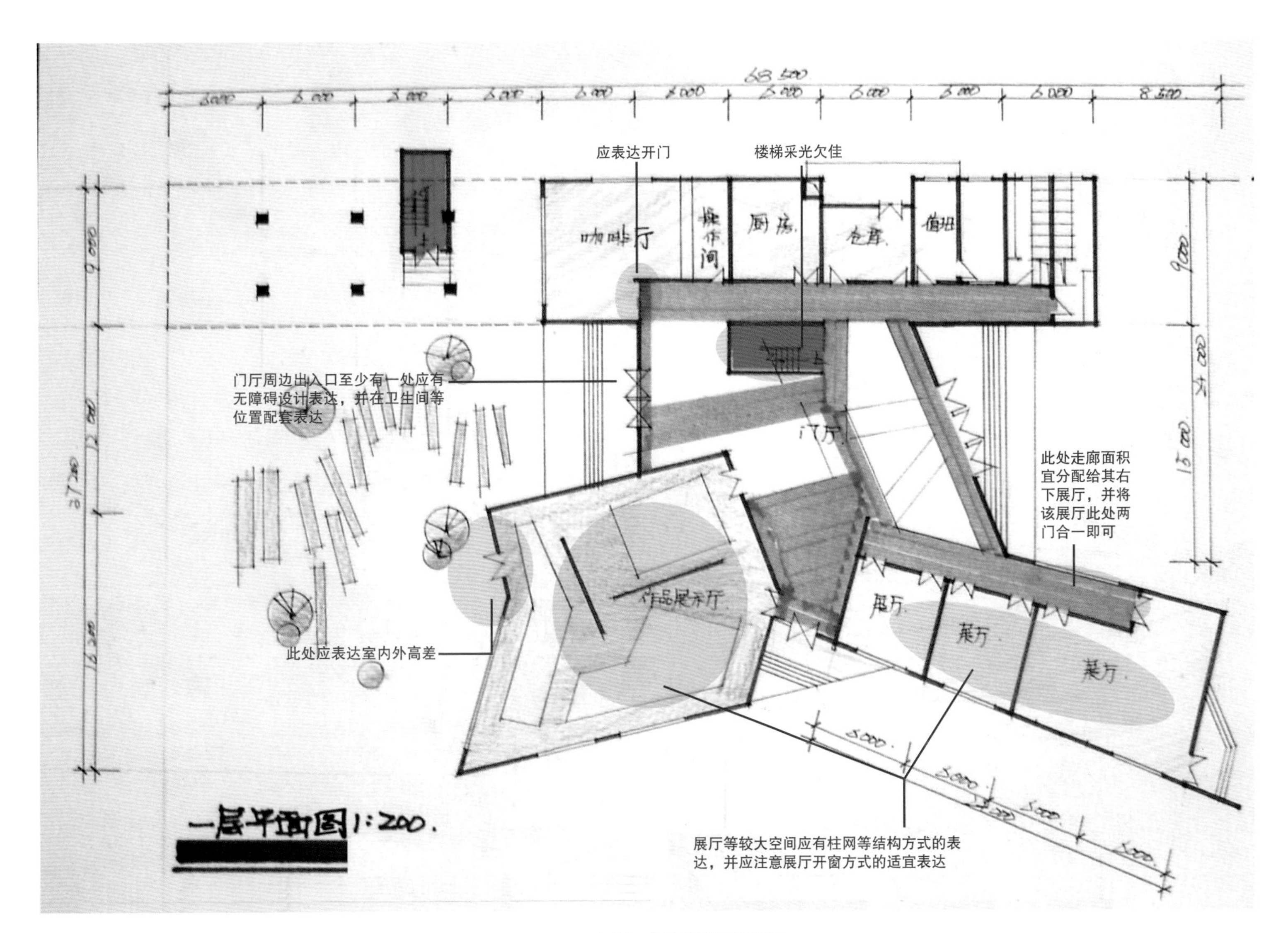
应表达开门
楼梯采光欠佳
门厅周边出入口至少有一处应有无障碍设计表达，并在卫生间等位置配套表达
此处走廊面积宜分配给其右下展厅，并将该展厅此处两门合一即可
此处应表达室内外高差
展厅等较大空间应有柱网等结构方式的表达，并应注意展厅开窗方式的适宜表达
咖啡厅
厨房
值班
门厅
作品展示厅
一层平面图 1:200.

图15-5　案例二平面图设计解析

纵横向上的错位处理提升了方位张力
横竖、虚实、明暗、通透与围挡等维度的对比运用，以及错位与咬合等造型手法，综合提升了该透视效果图的表现力
线条间距密度的对比
斜向要素的呼应

图15-6　案例二效果图设计解析

15.3 相关设计手绘草案与素材

相关设计手绘草案与素材见表15-1。

表15-1 相关设计手绘草案与素材

1		2		3	
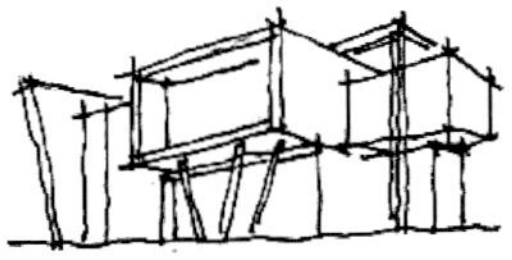	沈冠龙同学的艺术家工作室方案成为该类型设计作业的优秀范图（指导教师：郭亚成）	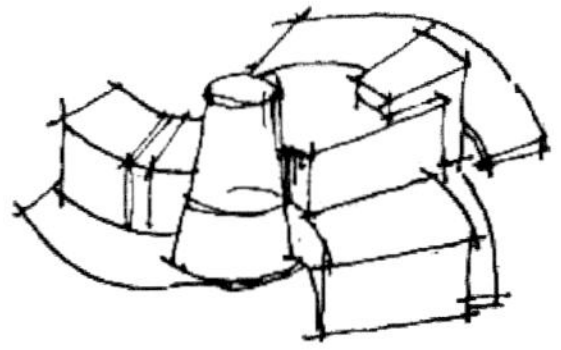	刘瀚泽同学的艺术家工作室方案成为该类型设计作业的优秀范图（指导教师：郭亚成）	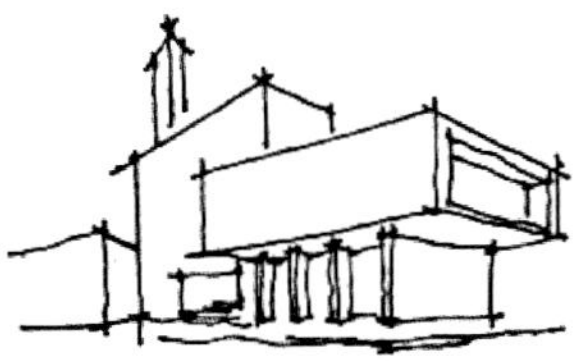	于家兴同学的艺术家工作室方案成为该类型设计作业的优秀范图（指导教师：郭亚成）
4		5		6	
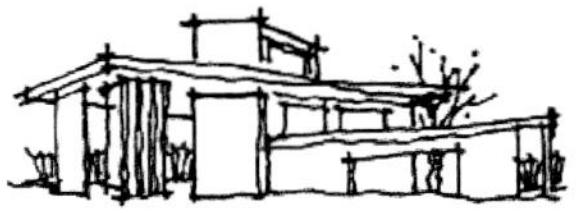	侯文卓同学的艺术家工作室方案成为该类型设计作业的优秀范图（指导教师：李科然）		王舰慧同学的艺术家工作室方案成为该类型设计作业的优秀范图（指导教师：李科然）	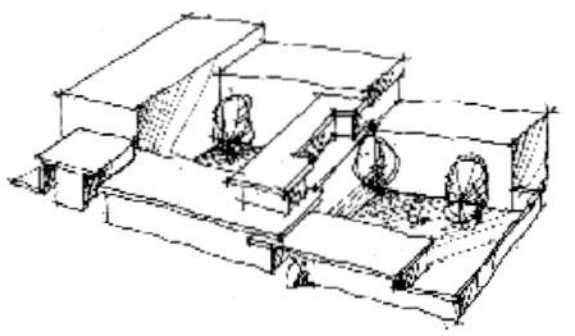	彭清同学的艺术家工作室方案成为该类型设计作业的优秀范图（指导教师：李科然）

16 社区图书馆

16.1 相关设计要点归纳与解析

目前现行《图书馆建筑设计规范》（JGJ 38—2015）条目繁多，笔者从中进行了提取与释义，归纳梳理出与大学课程设计作业以及考研快题里图书馆这一类型相对应的要点与考点，现表述如下。

（1）新建公共图书馆的建筑密度不宜大于40%（注：一是为户外展览、主题活动、停车等争取了更多的场地，二是为以后扩建等留出发展用地）。绿地率不宜小于30%。

（2）当图书馆设有少年儿童阅览区时，少年儿童阅览区宜设置单独的对外出入口和室外活动场地（注：少年儿童阅览区往往应置于首层平面且朝向良好位置，也应兼顾室外活动场地的日照采光；少年儿童阅览区若位于二层，宜直连室外平台与疏散楼梯）。

（3）四层及四层以上设有阅览室时，应设置为读者服务的电梯，并应至少设一台无障碍电梯。

（4）随着管理设备水平的提升，图书馆大多为开架阅览室（阅览和藏书在同一空间中，读者可自行取阅图书资料的阅览室，反之为闭架）和开架书库（允许读者入库查找资料并就近阅览的书库，反之为闭架），书库书架连续排列最多档数见表16-1。

表16-1　书库书架连续排列最多档数

条件	开架（档）	闭架（档）
书架两端有走道	9	11
书架一端有走道	5	6

（5）书架宜垂直于开窗的外墙布置。书库采用竖向条形窗时，窗口应正对行道，书架档头可靠墙。书库采用横向条形窗且窗宽大于书架之间的行道宽度时，书架档头不应靠墙，书架与外墙之间应留有通道。书架之间以及书架与墙体之间通道的最小宽度见表16-2。

表16-2　书架之间以及书架与墙体之间通道的最小宽度

通道名称	常用书架（m）		不常用书架（m）
	开架	闭架	
主通道	1.50	1.20	1.00
次通道	1.10	0.75	0.60
档头走道（即靠墙走道）	0.75	0.60	0.60
行道	1.00	0.75	0.60

（6）社区图书馆一般没有特藏书库和珍善本书库，这里只需知道特藏书库应单独设置，珍善本书库的出入口应设置缓冲间。

（7）卫生间、开水间或其他经常有积水的场所不应设置在书库内部及其直接上方。

（8）书库的净高不应小于2.40m。采用积层书架（重叠组合而成，并附有梯子上下的多层固定钢书架）的书库，结构梁或管线的底面净高不应小于4.70m。

（9）书库内的工作人员专用楼梯的梯段净宽不宜小于0.80m，坡度不应大于45°，并应采取防滑措施。二层至五层的书库应设置书刊提升设备，六层及六层以上的书库应设专用货梯。

（10）同层的书库与阅览区的楼、地面宜采用同一标高。

（11）阅览室（区）阅览桌椅排列的最小间距见表16-3。

表16-3　阅览室（区）阅览桌椅排列的最小间距

<table>
<tr><th rowspan="2" colspan="2">条件</th><th colspan="2">最小间距尺寸（m）</th><th rowspan="2">备注</th></tr>
<tr><th>开架</th><th>闭架</th></tr>
<tr><td colspan="2">单面阅览桌前后间隔净宽</td><td>0.65</td><td>0.65</td><td>适用于单人桌、双人桌</td></tr>
<tr><td colspan="2">双面阅览桌前后间隔净宽</td><td>1.30~1.50</td><td>1.30~1.50</td><td>四人桌取下限，六人桌取上限</td></tr>
<tr><td colspan="2">阅览桌左右间隔净宽</td><td>0.90</td><td>0.90</td><td></td></tr>
<tr><td colspan="2">阅览桌之间的主通道净宽</td><td>1.50</td><td>1.20</td><td></td></tr>
<tr><td rowspan="2">阅览桌后侧与侧墙之间净距</td><td>靠墙无书架时</td><td></td><td>1.05</td><td rowspan="2">靠墙书架深度按0.25m计算</td></tr>
<tr><td>靠墙有书架时</td><td>1.60</td><td></td></tr>
<tr><td rowspan="2">阅览桌侧沿与侧墙之间净距</td><td>靠墙无书架时</td><td></td><td>0.60</td><td rowspan="2">靠墙书架深度按0.25m计算</td></tr>
<tr><td>靠墙有书架时</td><td>1.30</td><td></td></tr>
<tr><td rowspan="4">阅览桌与出纳台外沿净宽</td><td>单面桌前沿</td><td>1.85</td><td>1.85</td><td rowspan="4"></td></tr>
<tr><td>单面桌后沿</td><td>2.50</td><td>2.50</td></tr>
<tr><td>双面桌前沿</td><td>2.80</td><td>2.80</td></tr>
<tr><td>双面桌后沿</td><td>2.80</td><td>2.80</td></tr>
</table>

（12）目录检索已趋于无纸化，即一般都是读者自行通过计算机进行检索，每台计算机所占使用面积应按2m^2计算。

（13）中心出纳台（总出纳台）应毗邻基本书库设置。出纳台与基本书库之间的通道不应设置踏步；当高差不可避免时，应采用坡度不大于1：8的坡道。书库通往出纳台的门应向出纳台方向开启，其净宽不应小于1.40m，并不应设置门槛。出纳台内工作人员所占使用面积应按每一工位≥6m^2计算；出纳台外的读者活动面积，应按出纳台内每一工位所占使用面积的1.2倍计算，且不应小于18m^2；出纳台前应保持进深≥3m的读者活动区；出纳台宽度≥0.60m，长度应按每一工位1.50m计算。

（14）陈列厅宜采光均匀，并应防止阳光直射和眩光。

（15）超过300座规模的报告厅应独立设置，并应与阅览区隔离；报告厅与阅览区毗邻设置时，应设单独对外出入口；报告厅宜设休息区、接待室及厕所；报告厅应设置无障碍轮椅席位。

（16）采编用房应与读者活动区分开，并应与典藏室、书库、书刊入口有便捷联系；拆包间应邻近工作人员入口或专设的书刊入口，进书量大的拆包间入口处应设卸货平台；工作人员的人均使用面积不宜小于10m^2。

（17）典藏室（图书馆内部登记文献资料移动情况、统计全馆收藏量的专业部门）当单独设置时，应位于基本书库的入口附近；工作人员的人均使用面积不宜小于6m^2，且房间的最小使用面积不宜小于15m^2。图书馆信息处理等业务用房的工作人员人均使用面积不宜小于6m^2。

（18）音像视听室幕前放映的控制室，其进深和净高均不应小于3m；幕后放映的反射式控制室，进深不应小于2.70m。

（19）装裱、修整室每工位人均使用面积不应小于$10m^2$，且房间的最小面积不应小于$30m^2$。

（20）图书馆每层的安全出口不应少于两个，并应分散布置。

（21）书库的每个防火分区安全出口不应少于两个，但符合下列条件之一时，可设一个安全出口：①占地面积不超过$300m^2$的多层书库；②建筑面积不超过$100m^2$的地下、半地下书库；③建筑面积不超过$100m^2$的特藏书库。

（22）当公共阅览室只设一个疏散门时，其净宽不应小于1.20m。

16.2 设计作品案例参考与讲评

案例一（图16-1、图16-2），案例二（图16-3、图16-4）。

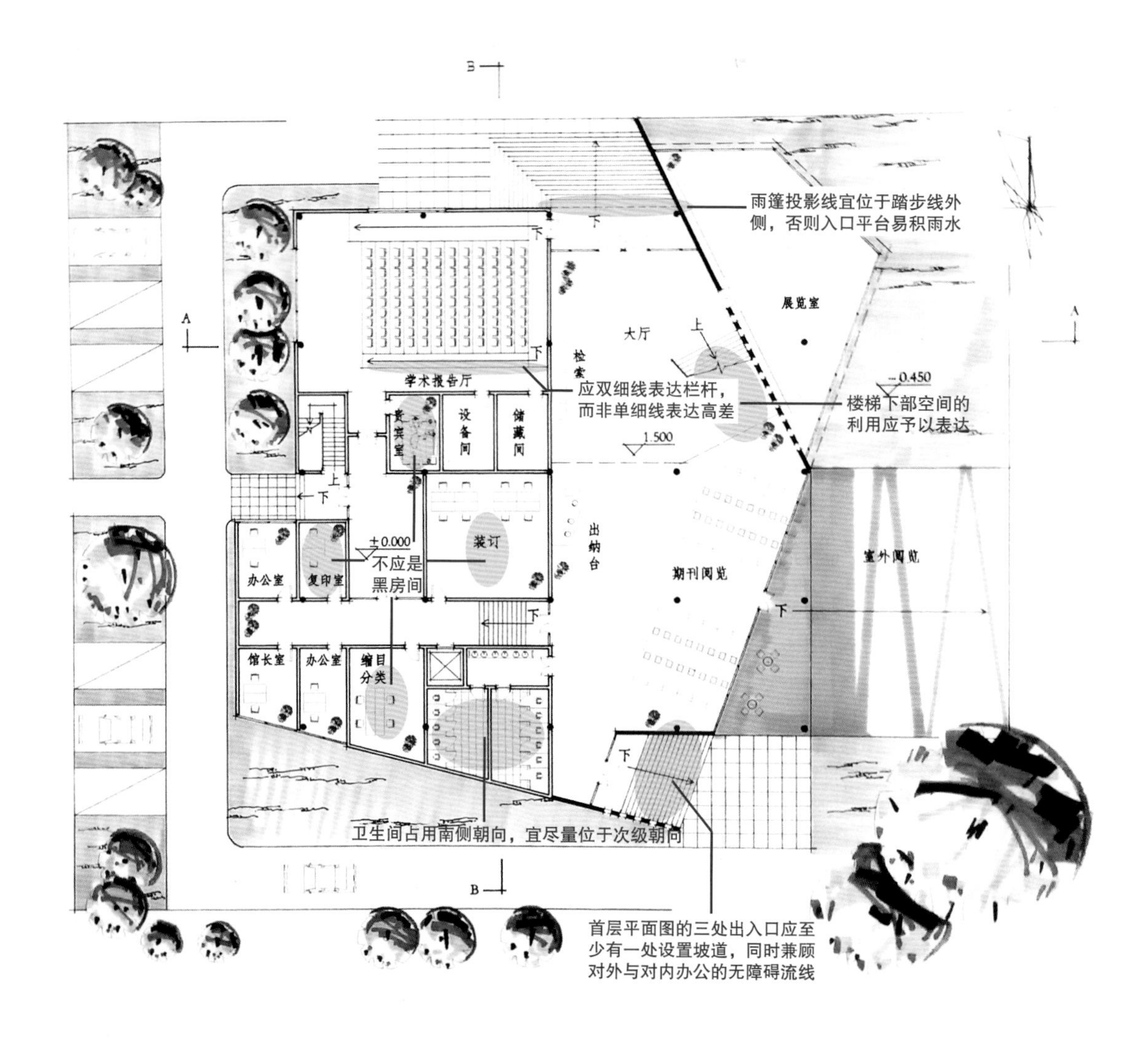

雨篷投影线宜位于踏步线外侧，否则入口平台易积雨水
展览室
大厅
学术报告厅
应双细线表达栏杆，而非单细线表达高差
-0.450
楼梯下部空间的利用应予以表达
1.500
设备间
储藏间
±0.000
不应是黑房间
装订
出纳台
期刊阅览
室外阅览
办公室
复印室
馆长室
办公室
编目分类
卫生间占用南侧朝向，宜尽量位于次级朝向
首层平面图的三处出入口应至少有一处设置坡道，同时兼顾对外与对内办公的无障碍流线

图16-1 案例一平面图设计解析

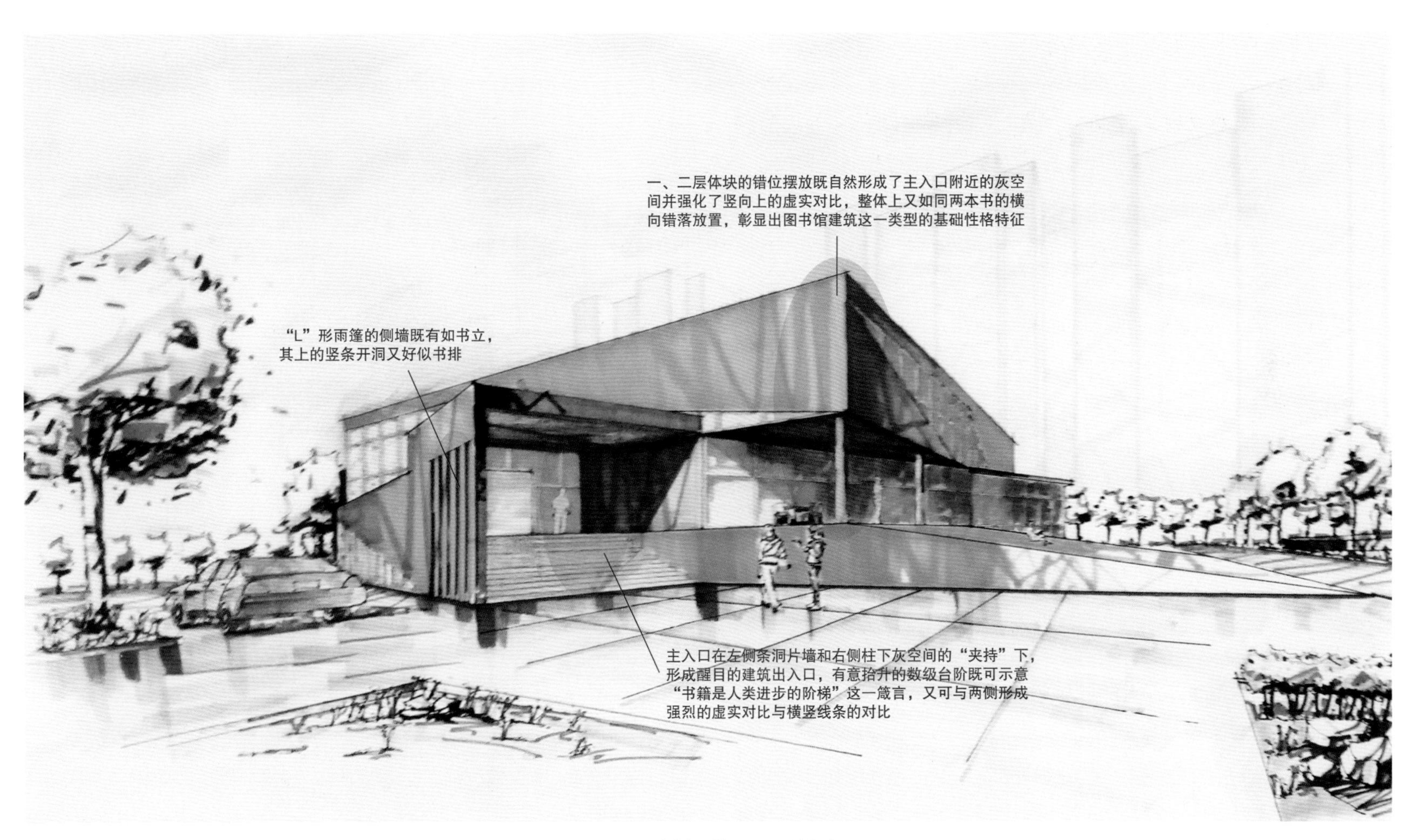
一、二层体块的错位摆放既自然形成了主入口附近的灰空间并强化了竖向上的虚实对比，整体上又如同两本书的横向错落放置，彰显出图书馆建筑这一类型的基础性格特征
“L”形雨篷的侧墙既有如书立，其上的竖条开洞又好似书排
主入口在左侧条洞片墙和右侧柱下灰空间的“夹持”下，形成醒目的建筑出入口，有意抬升的数级台阶既可示意“书籍是人类进步的阶梯”这一箴言，又可与两侧形成强烈的虚实对比与横竖线条的对比

图16-2　案例一效果图设计解析

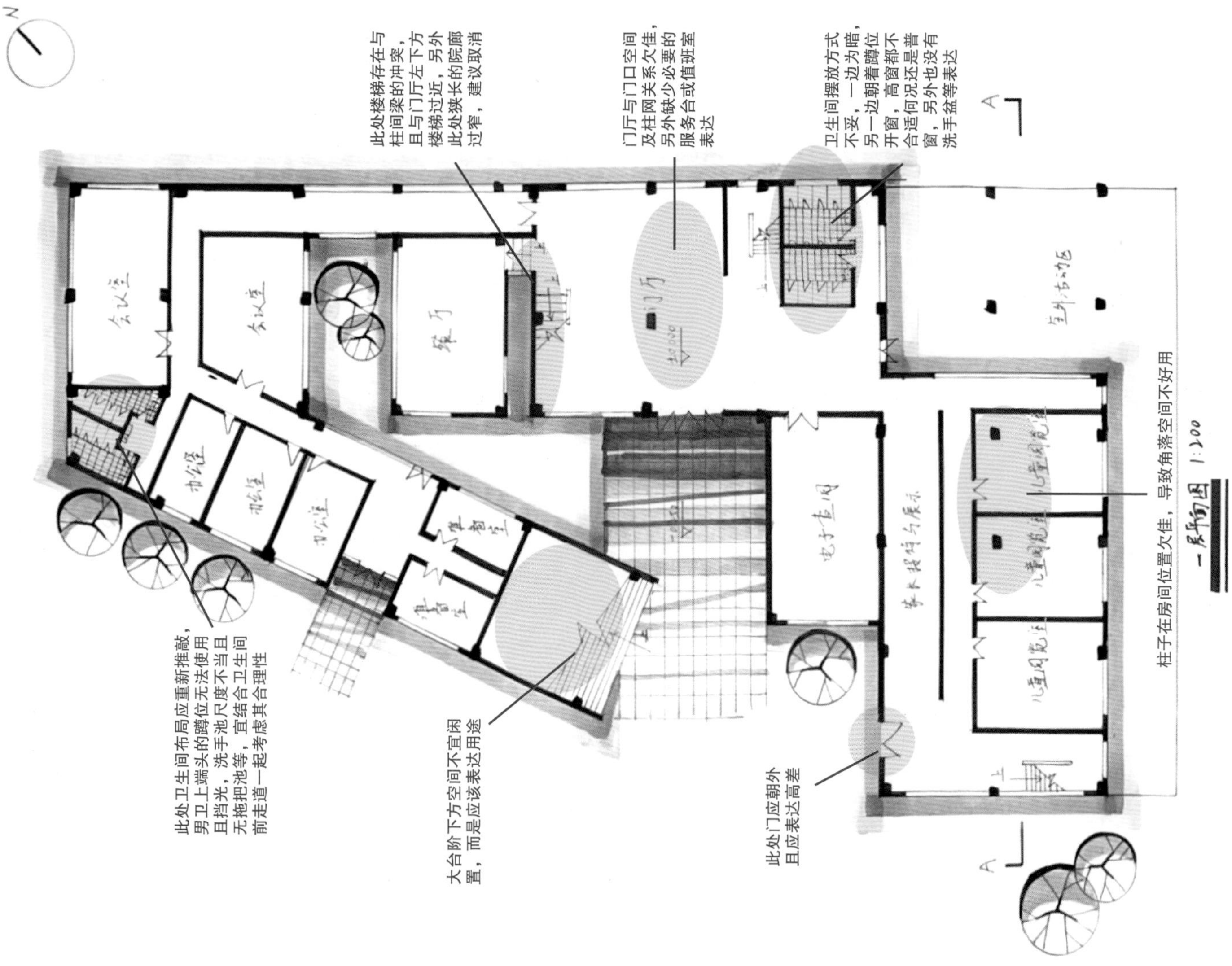

此处卫生间布局应重新推敲，男卫上端头的蹲位无法使用且挡光，洗手池尺度不当且无拖把池等，宜结合卫生间前走道一起考虑其合理性

此处楼梯存在与柱间梁的冲突，且与门厅左下方楼梯过近，另外此处狭长的院廊过窄，建议取消

大台阶下方空间不宜闲置，而是应该表达用途

门厅与门口空间及柱网关系欠佳，另外缺少必要的服务台或值班室表达

此处门应朝外且应表达高差

卫生间摆放方式不妥，一边为暗，另一边朝着蹲位开窗，高窗都不合适何况还是普窗，另外也没有洗手盆等表达

柱子在房间位置欠佳，导致角落空间不好用

一层平面图 1:200

图16-3　案例二平面图设计解析

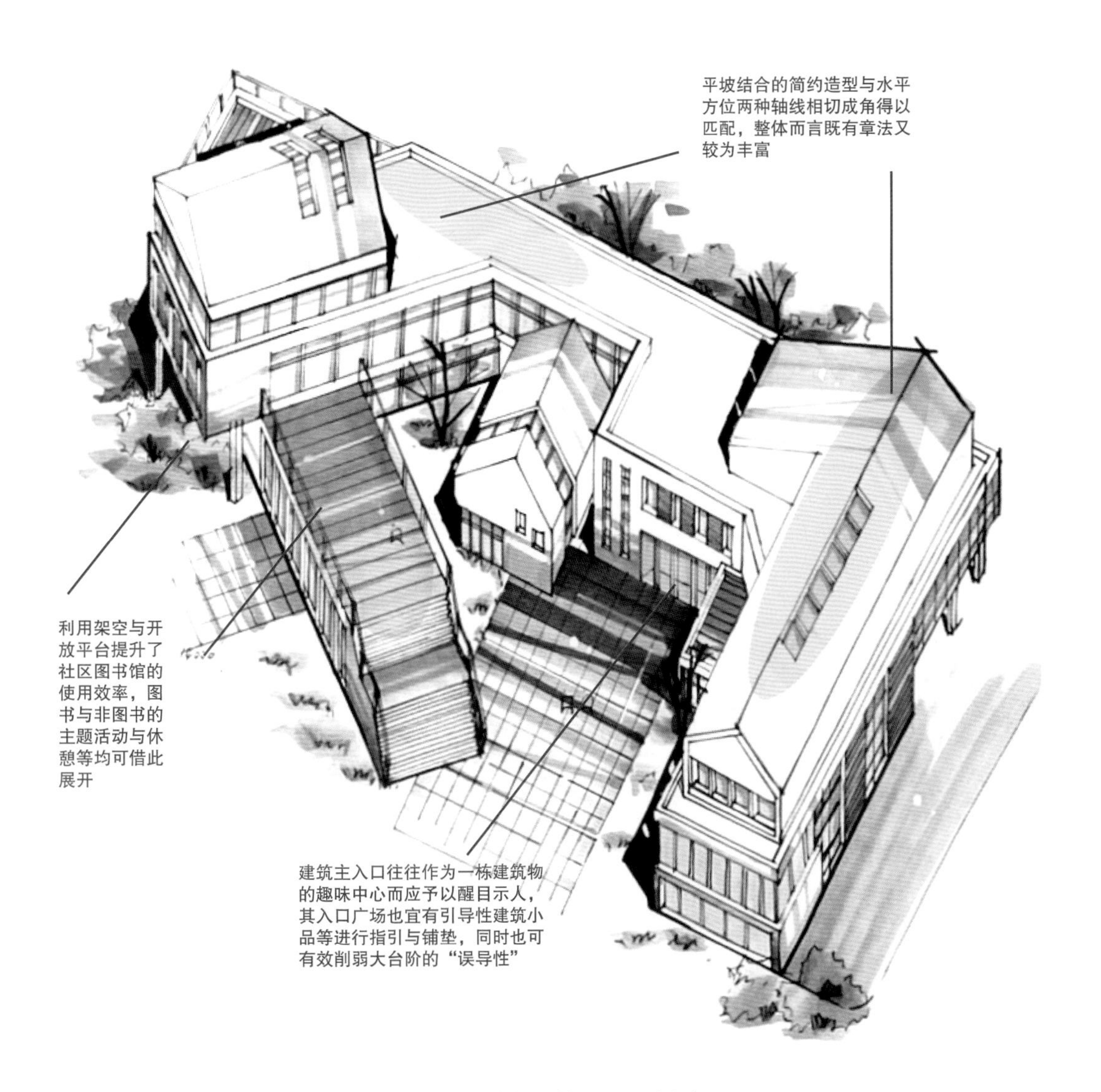
平坡结合的简约造型与水平
方位两种轴线相切成角得以
匹配，整体而言既有章法又
较为丰富
利用架空与开
放平台提升了
社区图书馆的
使用效率，图
书与非图书的
主题活动与休
憩等均可借此
展开
建筑主入口往往作为一栋建筑物
的趣味中心而应予以醒目示人，
其入口广场也宜有引导性建筑小
品等进行指引与铺垫，同时也可
有效削弱大台阶的“误导性”

图16-4　案例二效果图设计解析

16.3 相关设计手绘草案与素材

相关设计手绘草案与素材见表16-4。

表16-4 相关设计手绘草案与素材

1		2		3	
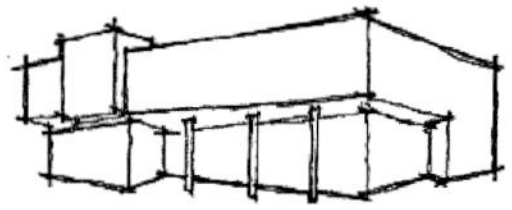	本书作者在其主持的该类型实际项目进行多方案设计比选阶段里绘制的手绘效果图之一	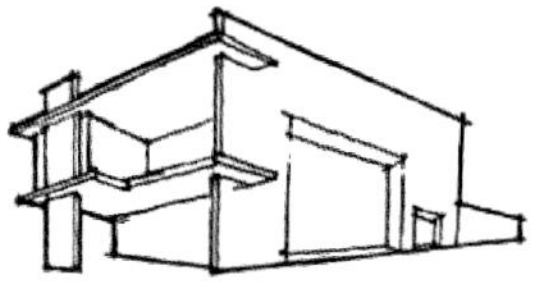	姜璐瑶同学的该类型建筑设计方案是颇具代表性的优秀手绘范图（指导教师：郭亚成）	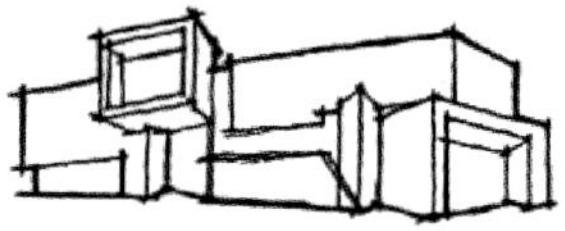	刘瀚泽同学的该类型建筑设计方案是颇具代表性的优秀范图（指导教师：郭亚成）
4		5		6	
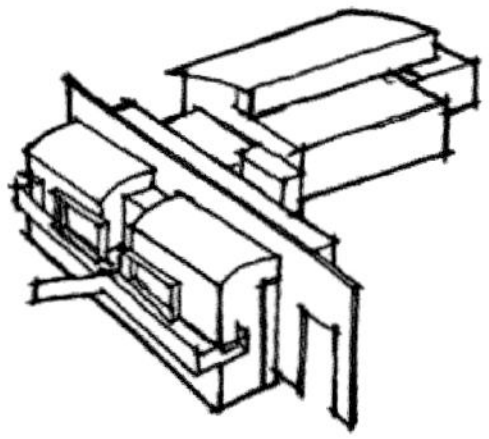	吕超豪同学该类型快题建筑设计方案效果图是颇具代表性的优秀范图	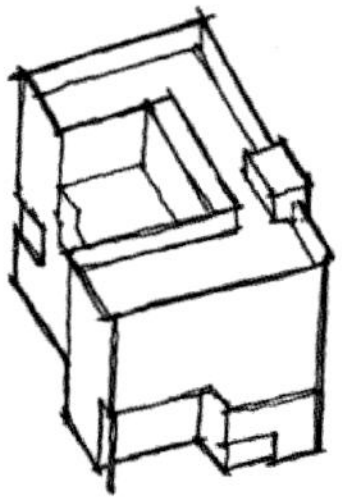	许轶佳同学该类型快题建筑设计方案效果图是颇具代表性的优秀范图	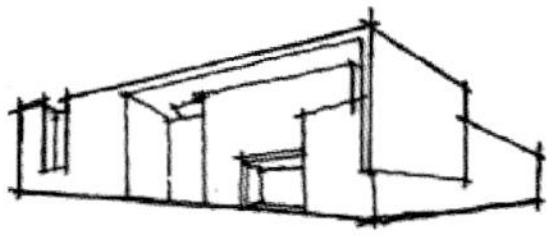	该同学的快题建筑设计方案效果图是颇具代表性的优秀范图

17 博物馆

17.1 相关设计要点归纳与解析

博物馆建筑可按建筑规模划分为特大型馆、大型馆、大中型馆、中型馆、小型馆五类，建筑规模≤5000m^{2}的为小型馆，5001~10000m^{2}的为中型馆，根据《博物馆建筑设计规范》（JGJ 66—2015），本书研究范畴只针对中小型博物馆相关规范要点进行表述。

（1）新建博物馆建筑的建筑密度不应超过40%。

（2）观众出入口应与藏（展）品进出口、员工出入口分开设置。

（3）藏品、展品的运输线路和装卸场地应安全、隐蔽，且不应受观众活动的干扰。

（4）观众出入口广场面积应按高峰时段建筑内向该出入口疏散的观众量的1.2倍计算确定，且不应少于0.4m^2/人。

（5）博物馆建筑基地内设置的停车位数量，应按其总建筑面积（不包含车库建筑面积）的规模计算确定（停车位数量不足1时，按1个车位设置）见表17-1。

表17-1　每1000m^{2}建筑面积设置的停车位

大型客车（个）	小型汽车（个）	非机动车（个）
0.3	5	15

（6）博物馆建筑设计应根据工艺设计的要求确定各功能空间的面积分配。陈列展览区、藏品库区建筑面积占总建筑面积的比例可查原规范，限于篇幅以及任务书一般提供各区面积，这里省略此表。

（7）博物馆建筑内观众流线与藏（展）品流线应各自独立，不应交叉；食品、垃圾运送路线不应与藏（展）品流线交叉。

（8）厕所、用水的机房等存在积水隐患的房间，不应布置在藏品库房的上层或同层贴邻位置。

（9）公众区域有地下层时，地下层地面与出入口地坪的高差不宜大于10m。

（10）贵宾接待室应与陈列展览区联系方便，且其布置宜避免贵宾与观众相互干扰。

（11）为学龄前儿童专设的活动区、展厅等应为独立区域，且宜设置独立的安全出口，首层优先。

（12）通向室外的藏品库区或展厅的货运出入口，应设置装卸平台或装卸间。藏品、展品的运送通道不应设置台阶、门槛，为坡道时的坡度不应大于1：20；藏品、展品需要竖直运送时应设专用货梯，且不应与观众、员工电梯或其他工作货梯合用，应设置可关闭的候梯间。

（13）厕所设置：业务行政区域的厕所距最远工作点的距离不应大于50m；陈列展览区的使用人数应按展厅净面积0.2人/m^2

计算；教育区使用人数应按教育用房设计容量的80%计算（表17-2）。

表17-2　厕所设置

设施	陈列展览区		教育区	
	男	女	男	女
大便器	每60人设1个	每20人设1个	每40人设1个	每13人设1个
小便器	每30人设1个	—	每20人设1个	—
洗手盆	每60人设1个	每40人设1个	每40人设1个	每25人设1个

（14）开间或柱网尺寸不宜小于6m；展厅单跨时的跨度不宜小于8m，多跨时的柱距不宜小于7m。

（15）教育区的教室、实验室，每间使用面积宜为50~60m^2。

（16）当收藏对温湿度敏感的藏品时，应在库房区总门附近设置缓冲间。

（17）库房采用藏品柜（架）存放藏品时，库房内主通道净宽不应小于1.20m；两行藏品柜间通道净宽不应小于0.80m；藏品柜端部与墙面净距不宜小于0.60m；藏品柜背面与墙面的净距不宜小于0.15m。

（18）藏品技术区的实验室每间面积宜为20~30m^2。研究室、展陈设计室朝向宜为北向。

（19）美工室、展品展具制作维修用房净高不宜小于4.5m，应与展厅联系方便且应靠近货运电梯设置，并应避免干扰公众区域和有安静环境要求的区域。

（20）安防监控中心、报警值班室宜设在首层。安防监控中心可与消防控制室合用，不可与建筑设备监控室或计算机网络机房合用。

（21）历史类博物馆展示艺术品的单跨展厅，其跨度不宜小于艺术品高度或宽度最大尺寸的1.5~2.0倍；展示一般历史文物或古代艺术品的展厅，净高不宜小于3.5m；展示一般现代艺术品的展厅，净高不宜小于4.0m；临时展厅的分间面积不宜小于200m^2，净高不宜小于4.5m。

（22）历史类博物馆的藏品应按材质类别分间储藏。每间应单独设门，且不应设套间。每间库房的面积不宜小于50m^2；文物类、现代艺术类藏品库房宜为80~150m^2；自然类藏品库房宜为200~400m^2。文物类藏品库房净高宜为2.8~3.0m；现代艺术类藏品、标本类藏品库房净高宜为3.5~4.0m。

（23）实物修复用房每间面积宜为50~100m^2，净高不应小于3.0m，应有良好自然通风、采光，且不应有直接日晒。漆器修复室宜配有晾晒场地。

（24）自然类博物馆展厅净高不宜低于4.0m；临时展厅的分间面积不宜小于400m^2。藏品库区要求同历史类博物馆。

（25）科技类博物馆常设展厅的使用面积不宜小于3000m^2，临时展厅使用面积不宜小于500m^2。

（26）公众区域宜设置在首层及二、三层，不宜设在四层及以上或地下、半地下层；临时展厅宜设于地面层，并应靠近门厅或设有专用门厅（图17-1）；中型馆展厅跨度不宜小于12.0m，柱距不宜小于9.0m。主要入口层净高宜为5.0~6.0m；楼层净高宜为4.5~5.0m。藏品库区内每个防火分区通向疏散走道、楼梯或室外的出口不应少于2个，当防火分区的建筑面积不大于100m²时，可设一个出口；每座藏品库房建筑的安全出口不应少于2个；当一座库房建筑的占地面积不大于300m²时，可设置1个安全出口。地下或半地下藏品库房的安全出口不应少于2个；当建筑面积不大于100m²时，可设1个安全出口。

（27）博物馆建筑里可能会涉及的几个专有名称释义。

1）拆箱间：对进入库前区的藏品箱、包进行开箱、拆包、清点工作的房间。

2）鉴选室：对开箱、拆包后的藏品进行初步鉴定、甄别的房间。

3）周转库：为暂时存放已提陈出库待使用、外展，或是已使用、外展待入库的藏品而专设的房间。

4）缓冲间：为对温湿度敏感的藏品入库前或出库后适应温湿度变化而专设的房间。

5）熏蒸室：用汽化化学药品对藏品进行杀虫、灭菌的消毒室。

17.2　设计作品案例参考与讲评

案例一（图17-2、图17-3），案例二（图17-4、图17-5）。

G.G.
10.30.

图17-1　公众区域与临时展厅在形体关系里的表达（郭亚成　绘制）

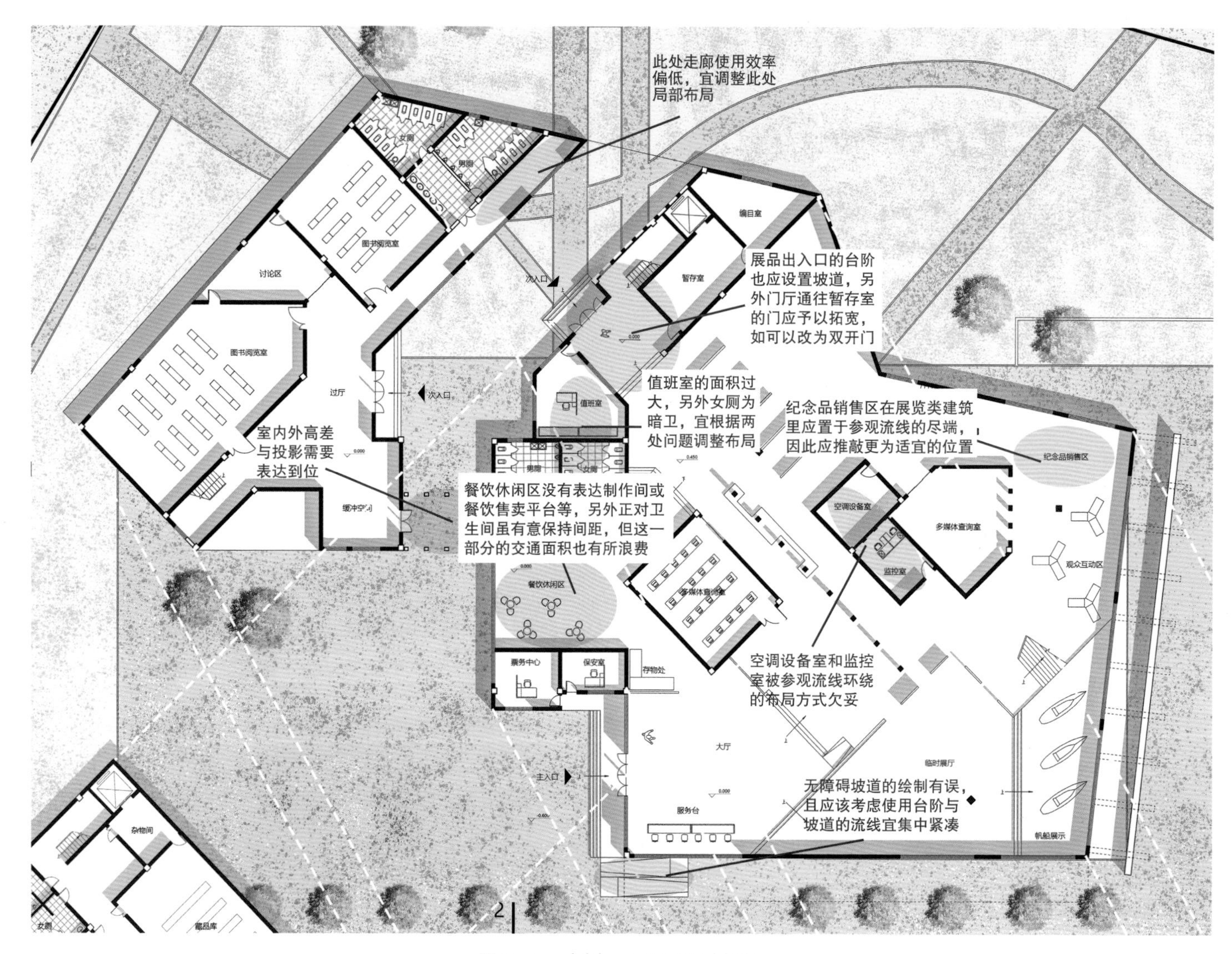
此处走廊使用效率偏低，宜调整此处局部布局
展品出入口的台阶也应设置坡道，另外门厅通往暂存室的门应予以拓宽，如可以改为双开门
值班室的面积过大，另外女厕为暗卫，宜根据两处问题调整布局
纪念品销售区在展览类建筑里应置于参观流线的尽端，因此应推敲更为适宜的位置
室内外高差与投影需要表达到位
餐饮休闲区没有表达制作间或餐饮售卖平台等，另外正对卫生间虽有意保持间距，但这一部分的交通面积也有所浪费
空调设备室和监控室被参观流线环绕的布局方式欠妥
无障碍坡道的绘制有误，且应该考虑使用台阶与坡道的流线宜集中紧凑

图17-2　案例一平面图设计解析

硬朗的形体与周边的曲面建筑以及海面形成强烈
对比的同时，建筑形体本身的节奏如同错落有致
的琴键映入眼帘，提升了该建筑本身的艺术气质
既以海天为背景又是沿街立面，
其立面形象与表情具有“名片”
属性，因此海天为“底”与建
筑为“图”的图底关系既是本
案的重点又是本案的难点
场地设计是建筑方案
设计的必要环节，本
方案场地设计的匮乏
感明显，需要清晰表
达基本的场地内部道
路、广场等设施内容

图17-3　案例一效果图设计解析

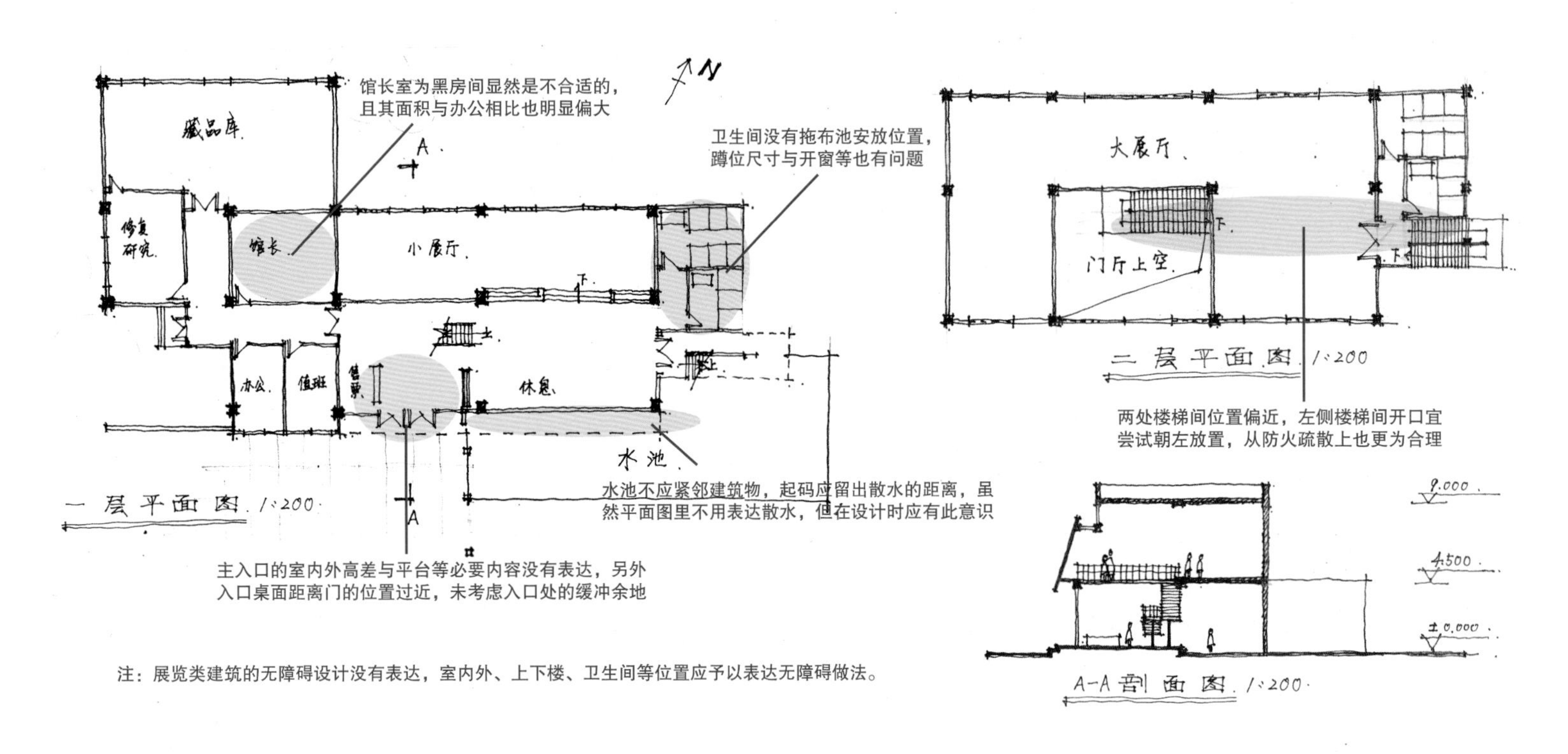

馆长室为黑房间显然是不合适的，
且其面积与办公相比也明显偏大
卫生间没有拖布池安放位置，
蹲位尺寸与开窗等也有问题
水池不应紧邻建筑物，起码应留出散水的距离，虽
然平面图里不用表达散水，但在设计时应有此意识
主入口的室内外高差与平台等必要内容没有表达，另外
入口桌面距离门的位置过近，未考虑入口处的缓冲余地
两处楼梯间位置偏近，左侧楼梯间开口宜
尝试朝左放置，从防火疏散上也更为合理
注：展览类建筑的无障碍设计没有表达，室内外、上下楼、卫生间等位置应予以表达无障碍做法。
N
藏品库
修复研究
馆长
小展厅
办公
值班
售票
休息
水池
A
一层平面图 1:200
大展厅
门厅上空
二层平面图 1:200
9.000
4.500
±0.000
A-A剖面图 1:200

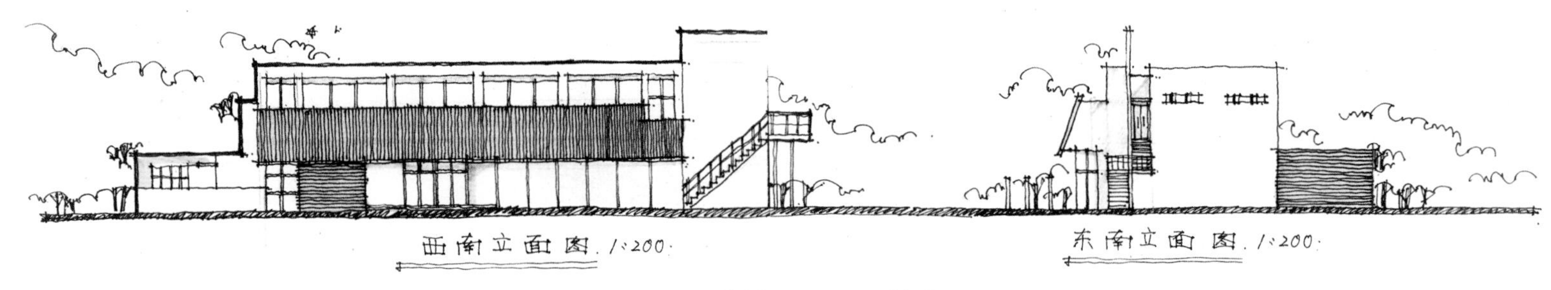

西南立面图 1:200
东南立面图 1:200

图17-4 案例二平面图设计解析

高侧天窗符合博览类建筑的外型特征，同时在竖向上与单坡屋顶形成鲜明对比，在横向上与其右侧白色体块亦对比明显，三者的组合丰富了建筑天际轮廓也提升了视觉冲击力
将其中的一部楼梯外置，使其成为建筑外观造型的重要要素，楼梯的观光功能得以释放的同时，梯段也与单坡屋面形成呼应
悬挂浮雕字样的横条墙面在该建筑的整体效果上发挥着重要作用，一来与单坡屋面的排线形成方向上和密度上的对比，二来与该横条墙面的左右两侧形成材质虚实与进深方位上的对比，主入口的识别性也由此得以强化
数量上拿捏得当的三个建筑小品拉开了进深方向上的近中远层次，每个建筑小品本身也具有材质上的虚实主次对比，既有效烘托了建筑主体又没有喧宾夺主

图17-5　案例二效果图设计解析

17.3 相关设计手绘草案与素材

相关设计手绘草案与素材见表17-3。

表17-3 相关设计手绘草案与素材

1		2		3	
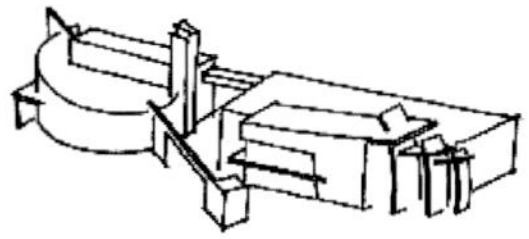	本书作者在其主持的该类型实际项目进行多方案设计比选阶段里绘制的手绘效果图之一	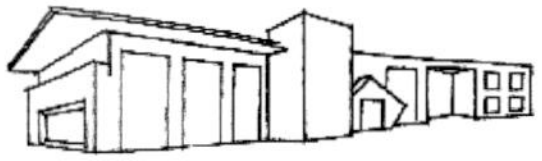	本书作者在其主持的该类型实际项目进行多方案设计比选阶段里绘制的手绘效果图之一		曹家豪同学的建筑设计方案成为该类型设计作业的优秀范图（指导教师：郭亚成）
4		**5**		**6**	
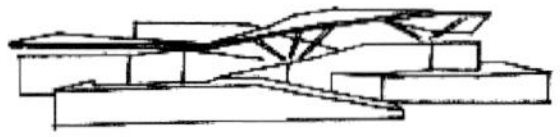	李悉奥同学的作品获得当年全年级十个教学导师组公开匿名投票评图里唯一的第一名（指导教师：郭亚成）	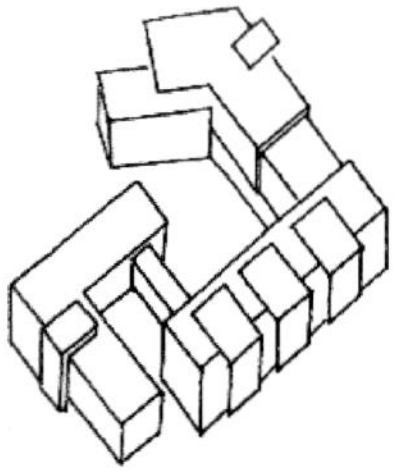	许轶佳同学的该类型快题建筑设计方案效果图是颇具代表性与参考性的优秀范图，但在排版方面有些拥挤	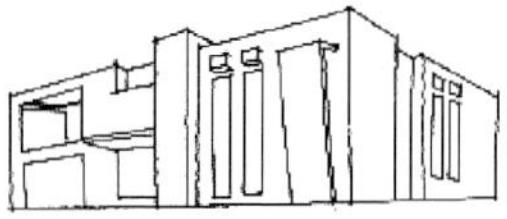	本书作者在其主持的该类型实际项目进行多方案设计比选阶段里绘制的手绘效果图之一

18 校园体育中心

18.1 相关设计要点归纳与解析

本专题聚焦于校园体育中心建筑，参考的规范与相关技术标准为《体育建筑设计规范》（JGJ31—2003）和《建筑设计资料集》（第三版）第6分册体育专题章节里的内容，基于市级体育场馆并不在本书研究范围内，故从上述规范与标准中摘录出与校园体育中心相关技术要点进行表述。

（1）建筑总出入口布置应明显，不宜少于两处。观众出入口有效宽度不宜小于0.15m/百人的室外安全疏散指标，观众出入口处应留有疏散通道和集散场地，场地不得小于0.2m²/人，场地的对外出入口应不少于两处。

（2）观众席纵向走道之间的连续座位数目，室内每排不宜超过26个，室外每排不宜超过40个。当仅一侧有纵向走道时，座位数目应减半。无障碍观众席位数可按观众席位总数的0.2%计算，且位于最利于疏散与方便的位置。

（3）体育建筑看台按座席使用方式分类，可分为坐式看台和站式看台；按座席构造分类，可分为固定看台、活动看台和可拆卸看台。活动看台一般起到调节座席数量与场地大小的作用，其开启方式分人工、机械两种，可方便折叠及移动。可拆卸看台赛时临时搭建，赛后拆除。

（4）看台安全出口宽度不应小于1.1m，同时出口宽度应为人流股数的倍数，4股和4股以下人流时每股宽按0.55m计，大于4股人流时每股宽按0.5m计；主要纵横过道不应小于1.1m（指走道两边有观众席）；次要纵横过道不应小于0.9m（指走道一边有观众席）。当看台坡度较大、前后排高差超过0.5m时，其纵向过道上应加设栏杆扶手；采用无靠背座椅时不宜超过10排。

（5）应设观众使用的厕所。厕所应设前室，厕所门不得开向比赛大厅（表18-1）。

表18-1 观众厕所厕位指标

项目	男厕			女厕
	大便器（个/1000人）	小便器（个/1000人）	小便槽（m/1000人）	大便器（个/1000人）
指标	8	20	12	30
备注		二者取一		

注：男女厕内均应设残疾人专用便器或单独设置专用厕所。

（6）综合体育馆比赛场地上空净高不应小于15m，专项用体育馆内场地上空净高应符合该专项的使用要求。训练场地净高不得小于10m。专项训练场地净高不得小于该专项对场地净高的要求。训练房的门应向外开启并设观察窗。

（7）疏散门的净宽度不应小于1.4m，并应向疏散方向开启；在紧靠门口1.4m范围内不应设置踏步；疏散门应采用外开门，不应采用推拉门，转门不得计入疏散门的总宽度。

（8）观众厅室内坡道坡度不应大于1：8，室外坡道坡度不应大于1：10。

（9）踏步深度不应小于0.28m，踏步高度不应大于0.16m，楼梯最小宽度不得小于1.2m，转折楼梯平台深度不应小于楼梯宽度。直跑楼梯的中间平台深度不应小于1.2m。不得采用螺旋楼梯和扇形踏步。踏步上下两级形成的平面角度不超过10°，每级离扶手0.25m处踏步宽度超过0.22m时，可不受此限。

（10）贵宾用房包括贵宾休息室及服务设施。贵宾用房应与一般观众、运动员、记者和工作人员用房等严格分开，宜设单独出入口，同时保持方便的联系。贵宾休息厅的面积指标可控制在每位贵宾0.5~1.0m²。贵宾卫生间应独立设置。

（11）视线升高差C值：我国体育场馆C值一般取6cm，即视线隔排越过头顶。C值在理想情况下取12cm更佳（人眼至头顶距离约为12cm），但当C值取12cm时，看台升高较大，适用于看台排数较少、标准较高的设计。

（12）起始距离X：首排眼位到视点的水平距离。比赛项目不同视点选择不同，起始距离亦不同。首排高度Y：应避免场内人员对首层观众的视线遮挡，并考虑活动座席的布置和席下空间利用，一般取值2m以上。看台排深d：当座席设置靠背时，一般取800~900mm，设置条凳时取65~75cm，首排排深因前有栏板墙空间受限，需要加宽约10cm。

（13）单项体育场地尺寸见表18-2。

表18-2 单项体育场地尺寸

（单位：m）

体育项目	比赛场地尺寸（长×宽）	缓冲区尺寸		最小净高	场地材质	备注
		端线外	边线外			
篮球	28×15	≥5	≥6	7	木质地板、合成材料	颜色应与球场地面颜色有明显区别
		≥2	≥2	7	合成材料	
排球	18×9	39	≥5	12.5	木质地板、合成材料	
		34	≥3	12.5		
羽毛球	单打13.40×5.18 双打13.40×6.10	2.3	2.2，场地间6	12	木质地板、合成材料	
		≥2	≥2	9		
五人制足球	（38~42）×（18~22）	≥1.5	≥1.5	7	木质地板、合成材料	端线外宜设安全网或布帘
	（25~42）×（15~25）	≥1.5	≥1.5	7	合成材料	
乒乓球	14×7	5.63	2.74	4.76	木质地板、合成材料深红或深蓝色	场地周围设深色活动挡板，高度0.76m
	12×6	4.63	2.24	4.76		
体操	52×26	>4	>4	14	木质地板	隔离挡板内不少于40m×70m（国际比赛）
		2.5	2.5	6		
艺术体操	26×12	2	2	15	木质地板或地毯	场地上铺地毯，地毯下铺衬垫
		1	1	—		
	（4.9×4.9）~（6.1×6.1）	—	—	—		
武术	14×8	2	≥2	8		
柔道	（14×14）~（16×16）	1.5	1.5	4		赛台上设置专用赛垫

18.2　设计作品案例参考与讲评

案例一（图18-1、图18-2），案例二（图18-3、图18-4）。

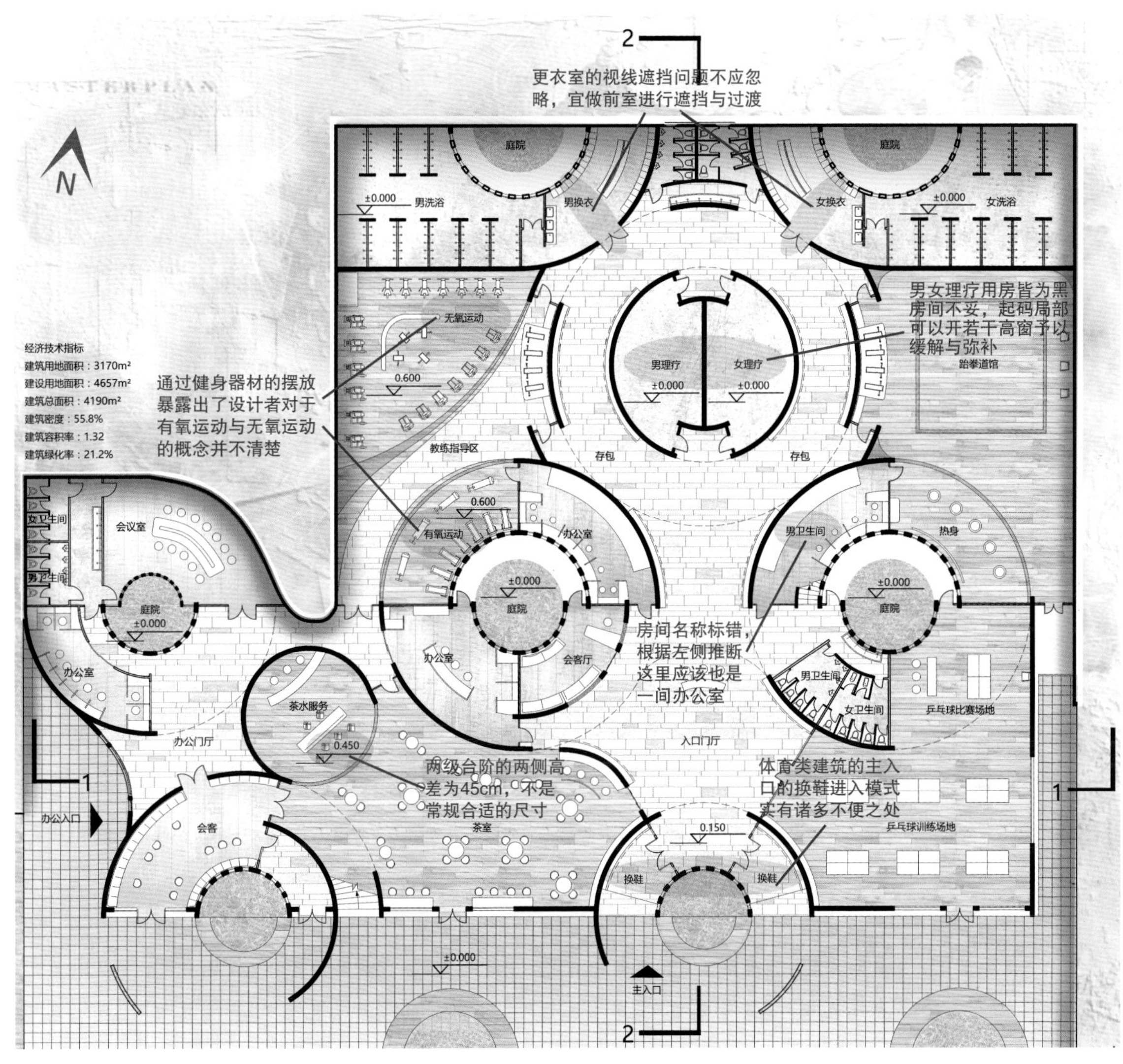

更衣室的视线遮挡问题不应忽略，宜做前室进行遮挡与过渡
男女理疗用房皆为黑房间不妥，起码局部可以开若干高窗予以缓解与弥补
通过健身器材的摆放暴露出了设计者对于有氧运动与无氧运动的概念并不清楚
房间名称标错，根据左侧推断这里应该也是一间办公室
两级台阶的两侧高差为45cm，不是常规合适的尺寸
体育类建筑的主入口的换鞋进入模式实有诸多不便之处
经济技术指标
建筑用地面积：3170m²
建设用地面积：4657m²
建筑总面积：4190m²
建筑密度：55.8%
建筑容积率：1.32
建筑绿化率：21.2%
N
庭院
男洗浴
男换衣
女换衣
女洗浴
无氧运动
男理疗
女理疗
跆拳道馆
教练指导区
存包
有氧运动
办公室
男卫生间
热身
女卫生间
会议室
会客厅
茶水服务
办公门厅
入口门厅
乒乓球比赛场地
乒乓球训练场地
办公入口
会客
茶室
换鞋
主入口
±0.000
0.600
0.450
0.150
1
2

图18-1　案例一平面图设计解析

本案例的七处母题
“集结”做法值得
学习，其次是场地
退台式削弱建筑体
量的做法亦可借鉴
健身俱乐部 01

·场地分析——形成共享活动的循环圈

图18-2　案例一效果图设计解析

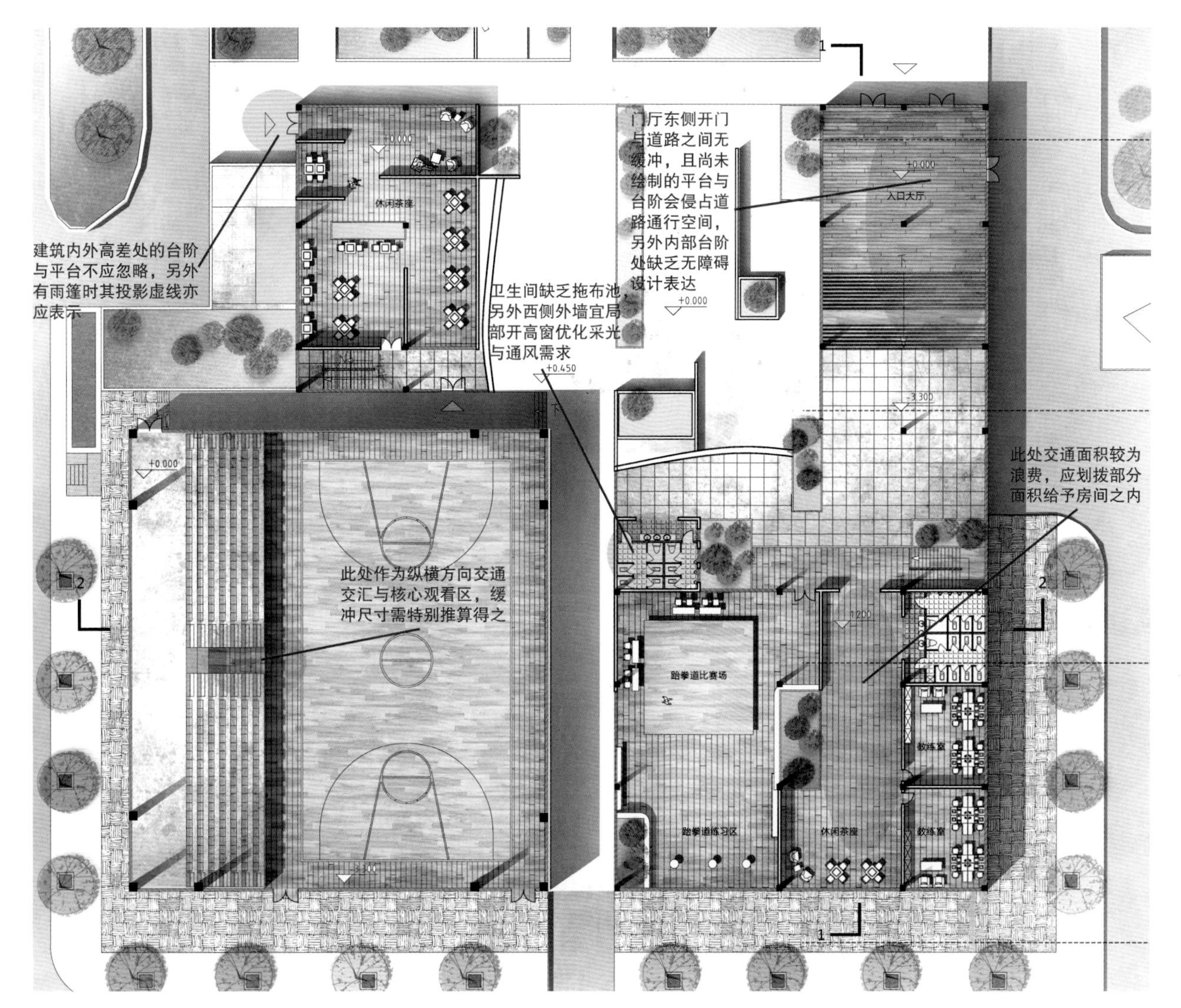
建筑内外高差处的台阶与平台不应忽略，另外有雨篷时其投影虚线亦应表示
卫生间缺乏拖布池，另外西侧外墙宜局部开高窗优化采光与通风需求
门厅东侧开门与道路之间无缓冲，且尚未绘制的平台与台阶会侵占道路通行空间，另外内部台阶处缺乏无障碍设计表达
此处交通面积较为浪费，应划拨部分面积给予房间之内
此处作为纵横方向交通交汇与核心观看区，缓冲尺寸需特别推算得之
休闲茶座
入口大厅
跆拳道比赛场
跆拳道练习区
休闲茶座
教练室
教练室

图18-3　案例二平面图设计解析

在校园颇为紧张的用地里争
“广场”，使户外休闲运动能
地可去不失为本案例的一大亮
对于项目基地侵占后的归还
的做法具有示范性

图18-4　案例二效果图设计解析

18.3 相关设计手绘草案与素材

相关设计手绘草案与素材见表18-3。

表18-3 相关设计手绘草案与素材

1		2		3	
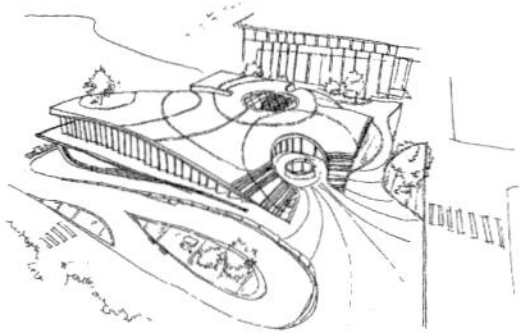	李悉奥同学的建筑设计方案成为该类型设计作业中的优秀范图（指导教师：郭亚成）	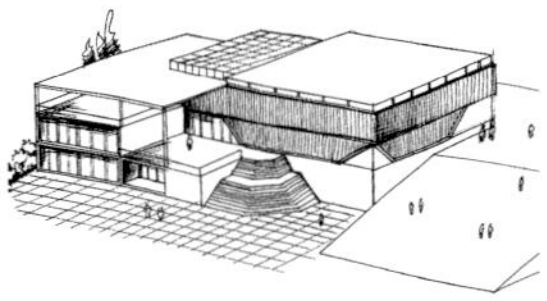	马文锴同学的建筑设计方案成为该类型设计作业中的优秀范图（指导教师：郭亚成）	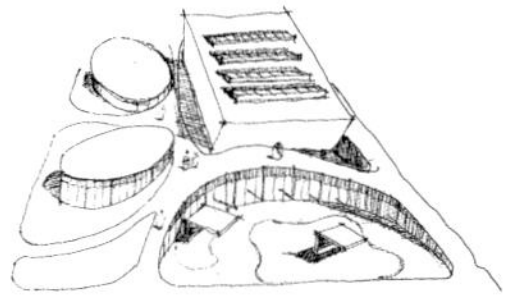	孙嘉宁同学的建筑设计方案成为该类型设计作业的优秀范图（指导教师：郭亚成）
4		**5**		**6**	
	本书作者在课上示范将计算机效果图临改为手绘效果图，计算机效果图方案作者为江华	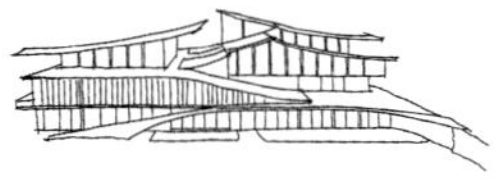	姜俞先同学的建筑设计方案成为该类型设计作业中的优秀范图（指导教师：郭亚成）		本书作者在课上示范将计算机效果图临改为手绘效果图，计算机效果图方案作者为王舰慧

19 社区活动中心

19.1 相关设计要点归纳与解析

与社区活动中心这一建筑类型最为相关的是《文化馆建筑设计规范》（JGJ/T41—2014），现将其与本科建筑设计作业任务以及考研快题设计任务相关的规范设计要点梳理并摘出。

（1）基地至少应设有两个出入口，且当主要出入口紧邻城市交通干道时应留出疏散缓冲距离。总平面图应划分静态功能区和动态功能区，且应分区明确、互不干扰。应设置室外活动场地，并在动态功能区一侧，朝向较好，应预留布置活动舞台的位置。

（2）停车场地不得占用室外活动场地。基地距医院、学校、幼儿园、住宅等建筑较近时，室外活动场地及建筑内噪声较大的功能用房应布置在医院、学校、幼儿园、住宅等建筑的远端，并应采取防干扰措施。

（3）儿童、老年人的活动用房应布置在三层及三层以下，且朝向良好和出入安全、方便的位置。

（4）群众活动区域内应设置无障碍卫生间。卫生设施的数量应按男卫每40人设一个蹲位、一个小便器或1m长的小便池，女卫每13人设一个蹲位进行布局。

（5）排演用房、报告厅、展览陈列用房、图书阅览室、教学用房、音乐、美术工作室等应按不同功能要求设置相应的外窗遮光设施。

（6）展览厅的使用面积不宜小于65m^2，报告厅规模宜控制在300座以下，且每座使用面积不应小于1m^2。

（7）普通教室宜按每40人一间设置，大教室宜按每80人一间设置，且教室的使用面积不应小于1.4m^2/人。

（8）计算机教室50座的使用面积不应小于73m^2，25座的使用面积不应小于54m^2，室内净高不应小于3m。

（9）舞蹈排练室每间的使用面积宜控制在80~200m^2，用于综合排练室使用时每间的使用面积宜控制在200~400m^2，每间人均使用面积不应小于6m^2，室内净高不应低于4.5m。

（10）琴房的数量可根据活动中心的规模与需求进行确定，且使用面积不应小于6m^2/人。

（11）美术教室应为北向或顶部采光，教室的使用面积不应小于2.8m^2/人，教室容纳人数不宜超过30人，准备室的面积宜为25m^2。书法学习桌应采用单桌排列，其排距不宜小于1.2m，且教室内的纵向走道宽度不应小于0.7m。有条件时美术教室、书法教室宜单独设置，且美术教室宜配备教具储存室、陈列室等附属房间，教具储存室宜与美术教室相通。

（12）图书阅览室宜设儿童阅览室，并宜临近室外活动场地（注：图书馆的儿童阅览室有类似要求）。

（13）根据活动内容和实际需要设置大、中、小游艺室，并应附设管理及储藏空间，大游艺室的使用面积不应小于100m^2，中游艺室的使用面积不应小于60m^2，小游艺室的使用面积不应小于30m^2。

（14）文艺工作室每个工作间的使用面积宜为12m^2。

（15）行政办公室的使用面积宜按每人5m^{2}计算，且最小办公室使用面积不宜小于10m^2。

19.2　设计作品案例参考与讲评

案例一（图19-1、图19-2），案例二（图19-3、图19-4）。

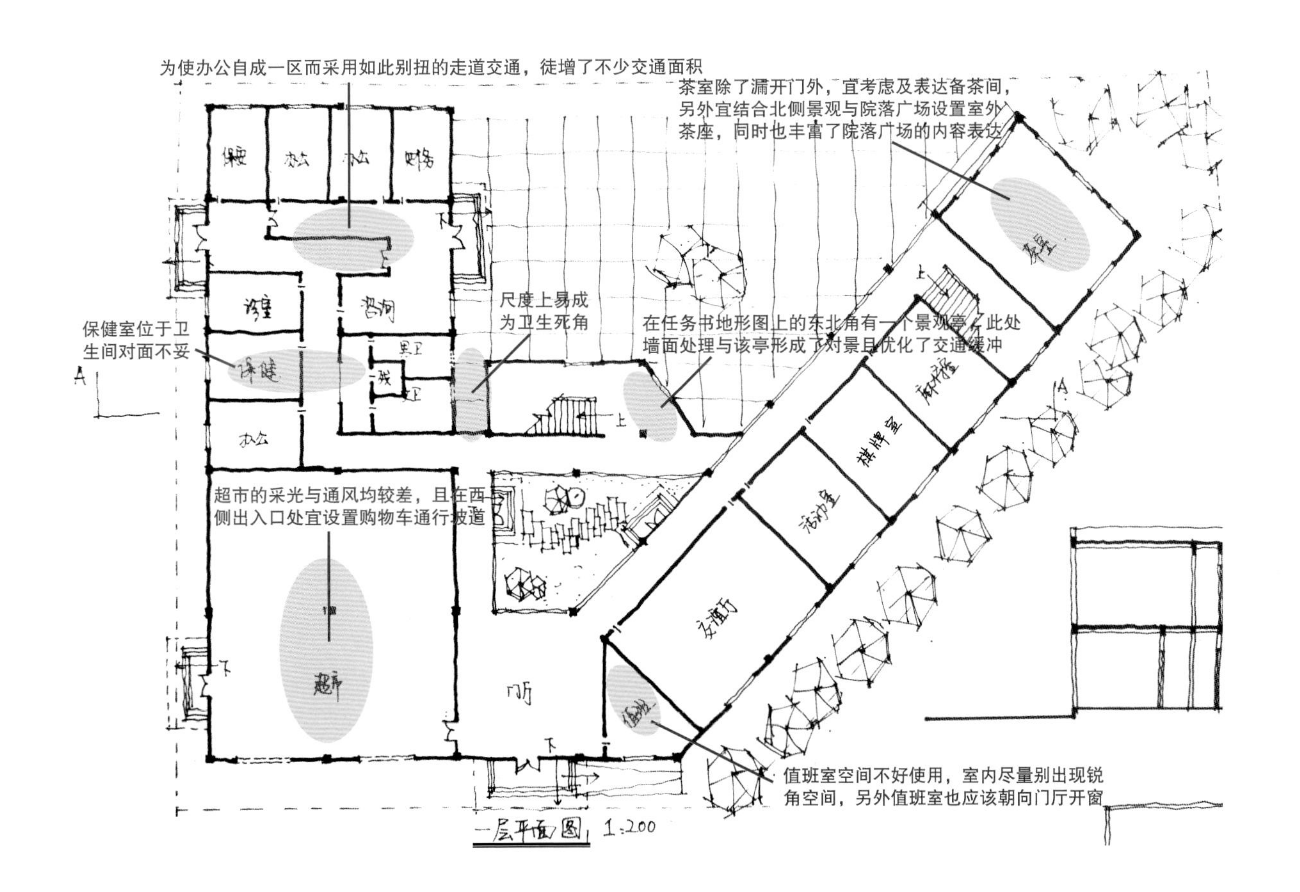
为使办公自成一区而采用如此别扭的走道交通，徒增了不少交通面积
茶室除了漏开门外，宜考虑及表达备茶间，另外宜结合北侧景观与院落广场设置室外茶座，同时也丰富了院落广场的内容表达
保健室位于卫生间对面不妥
尺度上易成为卫生死角
在任务书地形图上的东北角有一个景观亭，此处墙面处理与该亭形成了对景且优化了交通缓冲
超市的采光与通风均较差，且在西侧出入口处宜设置购物车通行坡道
值班室空间不好使用，室内尽量别出现锐角空间，另外值班室也应该朝向门厅开窗
一层平面图 1:200

图19-1　案例一平面图设计解析

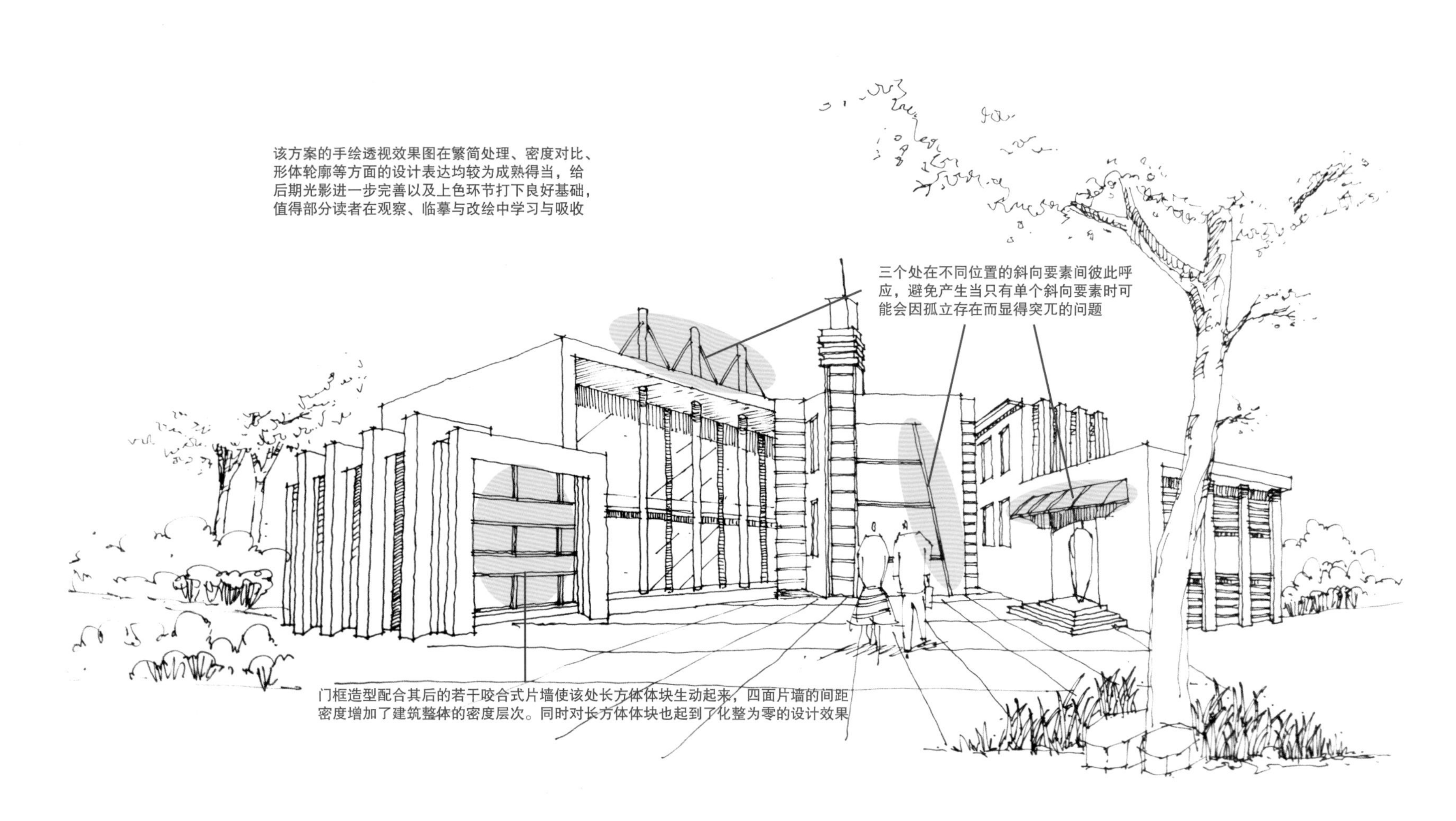
该方案的手绘透视效果图在繁简处理、密度对比、
形体轮廓等方面的设计表达均较为成熟得当，给
后期光影进一步完善以及上色环节打下良好基础，
值得部分读者在观察、临摹与改绘中学习与吸收
三个处在不同位置的斜向要素间彼此呼
应，避免产生当只有单个斜向要素时可
能会因孤立存在而显得突兀的问题
门框造型配合其后的若干咬合式片墙使该处长方体体块生动起来，四面片墙的间距
密度增加了建筑整体的密度层次。同时对长方体体块也起到了化整为零的设计效果

图19-2　案例一效果图设计解析

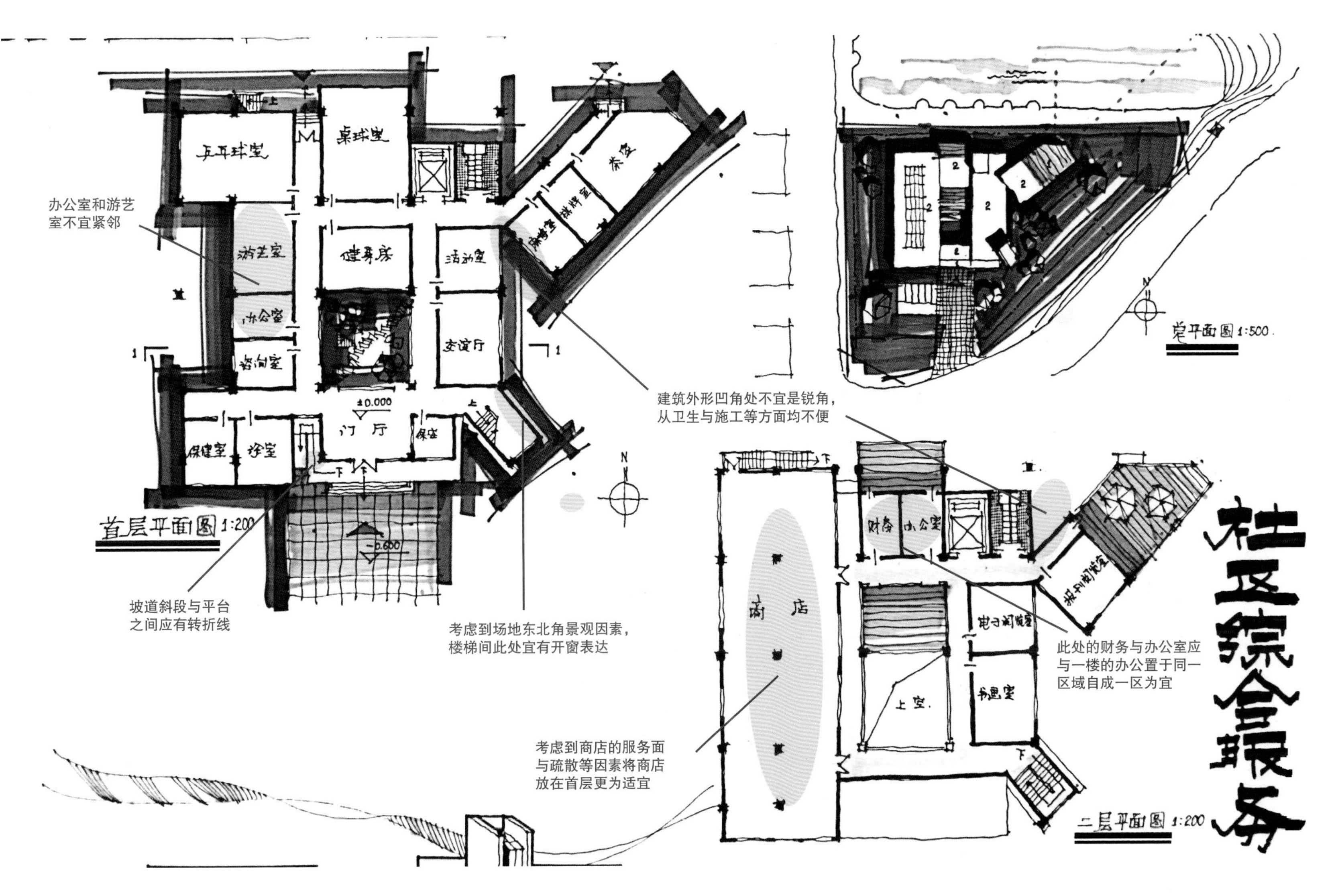

乒乓球室
桌球室
办公室和游艺
室不宜紧邻
游艺室
健身房
活动室
茶室
办公室
咨询室
表演厅
±0.000
保健室
诊室
门厅
保安
-0.600
首层平面图 1:200
坡道斜段与平台
之间应有转折线
考虑到场地东北角景观因素，
楼梯间此处宜有开窗表达
建筑外形凹角处不宜是锐角，
从卫生与施工等方面均不便
总平面图 1:500
财务
办公室
商店
电子阅览室
书画室
此处的财务与办公室应
与一楼的办公置于同一
区域自成一区为宜
考虑到商店的服务面
与疏散等因素将商店
放在首层更为适宜
二层平面图 1:200
社区综合服务

图19-3　案例二平面图设计解析

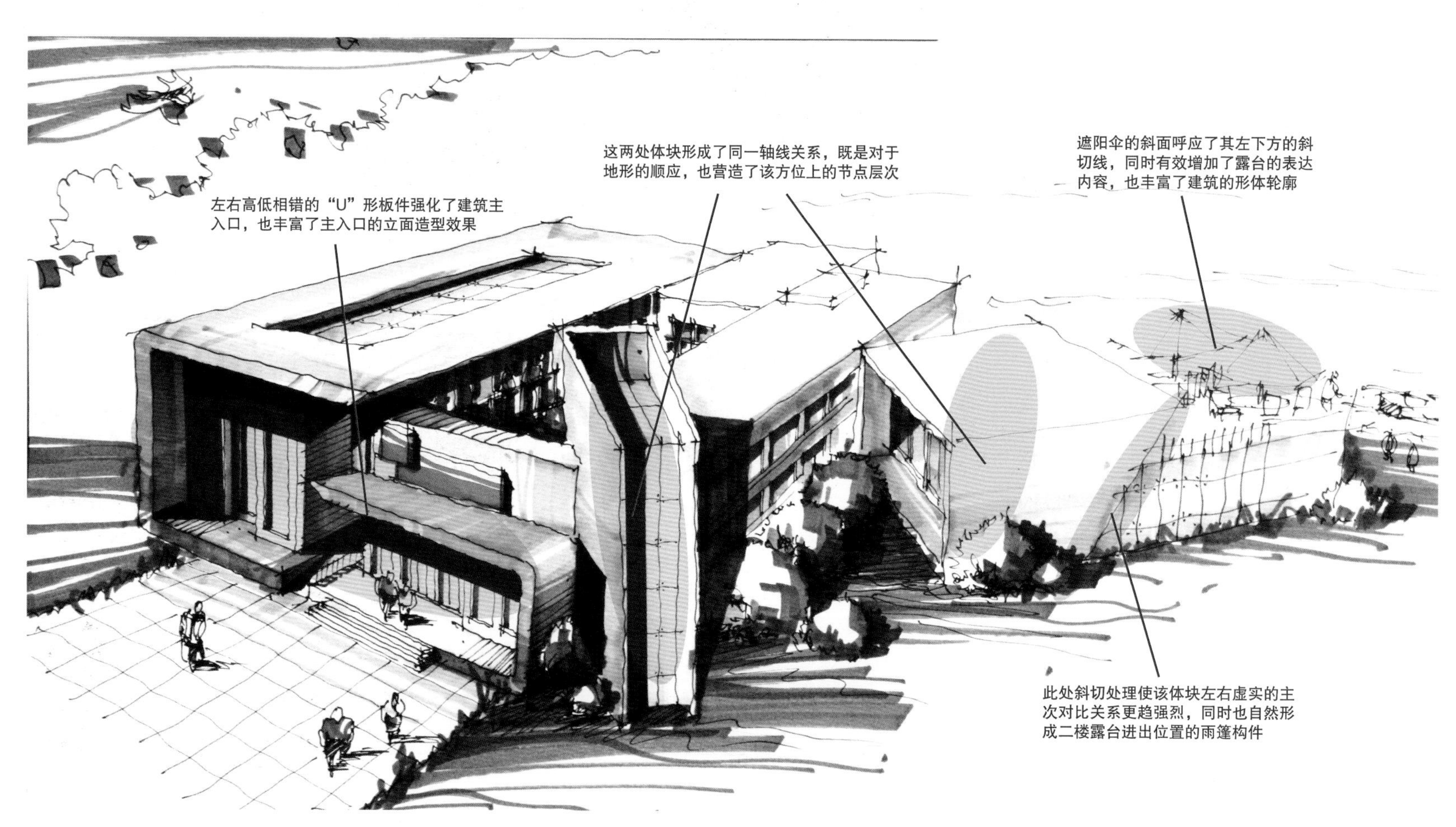
这两处体块形成了同一轴线关系，既是对于
地形的顺应，也营造了该方位上的节点层次
遮阳伞的斜面呼应了其左下方的斜
切线，同时有效增加了露台的表达
内容，也丰富了建筑的形体轮廓
左右高低相错的“U”形板件强化了建筑主
入口，也丰富了主入口的立面造型效果
此处斜切处理使该体块左右虚实的主
次对比关系更趋强烈，同时也自然形
成二楼露台进出位置的雨篷构件

图19-4　案例二效果图设计解析

19.3 相关设计手绘草案与素材

相关设计手绘草案与素材见表19-1。

表19-1 相关设计手绘草案与素材

1		2		3	
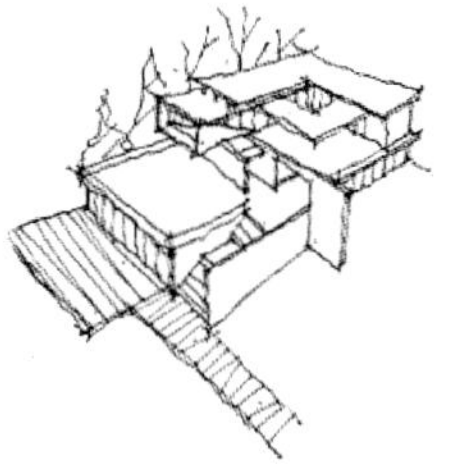	何童同学的建筑设计方案的平面图有需修改优化之处，整体效果表达成为该类型手绘设计作业中的优秀范图		张雪菲同学的快速建筑设计造型方案成为该类型手绘效果图设计作业中的优秀范图（指导教师：郭亚成）		张锡尧同学的快速建筑设计造型方案成为该类型手绘效果图设计作业中的优秀范图（指导教师：郭亚成）
4		**5**		**6**	
	本书作者在课上示范中小型公共建筑平面图功能分区及其造型设计与表达要领的授课草图		王悦同学的建筑设计方案成为该类型手绘设计作业中的优秀范图（指导教师：郭亚成）		本书作者在课上示范中小型公共建筑造型设计要领，沈思同学对该线稿进行了上色

20 小学教学楼

20.1 相关设计要点归纳与解析

有些任务书在做教学楼建筑单体的同时需要在总平面图里表达整个校区的布置，因此需注意以下几个方面。

（1）总平面图布置应包括建筑布置、体育场地布置、绿地布置、道路及广场布置、停车场布置等。教学楼、图书馆、实验楼应布置在校园中安静的部位，并有良好的朝向。办公部分应安排在对外联系便捷、对内管理方便的位置。为保障对外联系方便，及不干扰校内正常活动，生活服务用房应设独立出入口。校园应设置2个出入口，且不应直接与城市主干道连接。校园主要出入口应设置缓冲场地。

（2）学校应设置集中绿地，集中绿地的宽度不应小于8m（总平面图里易忽略的考点）。

（3）体育用房应接近室外体育活动场地。室外田径场及各种球类场地的长轴宜南北向布置，长轴南偏东宜小于20°，南偏西宜小于10°。

（4）各类教室外窗与相对教学用房或室外运动场地边缘间的距离不应小于25m（教学楼特别之处），主要教学用房不应设在四层以上。每间教学用房的疏散门均不应少于2个，疏散门通行净宽度不应小于0.9m。当教室处于袋形走道尽端时，若教室内任一处距教室门不超过15m，且门的通行净宽度不小于1.5m时，可设1个门。

（5）各教室前端侧窗窗端墙的长度不应小于1m，窗间墙宽度不应大于1.2m。除音乐教室外，各类教室的门均宜设置上亮窗。每栋教学用房建筑应设置2个出入口，出入口净宽不得小于1.4m，门内与门外各1.5m范围内不宜设置台阶。在寒冷或风沙大的地区，教学用建筑物出入口应设挡风间或双道门。

（6）教学用房内走道净宽度不应小于2.4m，单侧走道及外廊的净宽度不应小于1.8m。当走道有高差变化应设置台阶时，台阶处应有天然采光或照明，踏步级数不得少于3级，并不得采用扇形踏步。当高差不足3级踏步时，应设置坡度不大于1：8的坡道。

（7）教学用房楼梯梯段宽度应为人流股数的整数倍。梯段宽度不应小于1.2m，并应按0.6m的整数倍增加梯段宽度。每个梯段可增加不超过0.15m的摆幅宽度。楼梯踏步的宽度不得小于0.26m，高度不得大于0.15m；楼梯的坡度不得大于30°。疏散楼梯不得采用螺旋楼梯和扇形踏步。楼梯两梯段间楼梯井净宽不得大于0.11m。上人屋面、外廊、楼梯、平台、阳台等临空部位必须设防护栏杆，高度不应低于1.1m。

（8）教室容纳人数为45人，普通教室内单人课桌的平面尺寸应为0.6m×0.4m，课桌椅排距不宜小于0.9m，最前排课桌前沿与前方黑板的水平距离不宜小于2.2m，最后排课桌后沿与前方黑板的水平距离不宜大于8m，教室最后排课桌后沿至后墙面或固定家具的净距不应小于1.1m。教室内纵向走道宽度不应小于0.6m，沿墙布置的课桌端部与墙面或壁柱、管道等墙面突出物的净距不宜小于0.15m。前排边座座椅与黑板远端的水平视角不应小于30°。

（9）容纳3个班及以上的合班教室应设计为阶梯教室。阶梯教室的设计视点应定位于黑板底边缘的中点处。前后排座位错位布置时，视线的隔排升高值宜为0.12m。合班教室每个座位的宽度不应小于0.55m，座位排距不应小于0.85m，教室最前排座椅前沿与前方黑板间的水平距离不应小于2.5m，最后排座椅的前沿与前方黑板间的水平距离不应大于18m，纵、横向走道宽度均不应小于0.9m，靠墙走道宽度不应小于0.6m，最后排座位之后应设宽度不小于0.6m的横向疏散走道。

（10）专用教室应包括科学教室、计算机教室、语言教室、美术教室、书法教室、音乐教室、舞蹈教室、体育建筑设施及劳动教室等，至少应有1间科学教室或生物实验室的室内能在冬季获得直射阳光。

（11）实验桌的布置应符合双人单侧操作时，两实验桌长边之间的净距不应小于0.6m；四人双侧操作时，两实验桌长边之间的净距不应小于1.3m；超过四人双侧操作时，两实验桌长边之间的净距不应小于1.5m；最前排实验桌的前沿与前方黑板的水平距离不宜小于2.5m；最后排实验桌的后沿与前方黑板之间的水平距离不宜大于11m；最后排实验桌后沿至后墙面或固定家具的净距不应小于1.2m；沿墙布置的实验桌端部与墙面或壁柱、管道等墙面突出物间宜留出疏散走道，净宽不宜小于0.6m。

（12）计算机教室里单人计算机桌平面尺寸不应小于0.75m×0.65m，前后桌间距离不应小于0.7m；课桌椅排距不应小于1.35m，纵向走道净宽不应小于0.7m。

（13）美术书法教室纵向走道宽度不应小于0.7m，书法条案平面尺寸宜为1.5m×0.6m，可供2名学生合用，条案排距不应小于1.2m。

（14）舞蹈教室宜满足舞蹈艺术课、体操课、技巧课、武术课的教学要求，每个学生使用面积不宜小于6m^2。

（15）主要教学用房使用面积指标见表20-1。

表20-1　主要教学用房使用面积指标

（单位：m^2/座）

普通教室	科学教室	演示实验室	史地教室	计算机教室	语言教室	美术教室	书法教室
1.36	1.78	若容纳两个班，则指标为1.20	—	2.00	2.00	2.00	2.00
音乐教室	舞蹈教室	合班教室	学生阅览室	教师阅览室	视听阅览室	报刊阅览室	教师休息室
1.70	2.14	0.89	1.80	2.30	1.80	1.80	3.50

（16）主要教学用房的最小净高见表20-2。

表20-2　主要教学用房的最小净高

（单位：m）

普通教室、史地、美术、音乐教室	舞蹈教室	合班教室等其他教室	阶梯教室
3.00	4.50	3.10	最后一排（楼地面最高处）距顶棚或上方突出最小距离为2.20m

（17）教学用建筑每层均应分设男、女学生卫生间及男、女教师卫生间，每层学生少于3个班时，男、女学生卫生间可隔层设置。男生应至少为每40人设1个大便器或1.2m长大便槽。每20人设1个小便斗或0.6m长小便槽。女生应至少为每13人设1个大便器或1.2m长大便槽；每40~45人设1个洗手盆或0.6m长盥洗槽。卫生间内或卫生间附近应设污水池。卫生间应设前室。男、女学生卫生间不得共用一个前室。

20.2 设计作品案例参考与讲评

案例一（图20-1、图20-2），案例二（图20-3、图20-4）。

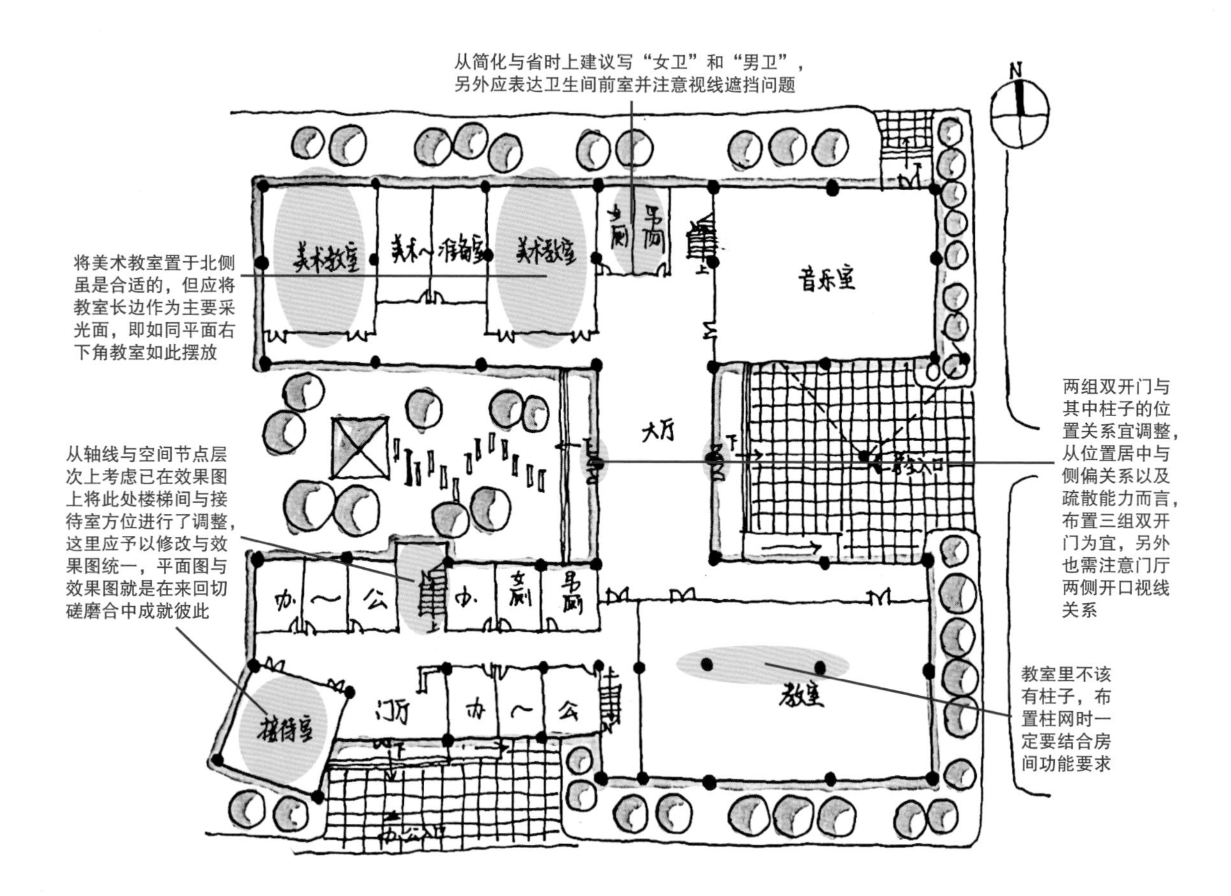

从简化与省时上建议写“女卫”和“男卫”，
另外应表达卫生间前室并注意视线遮挡问题
N
美术教室
美术教室
音乐室
大厅
教室
门厅
接待室
将美术教室置于北侧虽是合适的，但应将教室长边作为主要采光面，即如同平面右下角教室如此摆放
两组双开门与其中柱子的位置关系宜调整，从位置居中与侧偏关系以及疏散能力而言，布置三组双开门为宜，另外也需注意门厅两侧开口视线关系
从轴线与空间节点层次上考虑已在效果图上将此处楼梯间与接待室方位进行了调整，这里应予以修改与效果图统一，平面图与效果图就是在来回切磋磨合中成就彼此
教室里不该有柱子，布置柱网时一定要结合房间功能要求

图20-1　案例一平面图设计解析

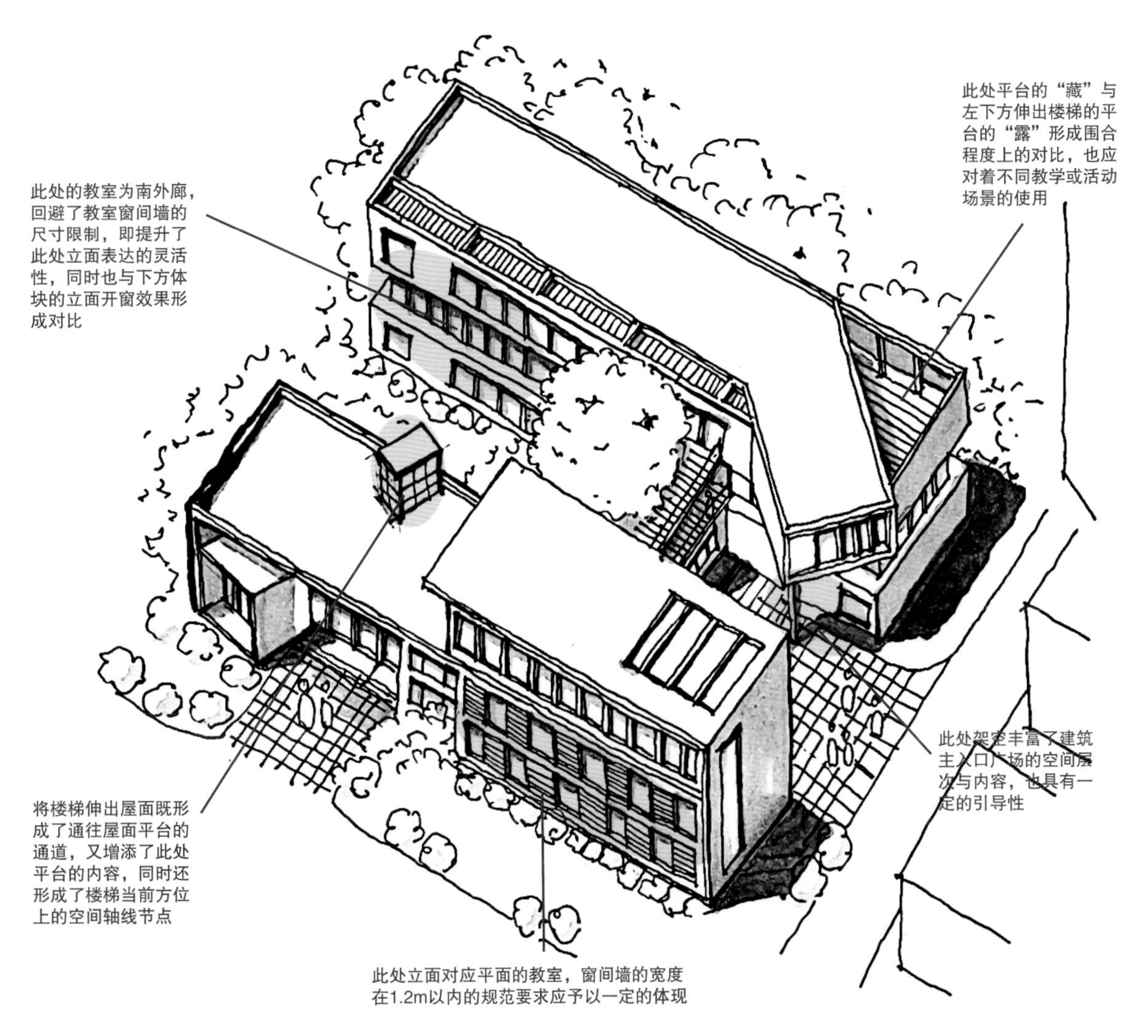
此处平台的“藏”与左下方伸出楼梯的平台的“露”形成围合程度上的对比，也应对着不同教学或活动场景的使用
此处的教室为南外廊，回避了教室窗间墙的尺寸限制，即提升了此处立面表达的灵活性，同时也与下方体块的立面开窗效果形成对比
此处架空丰富了建筑主入口广场的空间层次与内容，也具有一定的引导性
将楼梯伸出屋面既形成了通往屋面平台的通道，又增添了此处平台的内容，同时还形成了楼梯当前方位上的空间轴线节点
此处立面对应平面的教室，窗间墙的宽度在1.2m以内的规范要求应予以一定的体现

图20-2　案例一效果图设计解析

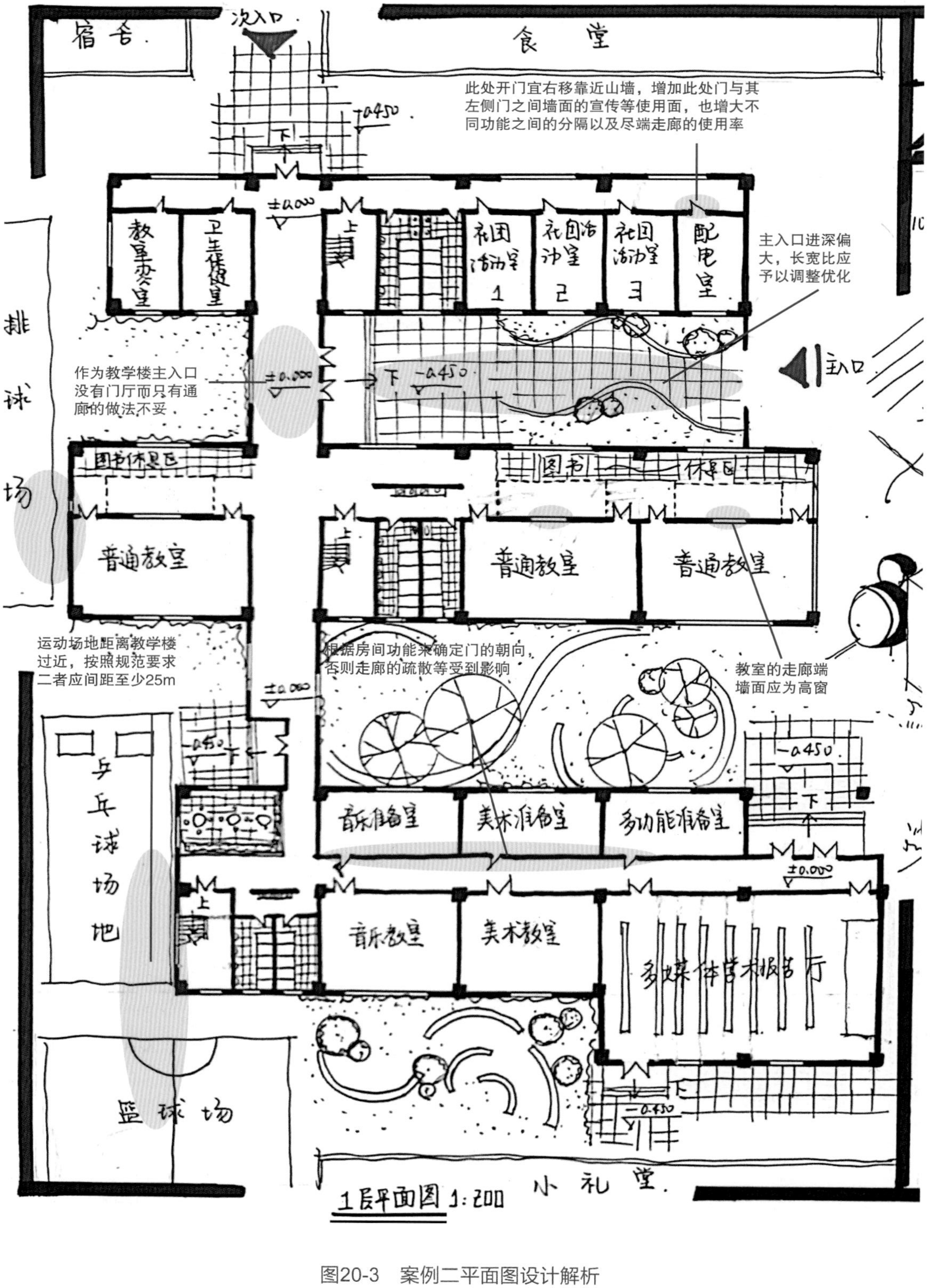

1层平面图 1:200
主入口进深偏大，长宽比应予以调整优化
此处开门宜右移靠近山墙，增加此处门与其左侧门之间墙面的宣传等使用面，也增大不同功能之间的分隔以及尽端走廊的使用率
教室的走廊端墙面应为高窗
根据房间功能来确定门的朝向，否则走廊的疏散等受到影响
作为教学楼主入口没有门厅而只有通廊的做法不妥
运动场地距离教学楼过近，按照规范要求二者应间距至少25m
主入口
次入口
食堂
宿舍
排球场
乒乓球场地
篮球场
小礼堂
多功能体育活动厅
多功能准备室
美术准备室
美术教室
音乐准备室
音乐教室
普通教室
图书阅览室
卫生保健室
教师办公室
社团活动室1
社团活动室2
社团活动室3
配电室

图20-3　案例二平面图设计解析

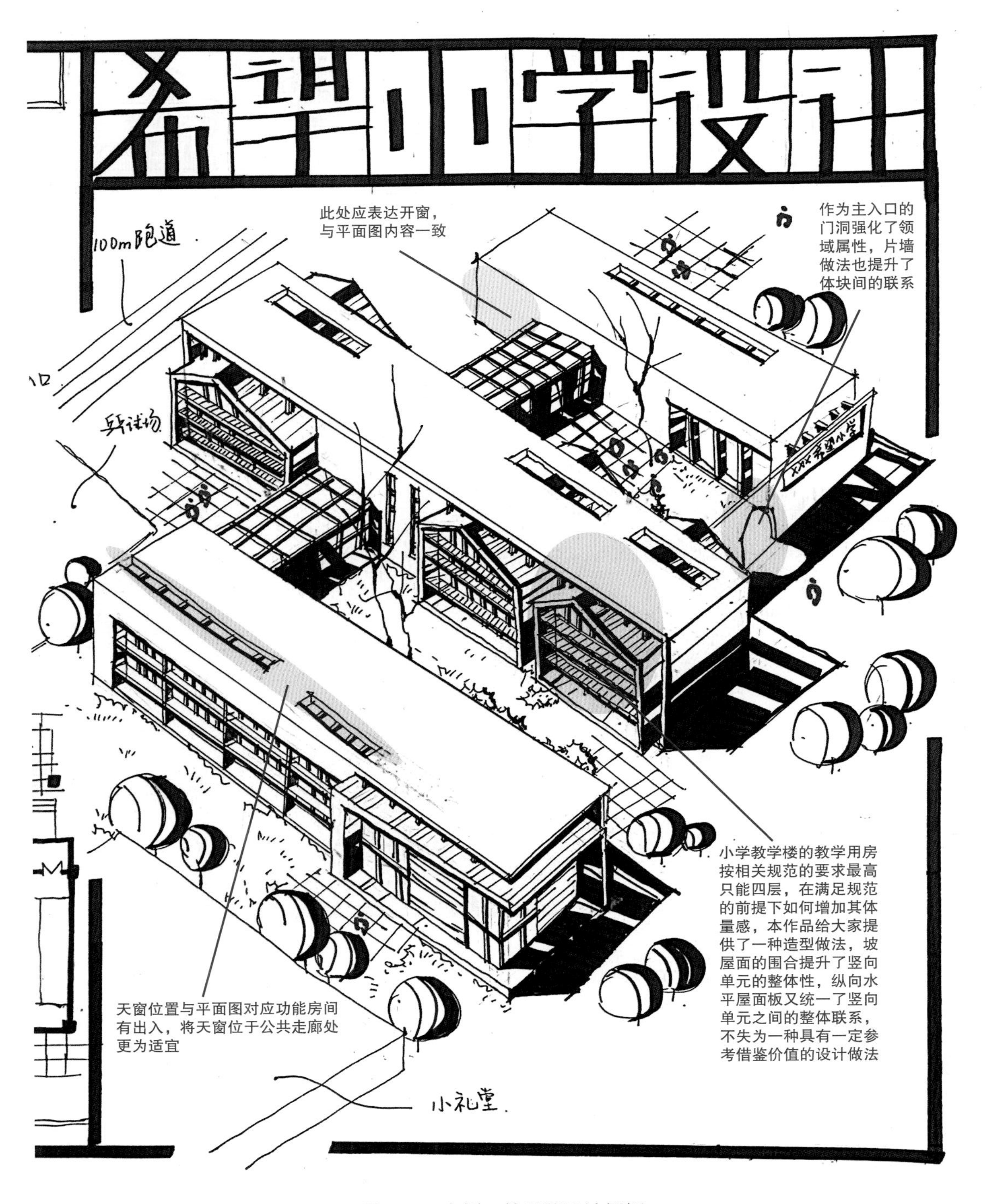
希望小学设计
此处应表达开窗，
与平面图内容一致
作为主入口的
门洞强化了领
域属性，片墙
做法也提升了
体块间的联系
100m跑道
天窗位置与平面图对应功能房间
有出入，将天窗位于公共走廊处
更为适宜
小学教学楼的教学用房
按相关规范的要求最高
只能四层，在满足规范
的前提下如何增加其体
量感，本作品给大家提
供了一种造型做法，坡
屋面的围合提升了竖向
单元的整体性，纵向水
平屋面板又统一了竖向
单元之间的整体联系，
不失为一种具有一定参
考借鉴价值的设计做法
小礼堂

图20-4　案例二效果图设计解析

20.3 相关设计手绘草案与素材

相关设计手绘草案与素材见表20-3。

表20-3 相关设计手绘草案与素材

1		2		3	
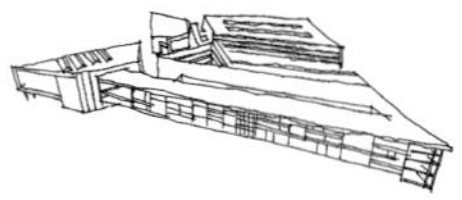	程亦凡同学的建筑设计方案成为该类型设计作业的优秀范图（指导教师：王少飞）	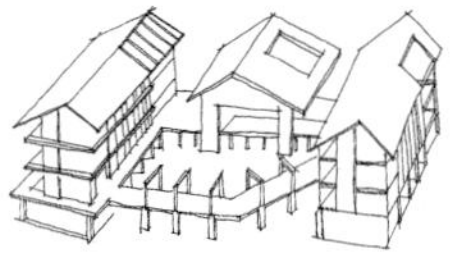	本书作者在其主持的该类型实际项目进行多方案设计比选阶段里绘制的手绘效果图之一	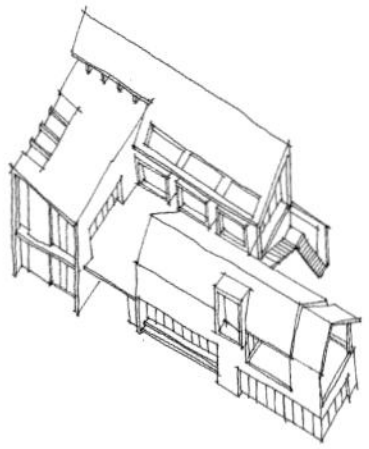	何童同学的建筑设计快题方案效果图成为该类型设计作业当中的优秀手绘范图
4		5		6	
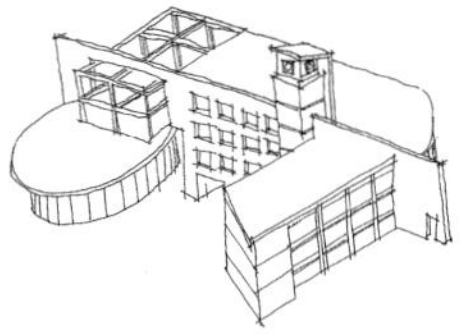	本书作者在其主持的该类型实际项目进行多方案设计比选阶段里绘制的手绘效果图之一	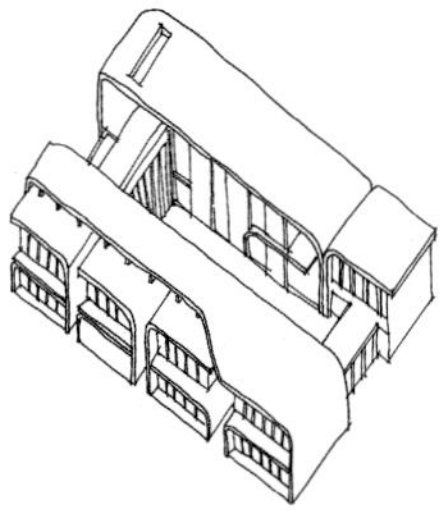	该同学的建筑设计快题方案效果图造型颇具特色，是该类型设计作业当中的优秀手绘范图	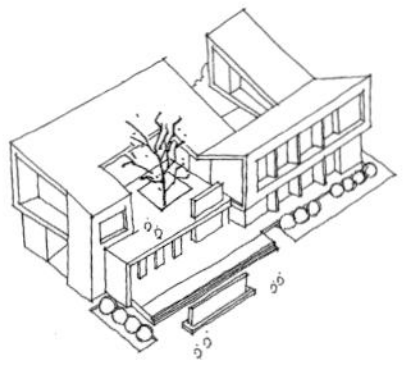	侯文卓同学的建筑设计方案成为该类型设计作业的优秀范图（指导教师：郭亚成）

21 汽车客运站

21.1 相关设计要点归纳与解析

根据《交通客运站建筑设计规范》（JGJ/T 60—2012）和《汽车客运站级别划分和建设要求》（JT/T 200—2020）整理出适合大学本科阶段建筑设计课程作业和考研快题里汽车客运站这一类型的相关要点，同时根据汽车客运站的发车位（三级7~12个，四级≤6个）和年平均日旅客发送量（三级2000~4999个，四级300~1999个）两个指标以及本书研究的建筑规模，下面均以三、四级汽车客运站（符合中小型多层汽车客运站规模，有些客运站结合办公、酒店等以综合体形式呈现且规模较大）的设计要求进行总结。

（1）总平面图布置应合理利用地形条件，布局紧凑，并宜留有发展余地。汽车客运站总平面图布置应包括站前广场、站房、营运停车场和其他附属建筑等内容。

（2）汽车客运站进站口、出站口宜分别设置，进站口、出站口净宽应≥4.0m，净高应≥4.5m；汽车进站口、出站口与旅客主要出入口间距应≥5.0m并有隔离措施；汽车进站口、出站口与公园、学校、托幼、残障人使用的建筑及人员密集场所的主要出入口距离不应小于20.0m。

（3）汽车进站口、出站口与城市干道之间宜设有车辆排队等候的缓冲空间，并应满足驾驶员行车安全视距的要求。

（4）汽车客运站站内道路应按人行、车行道路分别设置，双车道宽度应≥7.0m，单车道宽度应≥4.0m，主要人行道路宽度应≥3.0m。

（5）站前广场宜由车行及人行道路、停车场、乘降区、集散场地、绿化用地、安全保障设施和市政配套设施等组成。站前广场应与城镇道路衔接，在满足城镇规划的前提下，应合理组织人流、车流，方便换乘与集散，互不干扰。

（6）站房宜由候乘厅、售票用房、行包用房、站务用房、服务用房、附属用房等组成，并可根据需要设置进站大厅，还宜设置站台和发车位。候乘厅、售票用房、行包用房等用房的建筑规模，应按旅客最高聚集人数确定。站房与室外营运区应进行无障碍设计。

（7）候乘厅可根据交通客运站的站级、旅客构成，设置普通候乘厅、重点旅客候乘厅。普通旅客候乘厅的使用面积应按旅客最高聚集人数计算，且每人不应小于1.1m^2；候乘厅内应设无障碍候乘区，并应邻近检票口；候乘厅与站台或上下车廊道之间应满足无障碍通行要求。

（8）候乘厅座椅排列方式应有利于组织旅客检票；候乘厅每排座椅不应超过20座，座椅之间走道净宽不应小于1.3m，并应在两端设不小于1.5m宽的通道。当采用自然通风时，候乘厅净高应≥3.6m。当候乘厅与入口不在同层时，应设置自动扶梯和无障碍电梯或无障碍坡道。

（9）候乘厅的检票口应设导向栏杆，栏杆高度不应低于1.2m；汽车客运站候乘厅内应设检票口，每三个发车位不应少于一个。当采用自动检票机时，不应设置单通道。当检票口与站台有高差时，应设坡道，其坡度不得大于1∶12。客运站内旅客使用的疏散楼梯踏步宽度不应小于0.28m，高度不应大于0.16m。

（10）售票厅的位置应方便旅客购票。当采用自然通风时，售票厅净高应≥3.6m。四级及以下站级的客运站，售票厅可与候乘厅合用，其余站级的客运站宜单独设置售票厅，并应与候乘厅、行包托运厅联系方便。售票窗口的数量应按旅客最高聚集人数的1/120计算；售票厅的使用面积，应按每个售票窗口不应小于15.0m^{2}计算；售票窗口的中距不应小于1.5m，靠墙售票窗口中心距墙边不应小于1.2m；售票窗口宽度宜为0.5m；设自动售票机时，其使用面积应按4.0m^2/台计算；售票室使用面积可按每个售票窗口不小于5.0m^{2}计算，且最小使用面积不宜小于14.0m^2；售票室不应设置直接开向售票厅的门；票据室应独立设置，使用面积不宜小于9.0m^2。

（11）交通客运站行包用房应根据需要设置行包托运厅、行包提取厅、行包仓库和业务办公室、计算机室、票据室、工作人员休息室、牵引车库等用房。行包仓库内净高不应低于3.6m；行包托运与提取受理处的门净宽不应小于1.5m；有机械作业的行包仓库，应满足机械作业的要求，其门的净宽度和净高度均不应小于3.0m。

（12）值班室应临近候乘厅，其使用面积应按最大班人数不小于2.0m^2/人确定，且最小使用面积不应小于9.0m^2。公安值班室应布置在与售票厅、候乘厅、值班站长室联系方便的位置。

（13）站房内应设广播室，且使用面积不宜小于8.0m^2。无监控设备的广播室宜设在便于观察候乘厅、站场、发车位的部位。

（14）客运办公用房应按办公人数计算，其使用面积不宜小于4.0m^2/人。汽车客运站调度室应邻近站场和发车位，并应设外门，调度室使用面积不宜小于10m^2。

（15）问讯台（室）应邻近旅客主要出入口；问讯室使用面积不宜小于6.0m^2，问讯台（室）前应有不小于8.0m^{2}的旅客活动场地。

（16）客运站停车场停车数＞50辆时，汽车疏散口不应少于两个，且疏散口应在不同方向设置并直通城市道路。停车数≤50辆时，可只设一个汽车疏散口。停车场内车辆停放的横向净距不应小于0.8m，每组停车数量不宜超过50辆，组与组之间防火间距不应小于6.0m。

（17）汽车客运站发车位和停车区前的出车通道净宽不应小于12.0m。汽车客运站营运停车场应合理布置洗车设施及检修台。通向洗车设施及检修台前的通道应保持≥10.0m的直道。汽车客运站应设置发车位和站台，且发车位宽度不应小于3.9m。

（18）站台设计应有利旅客上下车和客车运转，单侧站台净宽不应小于2.5m，双侧设站台时，净宽不应小于4.0m。汽车客运站营运停车场周边宜种植常绿乔木。

（19）发车位为露天时，站台应设置雨篷。雨篷宜能覆盖到车辆行李舱位置，雨篷净高不得低于5.0m。当站台雨篷设置承重柱时，柱子与候乘厅外墙净距不应小于2.5m。

（20）汽车客运站里可能会涉及的几个专有名称释义。

1）年平均日旅客发送量：交通客运站统计年度平均每天的旅客发送量。

2）站房：交通客运站内候乘、售票、行包、驻站和办公等主要建筑用房的总称。

3）乘降区：旅客上车与下车的区域。

4）候乘厅：旅客乘船乘车前的等候和中转旅客的休息大厅。

5）发车位：符合旅客和行包上车条件的停车位。

6）营运区：向旅客开放使用的区域。

7）重点旅客：需要提供特殊服务的旅客。

8）候乘风雨廊：供候乘旅客遮风避雨或休息的廊式建筑。

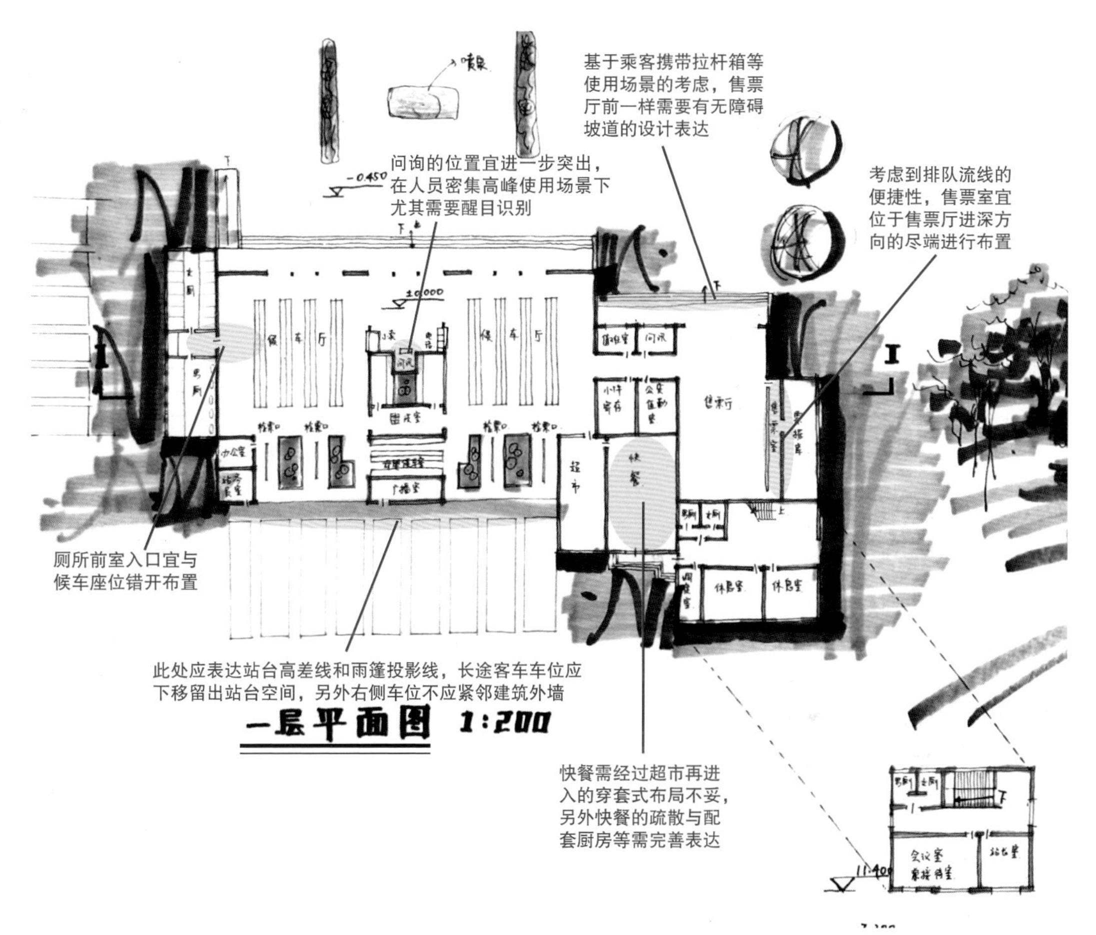

基于乘客携带拉杆箱等使用场景的考虑，售票厅前一样需要有无障碍坡道的设计表达
问询的位置宜进一步突出，在人员密集高峰使用场景下尤其需要醒目识别
考虑到排队流线的便捷性，售票室宜位于售票厅进深方向的尽端进行布置
厕所前室入口宜与候车座位错开布置
此处应表达站台高差线和雨篷投影线，长途客车车位应下移留出站台空间，另外右侧车位不应紧邻建筑外墙
一层平面图 1:200
快餐需经过超市再进入的穿套式布局不妥，另外快餐的疏散与配套厨房等需完善表达

图21-1 案例一平面图设计解析

21.2 设计作品案例参考与讲评

案例一（图21-1、图21-2），案例二（图21-3、图21-4）。

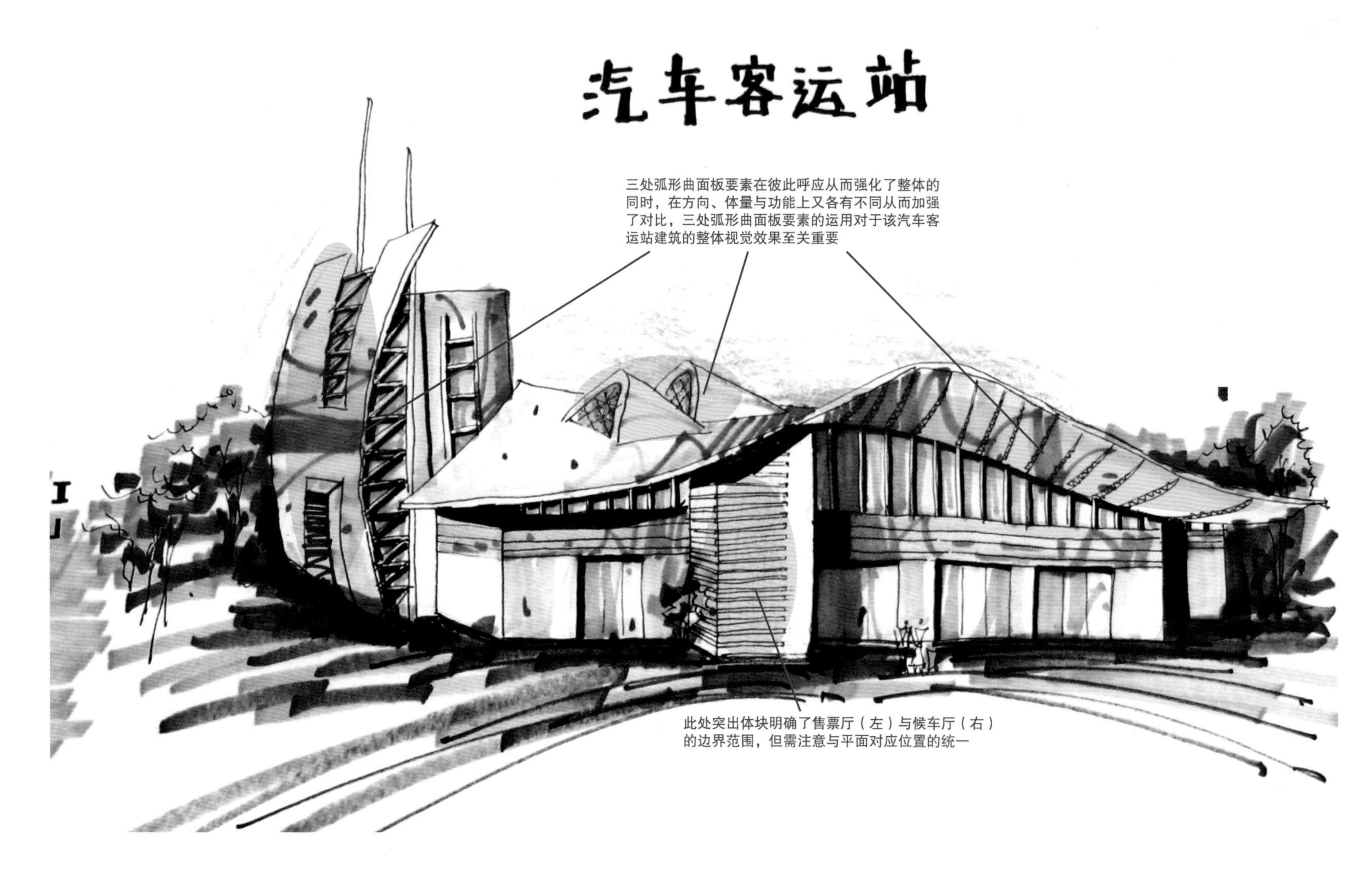
汽车客运站
三处弧形曲面板要素在彼此呼应从而强化了整体的同时，在方向、体量与功能上又各有不同从而加强了对比，三处弧形曲面板要素的运用对于该汽车客运站建筑的整体视觉效果至关重要
此处突出体块明确了售票厅（左）与候车厅（右）的边界范围，但需注意与平面对应位置的统一

图21-2　案例一效果图设计解析

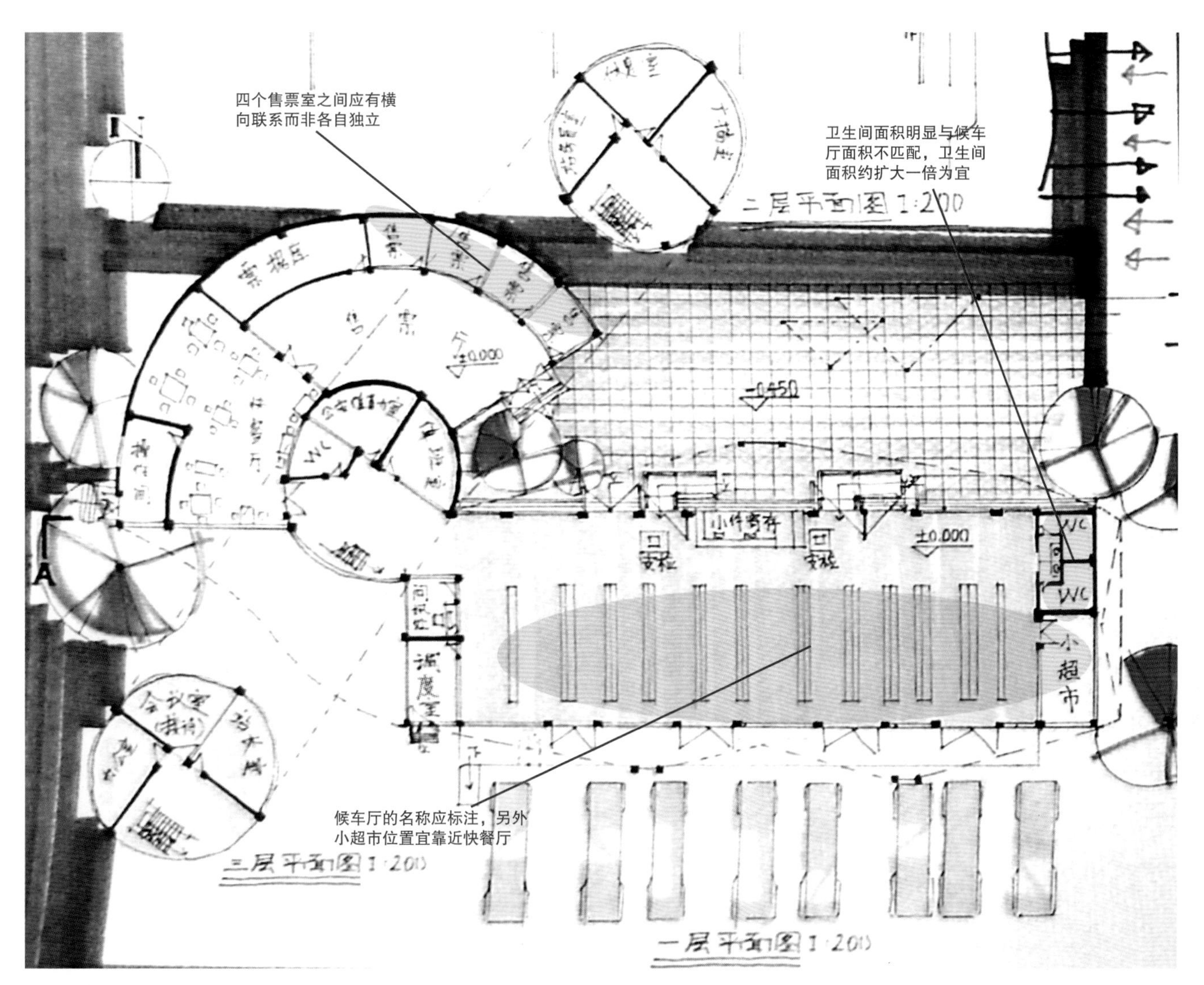
四个售票室之间应有横
向联系而非各自独立
卫生间面积明显与候车
厅面积不匹配，卫生间
面积约扩大一倍为宜
候车厅的名称应标注，另外
小超市位置宜靠近快餐厅
二层平面图 1:200
±0.000
-0.450
小件寄存
WC
小超市
调度室
一层平面图 1:200

图21-3　案例二平面图设计解析

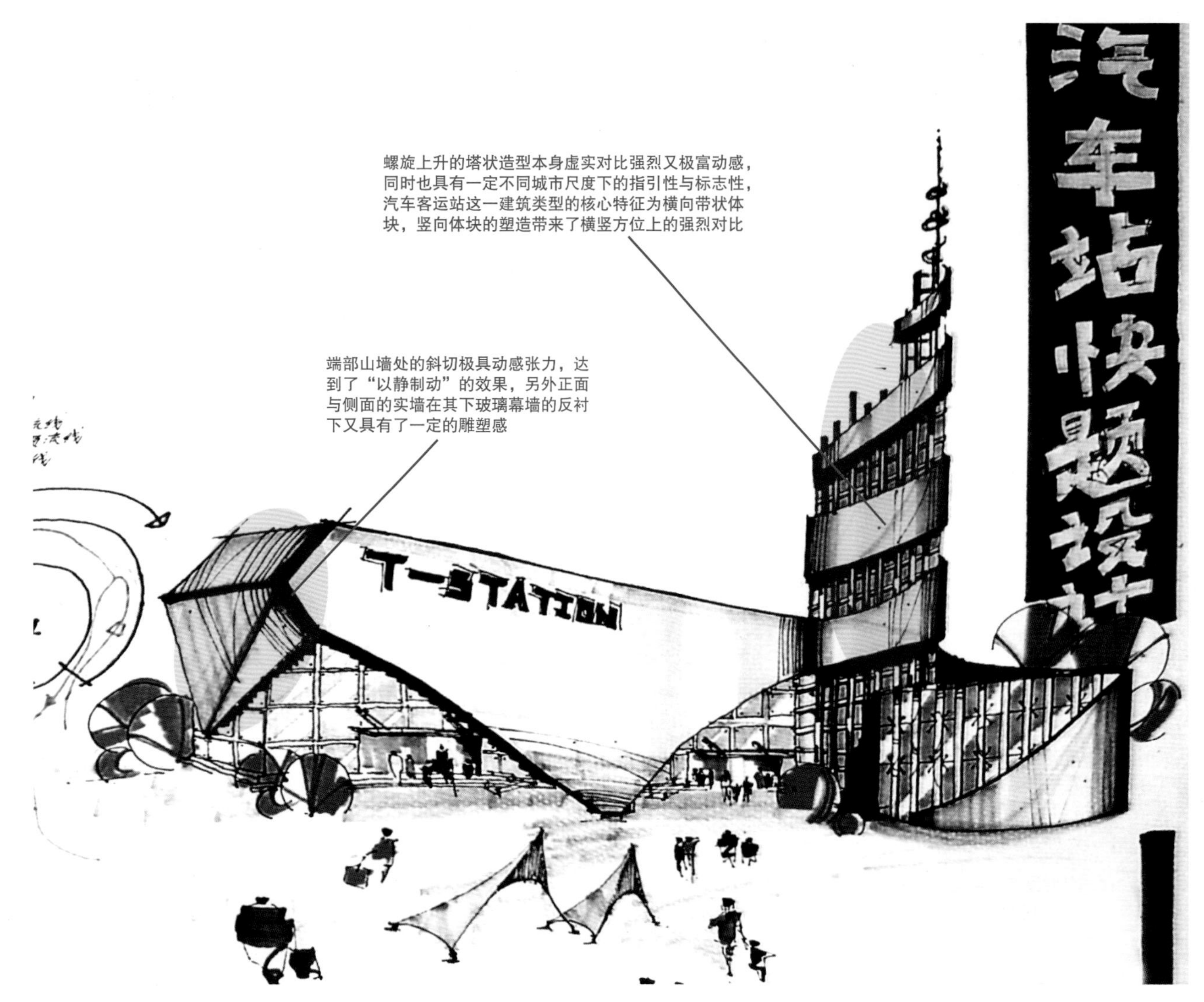
螺旋上升的塔状造型本身虚实对比强烈又极富动感，同时也具有一定不同城市尺度下的指引性与标志性，汽车客运站这一建筑类型的核心特征为横向带状体块，竖向体块的塑造带来了横竖方位上的强烈对比
端部山墙处的斜切极具动感张力，达到了“以静制动”的效果，另外正面与侧面的实墙在其下玻璃幕墙的反衬下又具有了一定的雕塑感
T-STATION
汽车站快题设计

图21-4　案例二效果图设计解析

21.3 相关设计手绘草案与素材

相关设计手绘草案与素材见表21-1。

表21-1 相关设计手绘草案与素材

1		2		3	
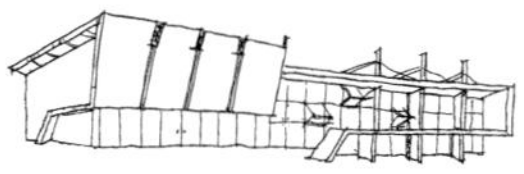	本书作者在其主持的该类型实际项目进行多方案设计比选阶段里绘制的手绘效果图其中之一	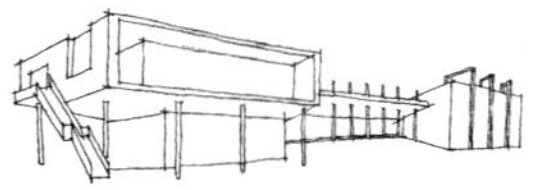	丁士洋同学的建筑设计快题方案效果图是该类型设计作业的优秀范图（指导教师：郭亚成）	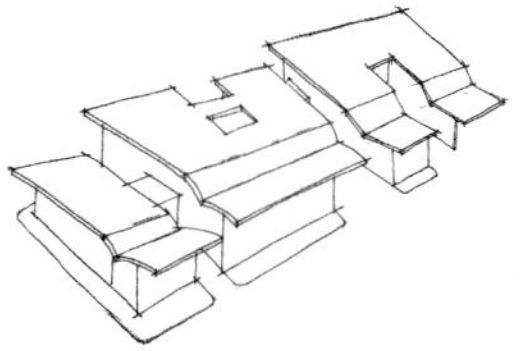	沈思同学的建筑设计快题方案水彩效果图是该类型设计作业当中难得的优秀范图
4		**5**		**6**	
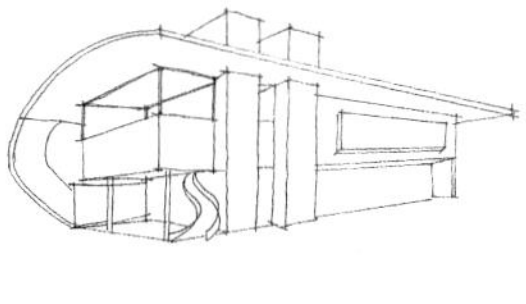	程果同学的建筑设计快题方案效果图是该类型设计作业的优秀范图（指导教师：郭亚成）	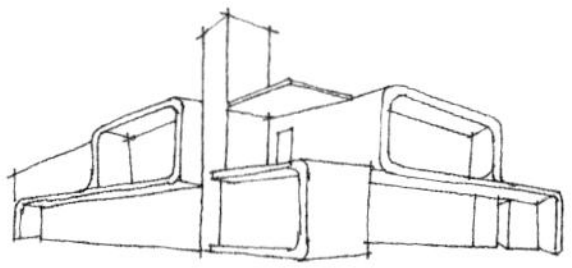	王姝茜同学的建筑设计快题方案效果图是该类型设计作业的优秀范图（指导教师：郭亚成）	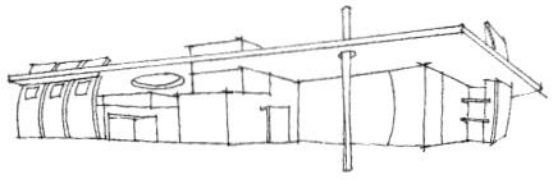	丁士洋同学建筑设计方案效果图是该类型设计作业的优秀范图（指导教师：郭亚成）

22 老年人建筑

22.1 相关设计要点归纳与解析

本章节提取《老年人照料设施建筑设计标准》（JGJ 450—2018）等里与本科设计课程与考研快题相关设计要点进行归纳如下。

1. 老年人住宅

（1）老年人住宅应按套型设计，应设卧室、起居室（厅）、厨房和卫生间等基本功能空间。

（2）由卧室、起居室（厅）、厨房和卫生间等组成的套型使用面积不应小于35m²，若为兼起居的卧室套型使用面积不应小于27m²。

（3）老年人公寓套型内应设卧室、起居室（厅）、卫生间、厨房或电炊操作台等基本功能空间。

（4）双人卧室不应小于12m²，单人卧室不应小于8m²，兼起居的卧室不应小于15m²。

（5）起居室（厅）的使用面积不应小于10m²，起居室（厅）内布置家具的墙面直线长度宜大于3m。

（6）由卧室、起居室（厅）、厨房和卫生间等组成的老年人住宅套型的厨房使用面积不应小于4.5m²；若为兼起居的卧室住宅套型的厨房使用面积不应小于4.0m²。厨房操作案台长度不应小于2.1m，电炊操作台长度不应小于1.2m，操作台前通行净宽不应小于0.9m。

（7）供老年人使用的卫生间与老年人卧室应邻近布置，应至少配置坐便器、洗浴器、洗面器三件卫生洁具，使用面积不应小于3.0m²并应满足轮椅使用。

（8）套内应设置壁柜或储藏空间，套内过道的净宽不应小于1.0m。

（9）老年人居住建筑的套型内应设阳台，阳台栏板或栏杆净高不应低于1.1m。

（10）宜利用建筑露台为老年人创造活动场所，连接露台与走廊的坡道宽度不应小于1.0m。

（11）户门应采用平开门，门扇宜向外开启，门洞净宽最小尺寸为1.0m，套内其他各部位门洞净宽最小尺寸为0.9m。厨房和卫生间的门扇应设置透光窗，卫生间门应能从外部开启，应采用可外开的门或推拉门。老年人居住建筑不宜设置凸窗和落地窗。

2. 老年人照料设施

（1）基地及建筑物的主要出入口不宜开向城市主干道，货物、垃圾、殡葬等运输宜设置单独的通道和出入口，应保证救护车辆能停靠在建筑的主要出入口处。应设置机动车和非机动车停车场。在机动车停车场距建筑物主要出入口最近的位置上应设置无障碍停车位或无障碍停车下客点，并与无障碍人行道相连，宜按不少于总机动车停车位的5%设置无障碍机动车位。

（2）室外台阶应同时设置轮椅坡道，台阶踏步不宜小于2步，踏步宽度不宜小于0.32m，踏步高度不宜大于0.13m；台阶的净宽不应小于0.90m。室外轮椅坡道的净宽不应小于1.20m，坡道的起止点应有直径不小于1.50m的轮椅回转空间；室外轮椅坡道的坡度不应大于1∶12，每上升0.75m时应设平台，平台的深度不应小于1.50m。

（3）出入口的门洞口宽度不应小于1.2m。门扇开启端的墙垛宽度不应小于0.4m。出入口内外应有直径不小于1.5m的轮椅回转空间。出入口的上方应设置雨篷，其出挑长度宜超过台阶首级踏步0.5m以上。

（4）公用走廊的净宽不应小于1.2m。当走廊净宽小于1.5m时，应在走廊中设置直径不小于1.5m的轮椅回转空间，轮椅回转空间设置间距不宜超过20.0m，且宜设置在户门处。

（5）当户门外开时，户门前宜设置净宽大于1.4m、净深大于0.9m的凹空间。

（6）老年人使用的室外活动场地和步行道路的坡度不应大于2.5%，步行道路净宽不应小于1.2m，局部宽度宜大于1.8m。

（7）老年人集中的室外活动场地应与满足老年人使用的公用卫生间邻近设置。

（8）老年人照料设施建筑应设置老年人用房和管理服务用房，其中老年人用房包括生活用房、文娱与健身用房、康复与医疗用房。老年人照料设施的老年人居室和老年人休息室不应设置在地下室、半地下室。

（9）老年人全日照料设施中，为护理型床位设置的生活用房应按照料单元设计；为非护理型床位设置的生活用房宜按生活单元或照料单元设计。照料单元的使用应具有相对独立性，每个照料单元的设计床位数不应大于60床。失智老年人的照料单元应单独设置，每个照料单元的设计床位数不宜大于20床。

（10）每间居室应按不小于6m^2/床确定使用面积。单人间居室使用面积不应小于10m^2，双人间居室使用面积不应小于16m^2。护理型床位的多人间居室，床位数不应大于6床；非护理型床位的多人间居室，床位数不应大于4床。

（11）居室的净高不宜低于2.4m；当利用坡屋顶空间作为居室时，最低处距地面净高不应低于2.1m，且低于2.4m高度部分面积不应大于室内使用面积的1/3。

（12）居室内应留有轮椅回转空间，主要通道的净宽不应小于1.05m，床边留有护理、急救操作空间，相邻床位的长边间距不应小于0.80m。

（13）老年人日间照料设施的每间休息室使用面积不应小于4m^2/人，照料单元的单元起居厅应按不小于2m^2/床确定使用面积。

（14）老年人全日照料设施中，护理型床位照料单元的餐厅座位数应按不低于所服务床位数的40%配置，每座使用面积不应小于4.0m^2；非护理型床位的餐厅座位数应按不低于所服务床位数的70%配置，每座使用面积不应小于2.5m^2。老年人日间照料设施中，餐厅座位数应按所服务人数的100%配置，每座使用面积不应小于2.5m^2。

（15）照料单元应设公用卫生间，应与单元起居厅或老年人集中使用的餐厅邻近设置。坐便器数量应按所服务的老年人床位数测算（设居室卫生间的居室，其床位可不计在内），每6~8床设1个坐便器。每个公用卫生间内至少应设1个供轮椅老年人使用的无障碍厕位，或设无障碍卫生间。

（16）当居室或居室卫生间未设盥洗设施时，应集中设置盥洗室，每6~8 床设1个盥洗盆或盥洗槽龙头。盥洗室与最远居室的距离不应大于20m。当居室卫生间未设洗浴设施时，应集中设置浴室，每8~12床设1个浴位。

（17）老年人照料设施的文娱与健身用房总使用面积不应小于2m^2/床（人）。大型文娱与健身用房宜设置在建筑首层，且应邻近设置公用卫生间及储藏间。

（18）严寒、寒冷、多风沙、多雾霾地区的老年人照料设施宜设置阳光厅，湿热、多雨地区的老年人照料设施宜设置风雨廊。

（19）医务室使用面积不应小于10m^2，且应有较好的天然采光和自然通风条件。

（20）老年人使用的出入口和门厅宜采用平坡出入口，平坡出入口的地面坡度不应大于 1/20，有条件时不宜大于1/30。出入口严禁采用旋转门。

（21）老年人使用的走廊，通行净宽不应小于1.8m，确有困难时不应小于1.4m；当走廊的通行净宽大于1.4m且小于1.8m 时，走廊中应设通行净宽不小于1.8m的轮椅错车空间，错车空间的间距不宜大于15.0m。

（22）二层及以上楼层、地下室、半地下室设置老年人用房时应设电梯，电梯应为无障碍电梯，且至少1台能容纳担架。候梯厅深度不应小于多台电梯中最大轿厢深度，且不应小于1.8m。为老年人居室使用的电梯，每台电梯服务的设计床位数不应大于120床。

（23）老年人使用的楼梯严禁采用弧形楼梯和螺旋楼梯。梯段通行净宽不应小于1.2m。

（24）老年人用房的门不宜小于0.9m，护理型床位居室的门不应小于1.1m，建筑主要出入口的门不应小于1.1m，含有2个或多个门扇的门至少应有1个门扇的开启净宽不小于0.8m。

（25）相邻老年人居室的阳台、上人平台宜相互连通。开敞式阳台、上人平台的栏杆、栏板等围护设施在距地面0.35m高度范围内不宜留空。

22.2 设计作品案例参考与讲评

案例一（图22-1、图22-2），案例二（图22-3、图22-4）。

作为老年人建筑，无障碍设计是其中的重点与难点，三处高差位置均没有坡道设计表达，这无疑成为本方案的“硬伤”

卫生间占用了南侧采光有利面且表达尺度误差较大

等候区的采光与通风应予以考虑，也可结合走廊做成开放式

图22-1　案例一平面图设计解析

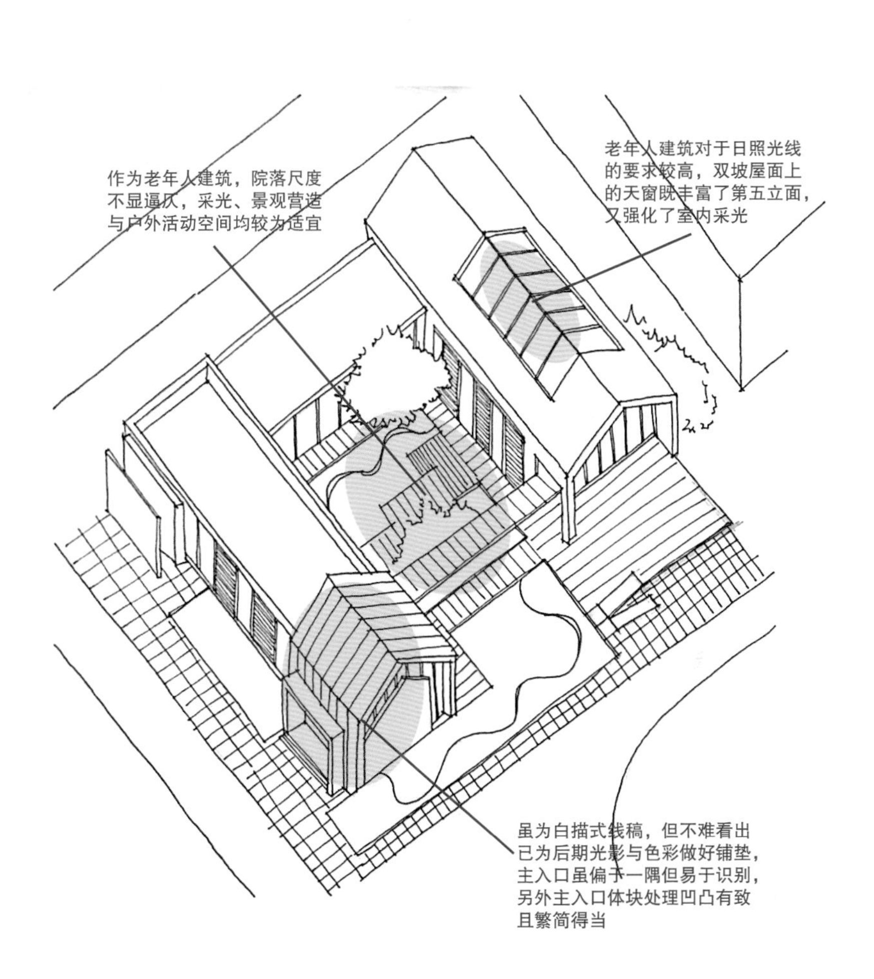

作为老年人建筑，院落尺度不显逼仄，采光、景观营造与户外活动空间均较为适宜
老年人建筑对于日照光线的要求较高，双坡屋面上的天窗既丰富了第五立面，又强化了室内采光
虽为白描式线稿，但不难看出已为后期光影与色彩做好铺垫，主入口虽偏于一隅但易于识别，另外主入口体块处理凹凸有致且繁简得当

图22-2　案例一效果图设计解析

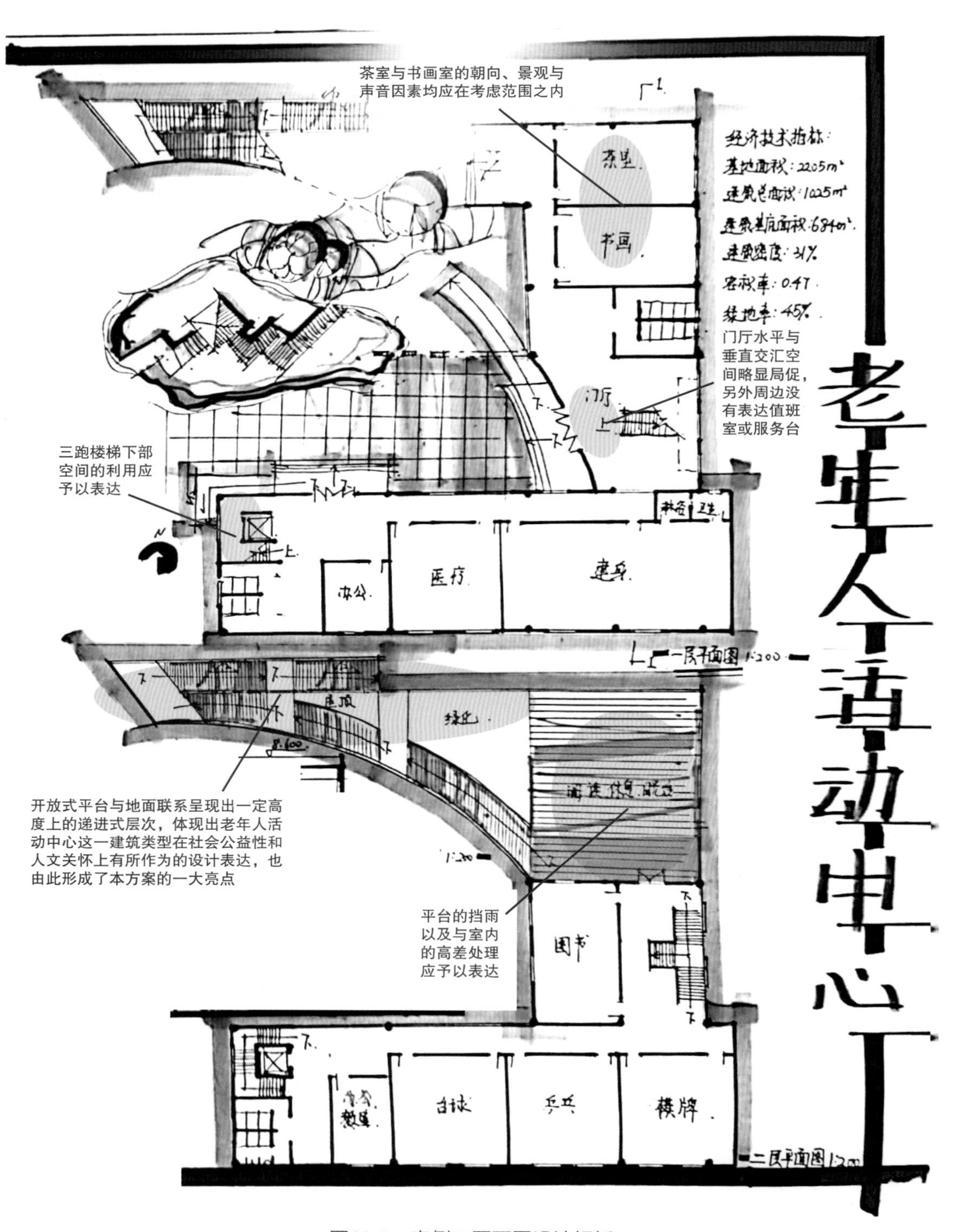

老年人活动中心
经济技术指标：
基地面积：2205m²
建筑总面积：1025m²
建筑基底面积：684m²
建筑密度：31%
容积率：0.47
绿地率：45%
茶室
书画
门厅
医疗
办公
图书
台球
乒乓
棋牌
一层平面图 1:200
二层平面图 1:200
茶室与书画室的朝向、景观与声音因素均应在考虑范围之内
门厅水平与垂直交汇空间略显局促，另外周边没有表达值班室或服务台
三跑楼梯下部空间的利用应予以表达
开放式平台与地面联系呈现出一定高度上的递进式层次，体现出老年人活动中心这一建筑类型在社会公益性和人文关怀上有所作为的设计表达，也由此形成了本方案的一大亮点
平台的挡雨以及与室内的高差处理应予以表达

图22-3 案例二平面图设计解析

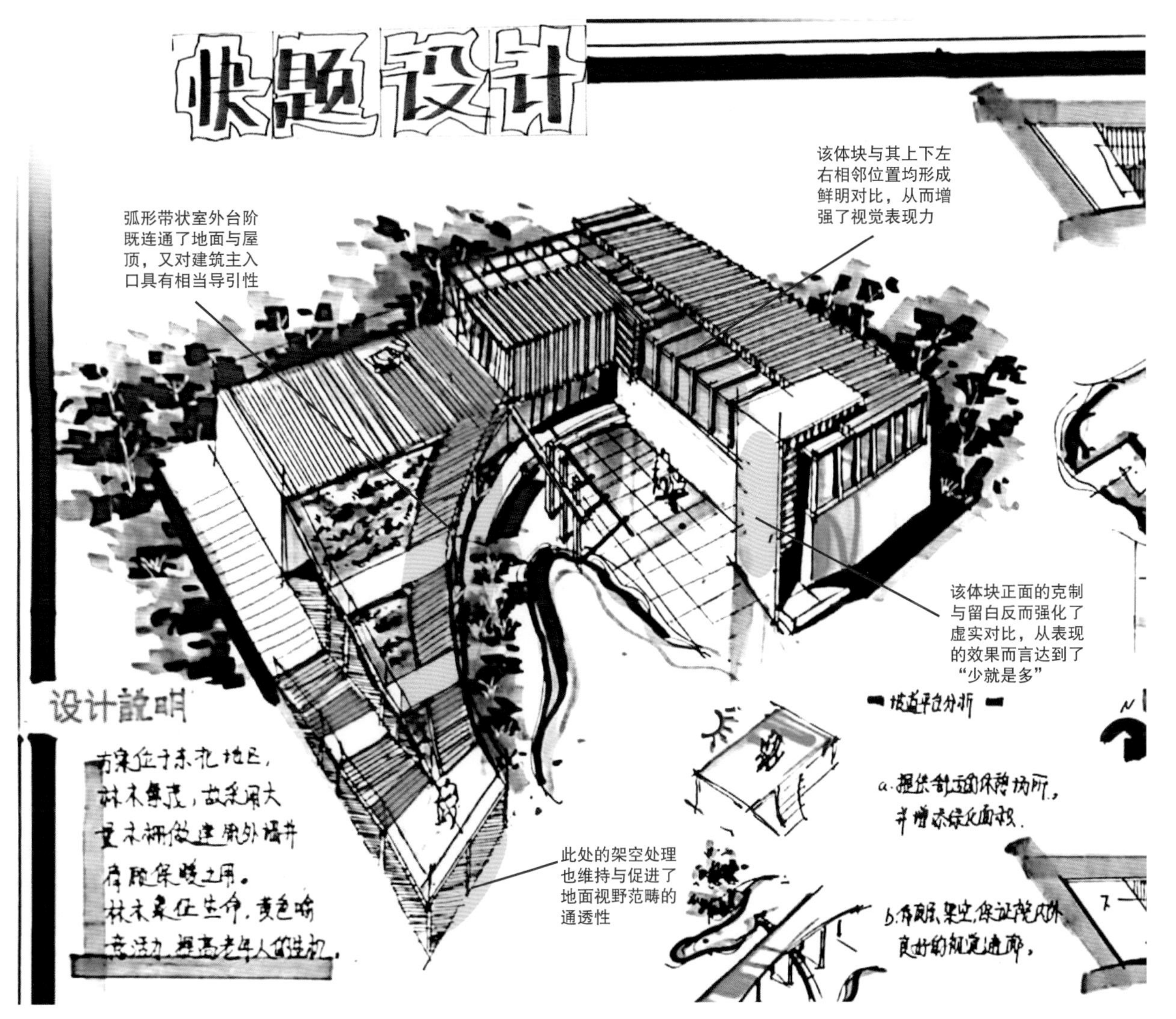
快题设计
该体块与其上下左右相邻位置均形成鲜明对比，从而增强了视觉表现力
弧形带状室外台阶既连通了地面与屋顶，又对建筑主入口具有相当导引性
该体块正面的克制与留白反而强化了虚实对比，从表现的效果而言达到了“少就是多”
设计說明
本案位于东北地区，林木繁茂，故采用大量木材做建筑外墙并存储保暖之用。林木象征生命，黄色喻意活力，提高老年人的生机。
此处的架空处理也维持与促进了地面视野范畴的通透性

图22-4　案例二效果图设计解析

22.3 相关设计手绘草案与素材

相关设计手绘草案与素材见表22-1。

表22-1 相关设计手绘草案与素材

1		2		3	
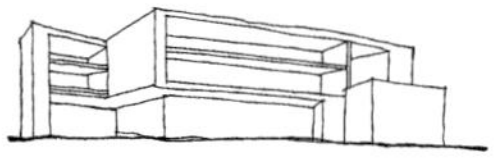	崔潇同学的建筑设计快题方案效果图成为该类型设计作业的优秀范图（指导教师：郭亚成）	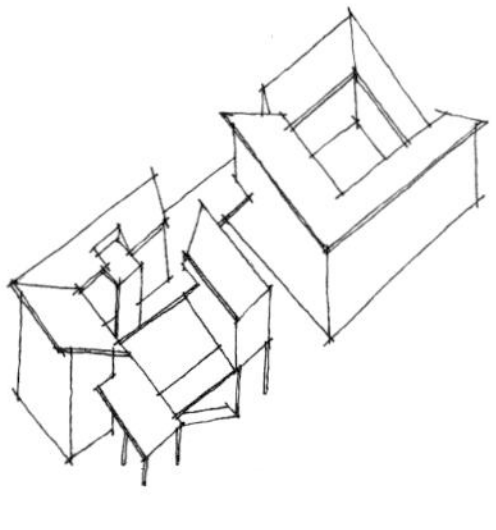	崔文聪同学的建筑设计快题改绘效果图练习作业也有相当的参考示范性，值得多次改绘练习	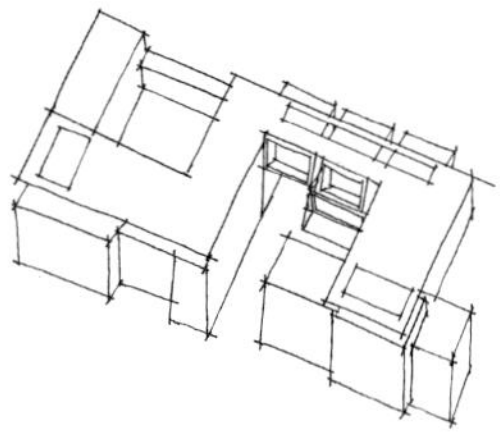	许轶佳同学的建筑设计快题方案效果图具有一定的参考价值（指导教师：郭亚成）
4		**5**		**6**	
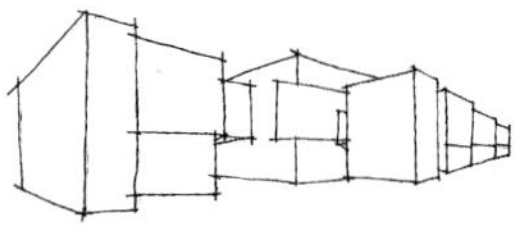	史瑛喆同学的建筑设计方案效果图具有一定的参考价值，可对其改绘（指导教师：王润生）	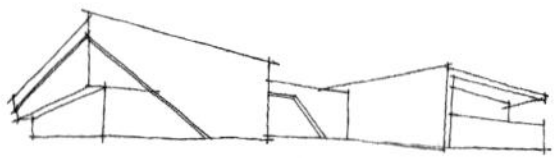	该同学的建筑设计快题效果图练习作业从线稿到色彩等环节均值得多次对其进行改绘练习	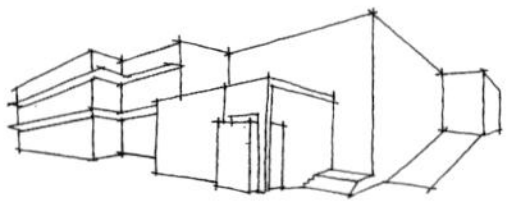	宋云波同学的建筑设计快题方案效果图具有一定的参考价值（指导教师：郭亚成）

23 饮食类建筑

23.1 相关设计要点归纳与解析

《饮食建筑设计标准》（JGJ 64—2017）于2018年2月1日起实施，该标准将饮食建筑按经营方式、制作方式及服务特点划分为餐馆、快餐店、饮品店、食堂等四类；按建筑规模划分为特大型、大型、中型和小型（表23-1），根据课程作业与考研快题规模我们对于饮食建筑关注其中的大中小型即可，在此将与课程作业与考研快题相关的设计要点归纳如下。

表23-1 饮食建筑按建筑规模分类

建筑规模	建筑面积（m^2）或用餐区域座位数（座）
特大型	面积>3000或座位数>1000
大型	500<面积≤3000或250<座位数≤1000
中型	150<面积≤500或75<座位数≤250
小型	面积≤150或座位数≤75

（1）饮食建筑的基地人流出入口和货流出入口应分开设置，顾客出入口和内部后勤人员出入口宜分开设置。

（2）用餐区域每座最小使用面积，餐馆宜为1.3m^2/座，饮品店宜为1.5m^2/座，食堂和快餐店宜为1.0m^2/座。

（3）厨房区域和食品库房使用面积之和与用餐区域使用面积之比宜符合表23-2规定。

表23-2 不同类型饮食建筑厨房区域和食品库房使用面积之和与用餐区域使用面积之比

分类	建筑规模	厨房区域和食品库房使用面积之和与用餐区域使用面积之比
餐馆	小型	≥1：2.0
	中型	≥1：2.2
	大型	≥1：2.5
快餐店、饮品店	小型	≥1：2.5
	中型及中型以上	≥1：3.0
食堂	小型	厨房区域和食品库房面积之和不小于30m^2
	中型	厨房区域和食品库房面积之和在30m^2的基础上按照服务100人以上每增加1人增加0.3m^2
	大型	厨房区域和食品库房面积之和在300m^2的基础上按照服务1000人以上每增加1人增加0.2m^2

（4）位于二层及二层以上的餐馆、饮品店和位于三层及三层以上的快餐店宜设置乘客电梯；位于二层及二层以上的大型食堂宜设置自动扶梯。

（5）建筑物的厕所、盥洗室、浴室等有水房间不应布置在厨房区域的直接上层，并应避免布置在用餐区域的直接上层。

（6）用餐区域的室内净高不宜低于2.6m，设集中空调时不应低于2. 4m；设置夹层的用餐区域，净高最低处不应低于2.4m。

（7）用餐区域采光、通风应良好。天然采光时，侧面采光窗洞口面积不宜小于该厅地面面积的1/6。

（8）公共区域卫生间宜利用天然采光和自然通风且宜设置前室，卫生间的门不宜直接开向用餐区域；未单独设置卫生间的用餐区域应设置洗手设施，并宜设儿童用洗手设施。

（9）餐馆、快餐店和食堂的厨房区域可根据使用功能选择设置下列各部分。

1）主食加工区（间）：包括主食制作和主食热加工区（间）。

2）副食加工区（间）：包括副食粗加工、副食细加工、副食热加工区（间）及风味餐馆的特殊加工间。

3）厨房专间：包括冷荤间、生食海鲜间、裱花间等，厨房专间应单独设置隔间，专间入口处应设置有洗手、消毒、更衣设施的通过式预进间。

4）备餐区（间）：包括主食备餐、副食备餐区（间）、食品留样区（间）。

（10）饮品店的厨房区域可根据经营性质选择设置下列各部分。

1）加工区（间）：包括原料调配、热加工、冷食制作、其他制作区（间）及冷藏场所等，冷食制作应单独设置隔间。

2）冷、热饮料加工区（间）：包括原料研磨配制、饮料煮制、冷却和存放区（间）等。

（11）厨房区域应按原料进入、原料处理、主食加工、副食加工、备餐、成品供应、餐用具洗涤消毒及存放的工艺流程合理布局，食品加工处理流程应为生进熟出单一流向。

（12）餐用具洗涤消毒间与餐用具存放区（间），餐用具洗涤消毒间应单独设置。

（13）厨房区域各类加工制作场所的室内净高不宜低于2.5m，垂直运输的食梯应原料、成品分设。

（14）厨房有明火的加工区（间）上层有餐厅或其他用房时，其外墙开口上方应设置宽度不小于1.0m、长度不小于开口宽度的防火挑檐；或在建筑外墙上下层开口之间设置高度不小于1.2m的实体墙。

（15）工作人员更衣间应邻近主、副食加工场所，宜按全部工作人员男女分设。饮食建筑辅助区域应按全部工作人员最大班人数分别设置男、女卫生间，卫生间应设在厨房区域以外。卫生间前室门不应朝向用餐区域、厨房区域和食品库房。

23.2 设计作品案例参考与讲评

案例一（图23-1、图23-2），案例二（图23-3、图23-4）。

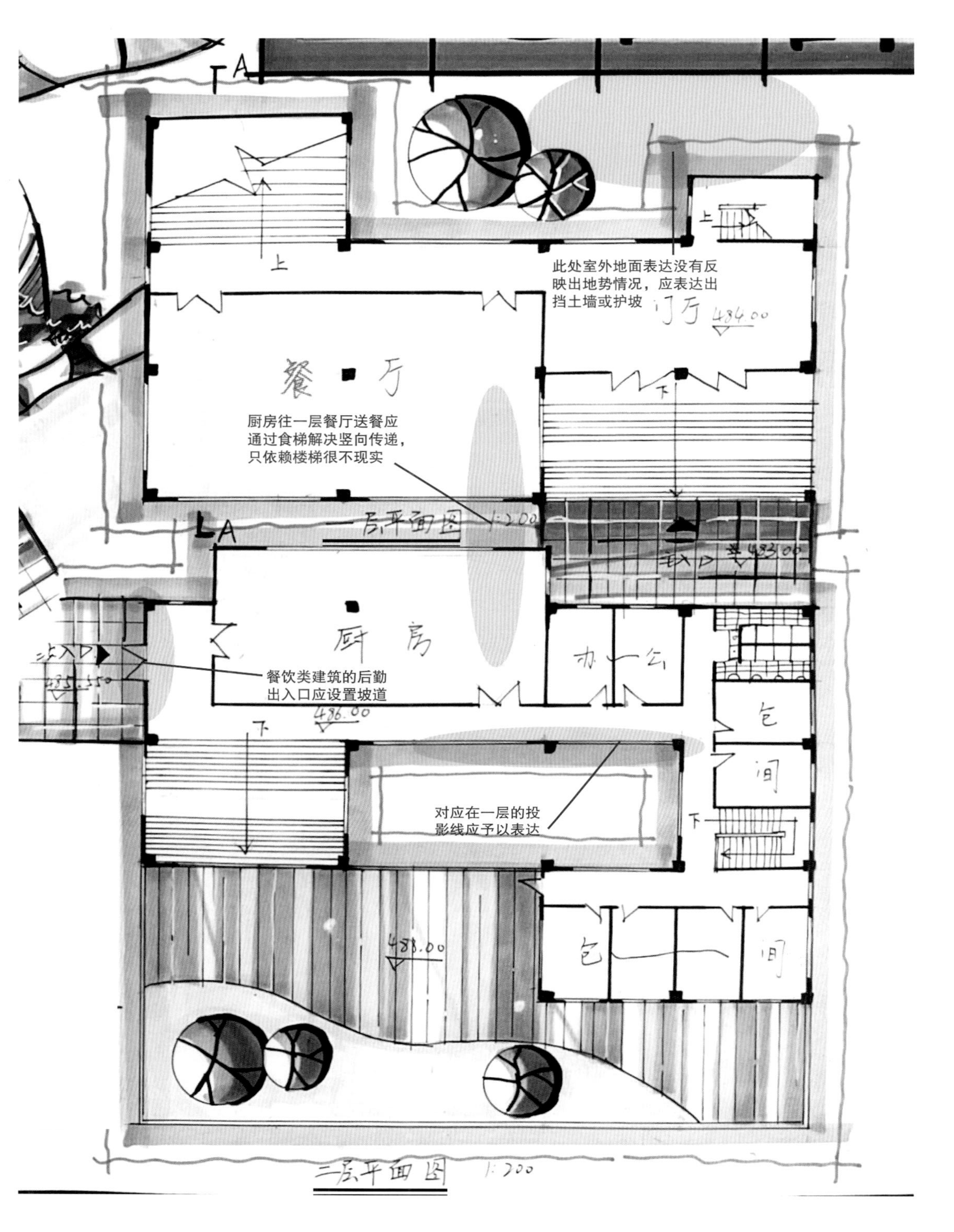
此处室外地面表达没有反映出地势情况，应表达出挡土墙或护坡
厨房往一层餐厅送餐应通过食梯解决竖向传递，只依赖楼梯很不现实
餐饮类建筑的后勤出入口应设置坡道
对应在一层的投影线应予以表达

图23-1　案例一平面图设计解析

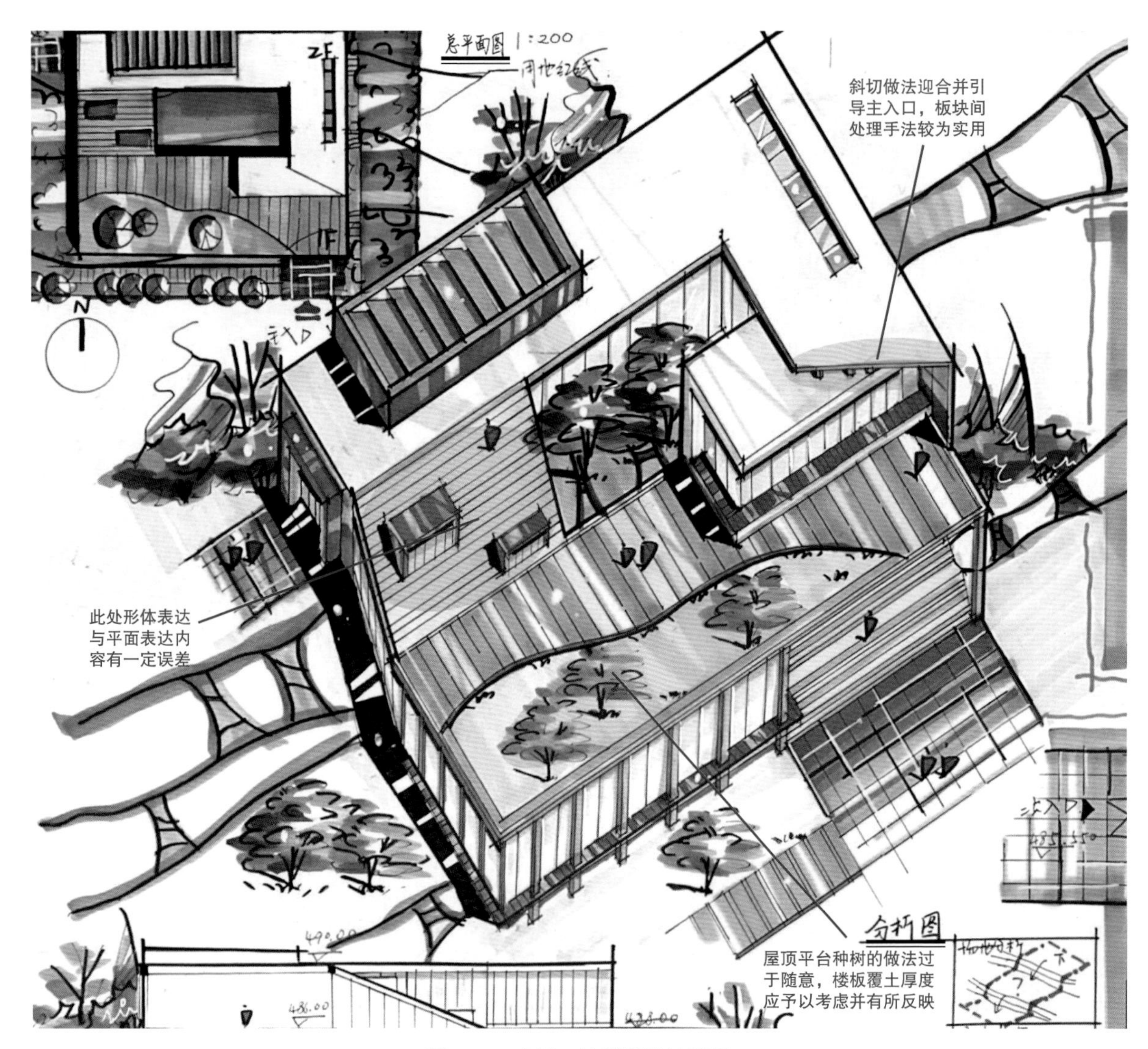
总平面图 1:200
斜切做法迎合并引导主入口，板块间处理手法较为实用
此处形体表达与平面表达内容有一定误差
分析图
屋顶平台种树的做法过于随意，楼板覆土厚度应予以考虑并有所反映

图23-2　案例一效果图设计解析

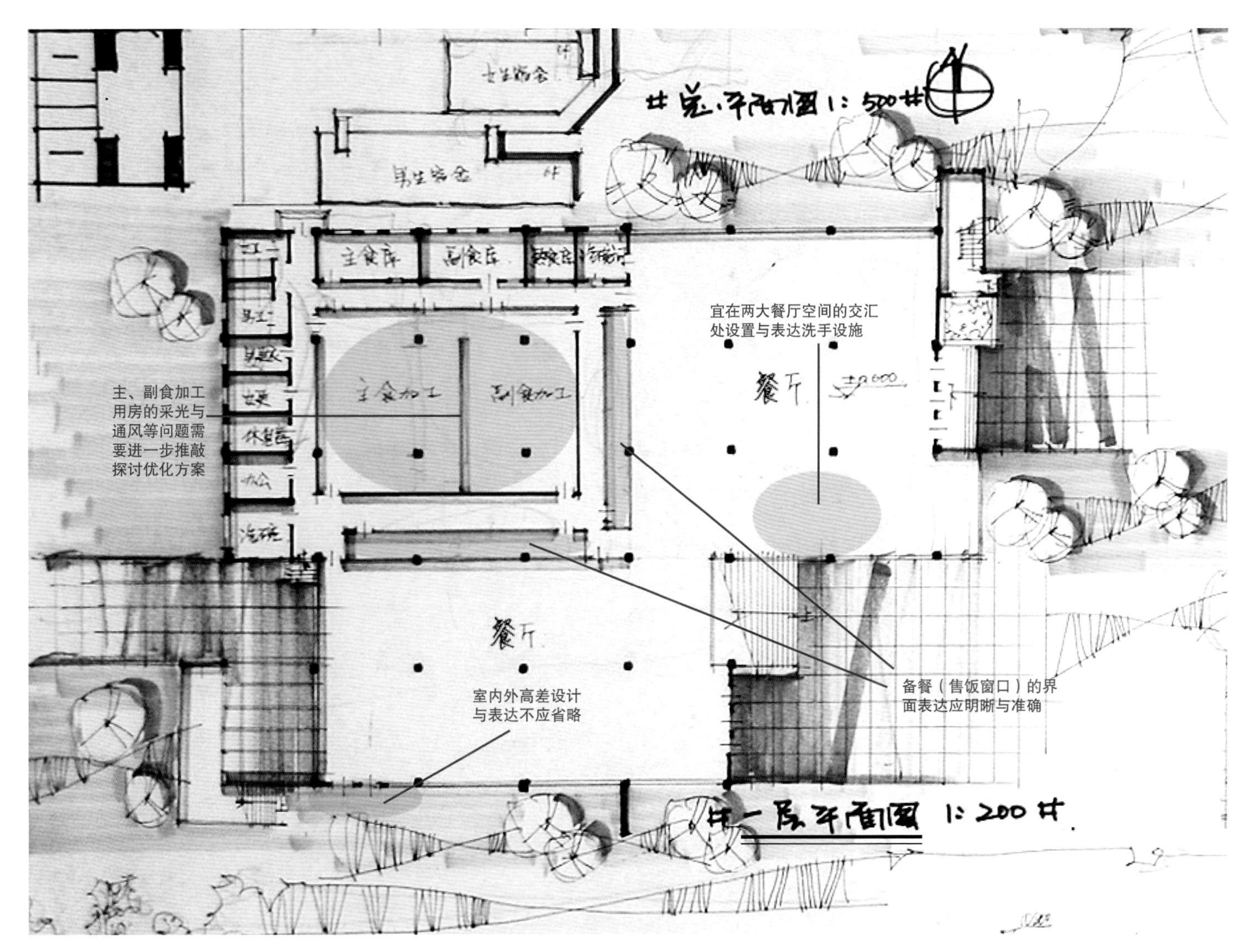

总平面图 1:500
女生宿舍
男生宿舍
主食库
副食库
主食加工
副食加工
餐厅
餐厅
一层平面图 1:200
宜在两大餐厅空间的交汇
处设置与表达洗手设施
主、副食加工
用房的采光与
通风等问题需
要进一步推敲
探讨优化方案
室内外高差设计
与表达不应省略
备餐（售饭窗口）的界
面表达应明晰与准确

图23-3　案例二平面图设计解析

学校餐厅设计
建筑形体特征上符合校园建筑的秩序感与严谨感，一、二层主入口泾渭分明
食堂建筑整体为横向体量，将楼梯间拔高形成横竖对比的同时也提升了食堂建筑的识别性

图23-4　案例二效果图设计解析

23.3 相关设计手绘草案与素材

相关设计手绘草案与素材见表23-3。

表23-3 相关设计手绘草案与素材

1		2		3	
	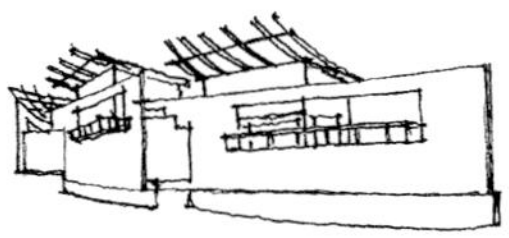 本书作者在其主持的该类型实际项目进行多方案设计比选阶段里绘制的手绘效果图之一		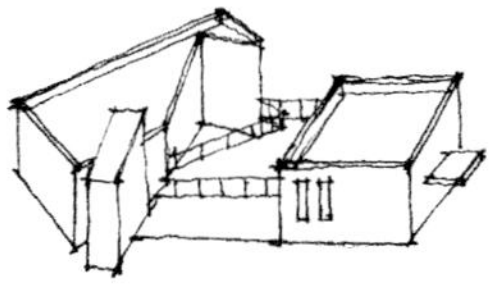 本书作者在其主持的该类型实际项目进行多方案设计比选阶段里绘制的手绘效果图之一		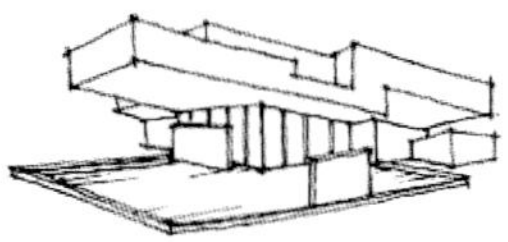 本书作者在建筑设计专业课上进行设计与表达教学示范的手绘效果图之一
4		**5**		**6**	
	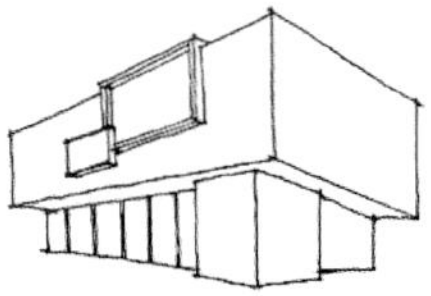 于家兴同学的该类型快题建筑设计方案手绘效果图已成为颇具代表性的优秀范图		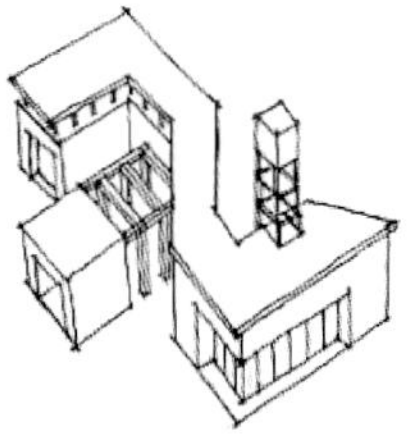 本书作者在其主持的该类型实际项目进行多方案设计比选阶段里绘制的手绘效果图之一		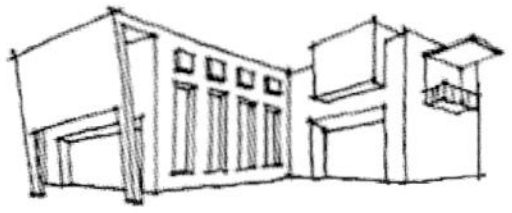 李玥彬同学临摹本书作者某一手绘快题透视图墨线稿教学示范案例的效果图展示

24 售楼处

24.1 相关设计要点归纳与解析

售楼处作为楼盘形象展示的主要场所，其自身形象设计是客户对于该楼盘的第一印象，直接影响着客户的体验与选择，同时也是本科课程作业尤其是考研快题中常见常考的类型之一。售楼处尚无专门的规范准则，现通过梳理相关资料将适用于考研快题的售楼处设计要点归纳如下。

（1）造型简洁大气，总体效果尽量通透明亮，整体形象与本楼盘项目的形象相符（图24-1）。

（2）售楼处内部设计分区合理，基本功能齐全；注意人流的动线组织；为前期客户提供良好的咨询平台。

（3）内部的各个功能分区合理完善（接待、洽谈、吧台、展示区等），之间紧密联系，要互为一体。

（4）售楼处前场功能总体划分前台区、沙盘区、品牌展示区、户型展示、洽谈区、企业文化展示、儿童娱乐区、签约区、财务室、卫生间10大功能区，前场区流线设计为接待区—品牌展示区—沙盘区—洽谈区—签约区。

（5）考虑到后场办公区应有的功能，总体划分营销办公区、物业办公区、卫生间3大功能区，各区域都有各自的功能需求。后场办公区一般设置在售楼处二层，注意实用性的同时也注重提升品质。

（6）接待区需要布置在离入口较近处，且方便业务员看到往来客户的位置，接待台最好不直接面对入口处，在接待区要通过背景板等手法营造视觉焦点。接待台需满足4~6位接待人员使用，距离背景墙尺寸不宜小于1000mm。项目沙盘通道尺寸1500mm左右；区域沙盘距离项目沙盘尺寸为2000mm左右。

（7）水吧台需满足2位物业人员使用，距离背景墙尺寸不宜小于1000mm ，左右距离墙面尺寸不小于800mm。水吧区位置要靠近洽谈区，水吧台背后墙面要设计酒柜展示，水吧台高低台设计，台面设计宽度的高台宽度为300mm，低台宽度为600mm。

（8）收银区为窗口形式，设置在相对封闭的区域。收银台高低台面设计，以便保证办公人员的工作台面的私密性；高台宽度300mm，低台宽度500mm。

（9）洽谈区一般做成敞开式，可细分为浅度洽谈区和深度洽谈区，浅度洽谈区设计家具以四人桌椅为主，深度洽谈区以舒适沙发组为主，如有空间可以考虑VIP室，模型展示区、儿童活动区和水吧位置设计靠近洽谈区。

（10）签约区需隔成独立的小房间，要保持一定的私密性，以保护客户的隐私。

（11）休闲区域及音像区最好有一定结合，并考虑集中讲解和举办小型客户活动的空间。

（12）办公区是为现场办公的公司领导、财务以及现场工作人员而设置的，一般设置较为隐蔽，通常设置在售楼处的二楼较合适。

（13）卫生间是展示项目形象的重要功能空间，在有条件的情况下可分设对外、对内卫生间，分别对应客户及工作人员，对外卫生间设计要求匹配售楼处整体风格，洗手盆宜分别设置在男女卫生间内，便于梳妆等私密要求，男卫宜设置2~3个小便斗，马桶坐便2个；女卫宜设置马桶坐便3个。

（14）根据任务要求布置样板间，有些题目要求表达一处样板间大样，实在考察户型设计能力，户型设计要点可查阅独立住宅（别墅）这一章节版块的相应内容。

（15）在总平面图场地主入口附近和效果图里可表达楼盘指示牌，以丰富图面表现效果并增添商业气息（图24-2）。

24.2 设计作品案例参考与讲评

案例一（图24-3、图24-4），案例二（图24-5、图24-6）。

图24-1 售楼处简洁化与通透化形体表达示意（郭亚成 绘制）

图24-2 售楼处指示牌与商业气氛表达（郭亚成 设计）

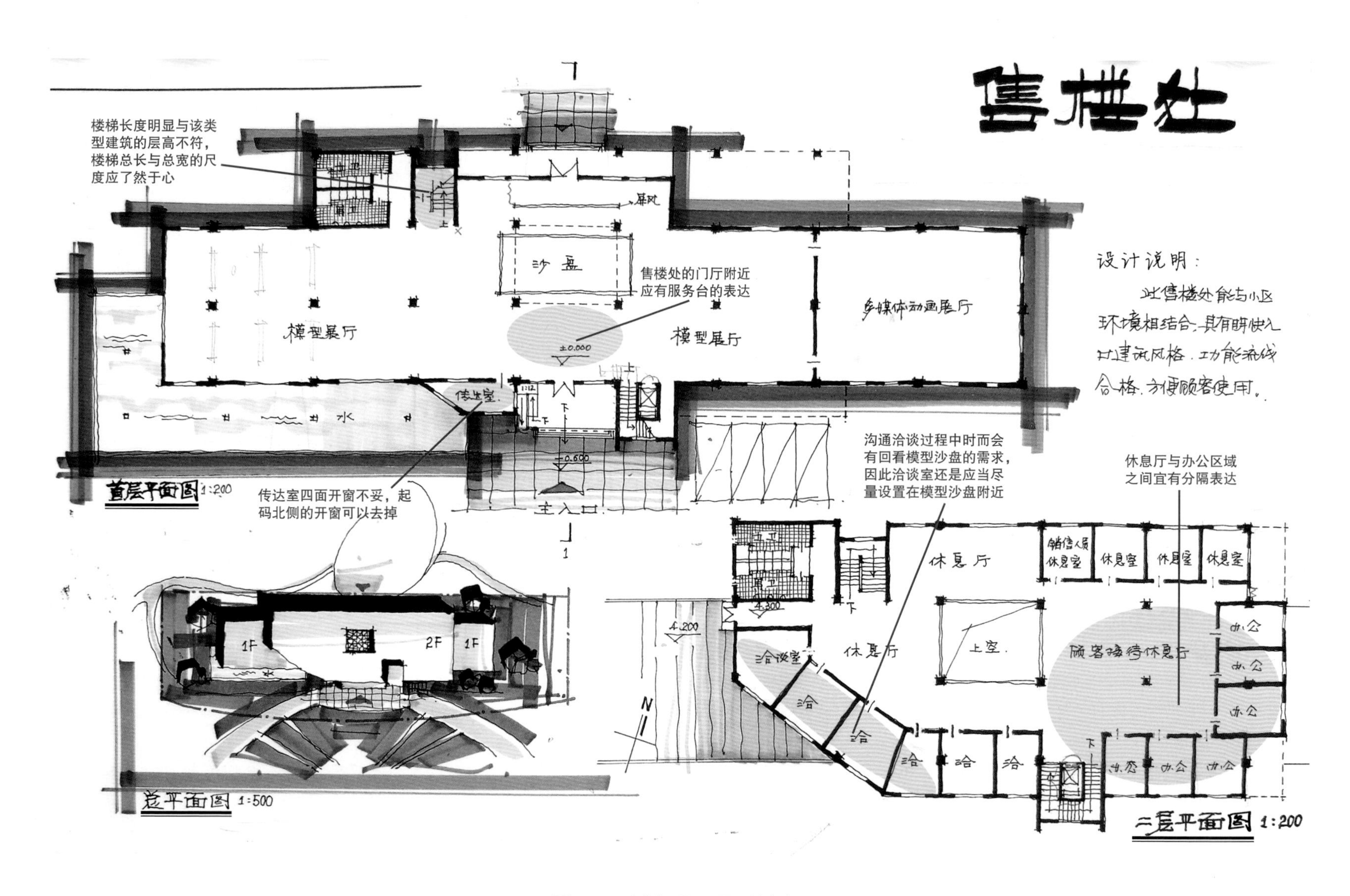
售楼处
楼梯长度明显与该类型建筑的层高不符，楼梯总长与总宽的尺度应了然于心
售楼处的门厅附近应有服务台的表达
传达室四面开窗不妥，起码北侧的开窗可以去掉
沟通洽谈过程中时而会有回看模型沙盘的需求，因此洽谈室还是应当尽量设置在模型沙盘附近
休息厅与办公区域之间宜有分隔表达
设计说明：
此售楼处能与小区环境相结合，具有明快入口建筑风格，功能流线合格，方便顾客使用。
首层平面图 1:200
总平面图 1:500
二层平面图 1:200

图24-3　案例一平面图设计解析

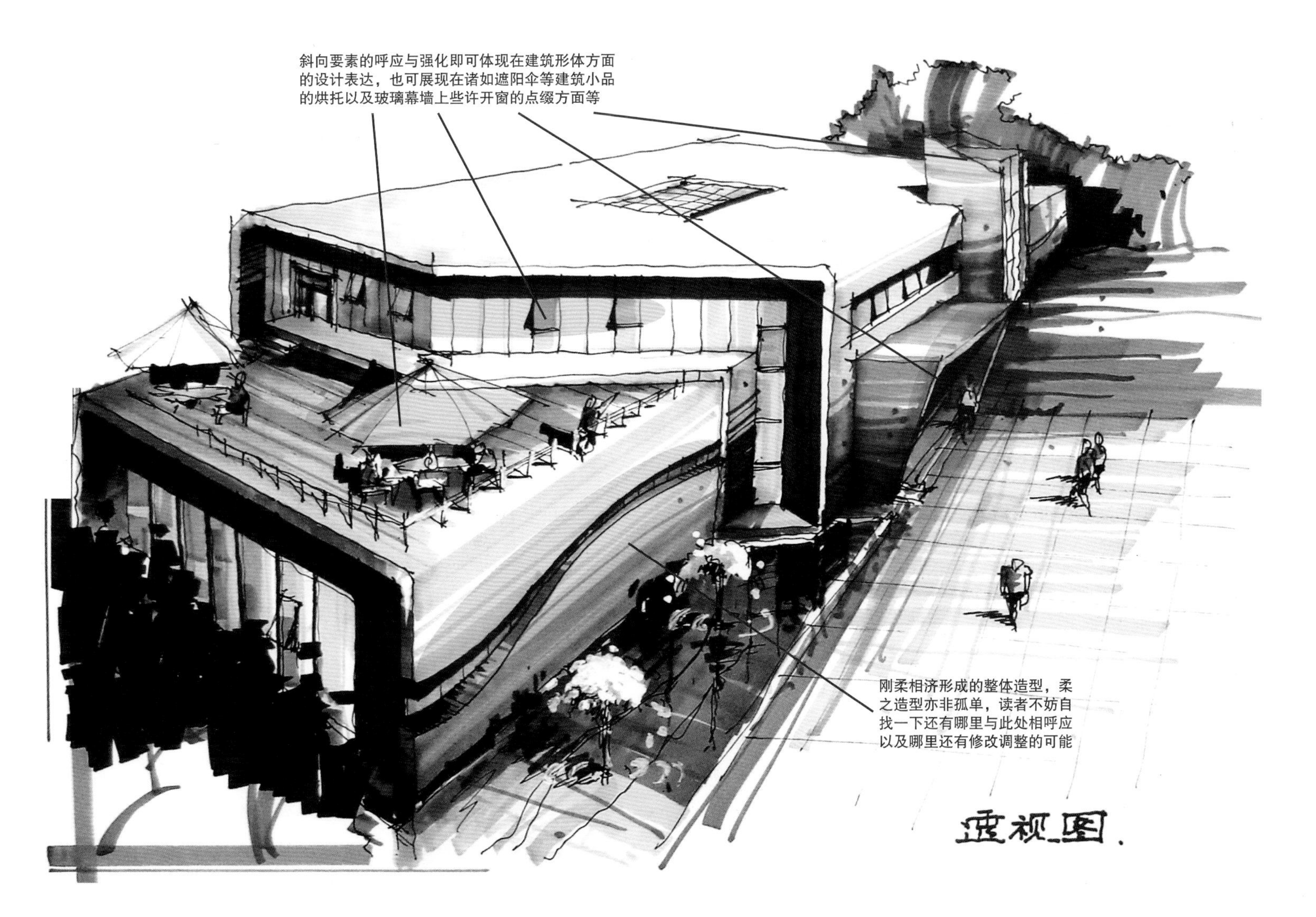
斜向要素的呼应与强化即可体现在建筑形体方面
的设计表达，也可展现在诸如遮阳伞等建筑小品
的烘托以及玻璃幕墙上些许开窗的点缀方面等
刚柔相济形成的整体造型，柔
之造型亦非孤单，读者不妨自
找一下还有哪里与此处相呼应
以及哪里还有修改调整的可能
透视图.

图24-4　案例一效果图设计解析

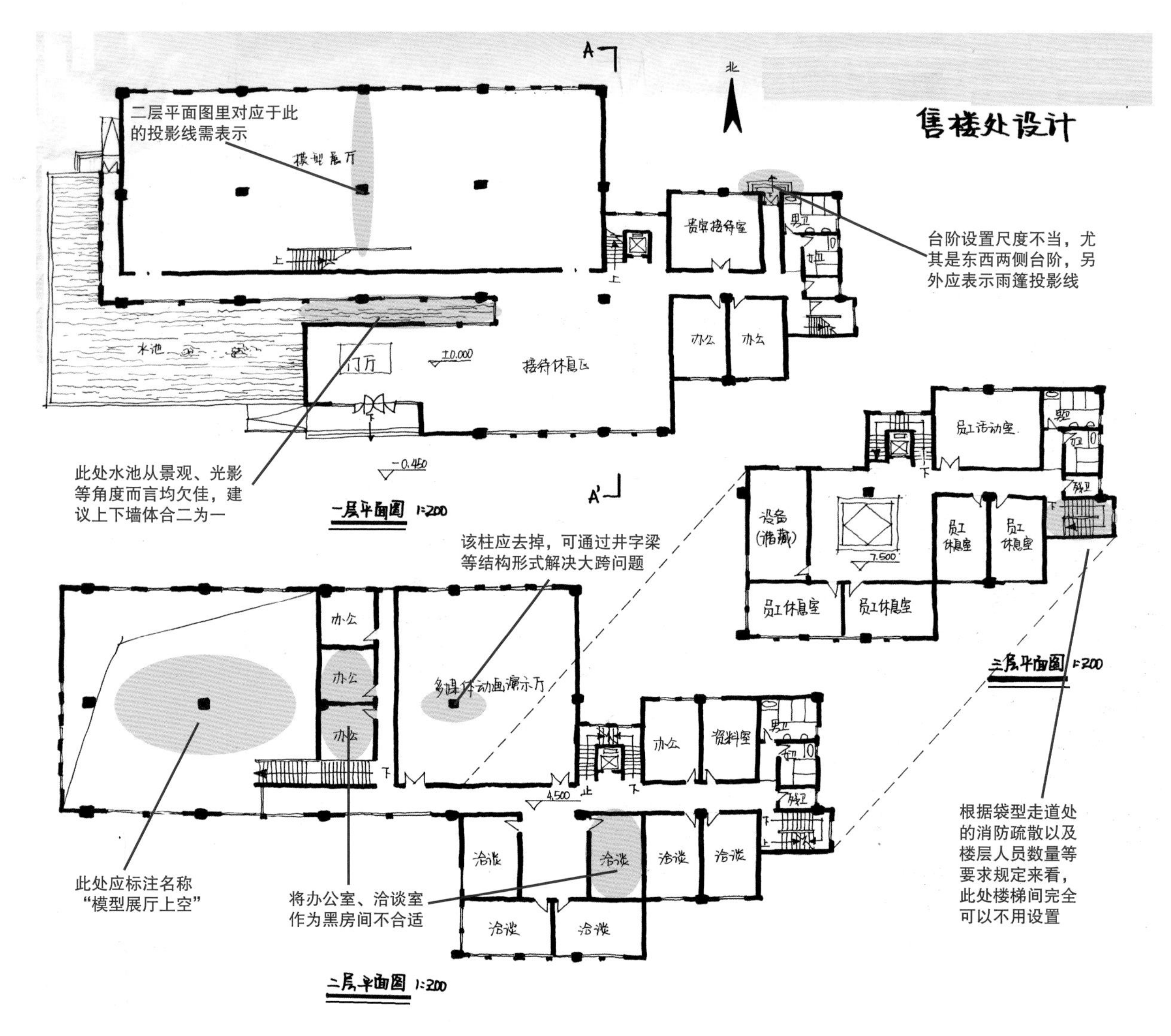

售楼处设计
北
A
A'
二层平面图里对应于此的投影线需表示
模型展厅
贵宾接待室
台阶设置尺度不当，尤其是东西两侧台阶，另外应表示雨篷投影线
水池
门厅
±0.000
接待休息区
办公
办公
-0.450
此处水池从景观、光影等角度而言均欠佳，建议上下墙体合二为一
一层平面图 1:200
员工活动室
设备(储藏)
7.500
员工休息室
员工休息室
员工休息室
员工休息室
三层平面图 1:200
该柱应去掉，可通过井字梁等结构形式解决大跨问题
办公
办公
办公
多媒体动画演示厅
办公
资料室
4.500
洽谈
洽谈
洽谈
洽谈
洽谈
洽谈
此处应标注名称“模型展厅上空”
将办公室、洽谈室作为黑房间不合适
根据袋型走道处的消防疏散以及楼层人员数量等要求规定来看，此处楼梯间完全可以不用设置
二层平面图 1:200

图24-5 案例二平面图设计解析

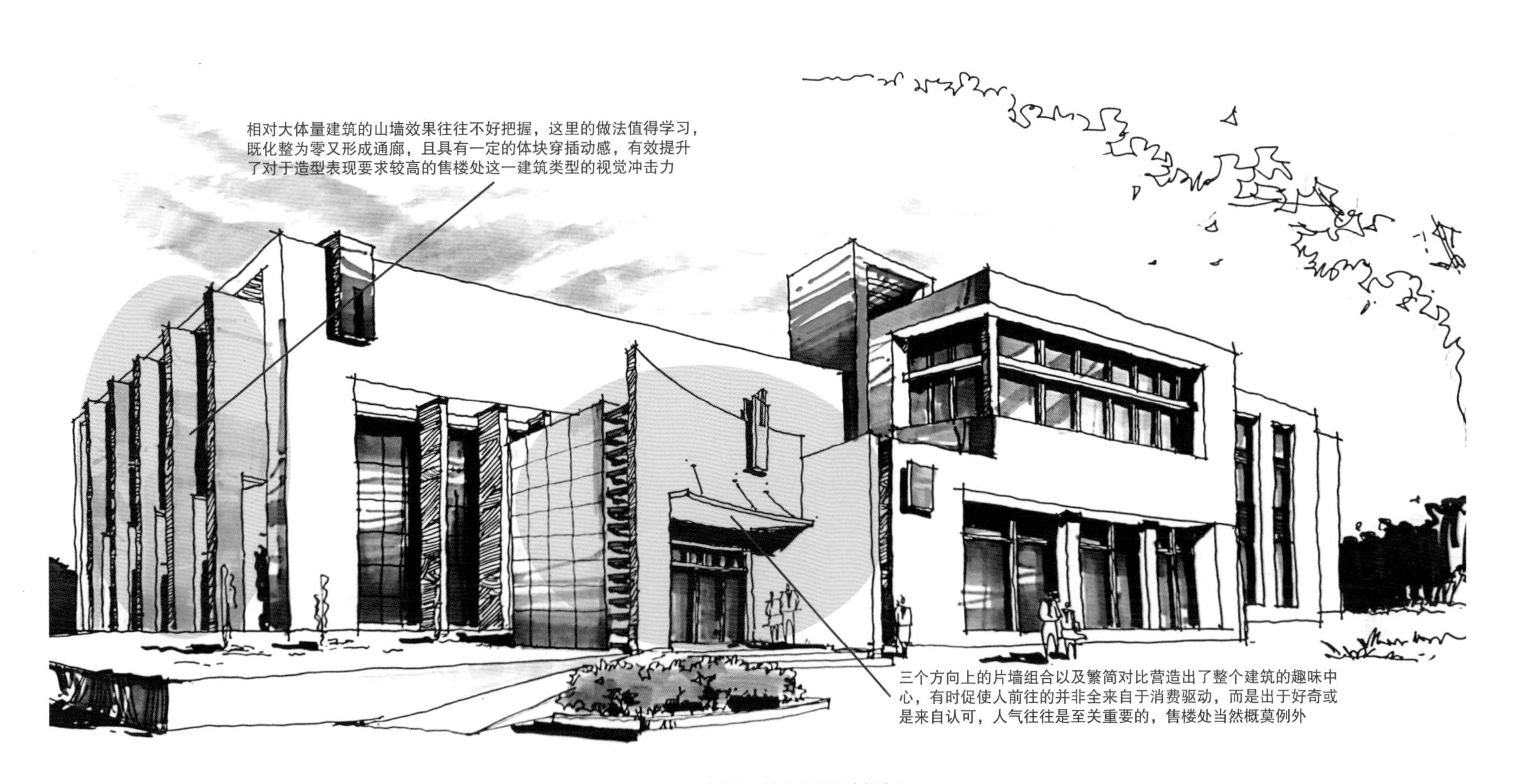
相对大体量建筑的山墙效果往往不好把握，这里的做法值得学习，既化整为零又形成通廊，且具有一定的体块穿插动感，有效提升了对于造型表现要求较高的售楼处这一建筑类型的视觉冲击力
三个方向上的片墙组合以及繁简对比营造出了整个建筑的趣味中心，有时促使人前往的并非全来自于消费驱动，而是出于好奇或是来自认可，人气往往是至关重要的，售楼处当然概莫例外

图24-6　案例二效果图设计解析

24.3 相关设计手绘草案与素材

相关设计手绘草案与素材见表24-1。

表24-1 相关设计手绘草案与素材

1		2		3	
	本书作者在其主持的该类型实际项目进行多方案设计比选阶段里绘制的手绘效果图之一	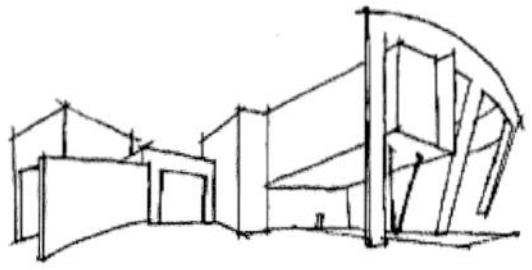	宋一杰同学的该类型快题建筑设计方案手绘效果图已成为颇具代表性的优秀范图	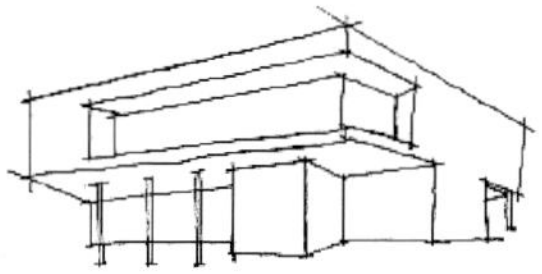	本书作者在建筑设计专业课上进行设计与表达教学示范的手绘效果图之一
4		**5**		**6**	
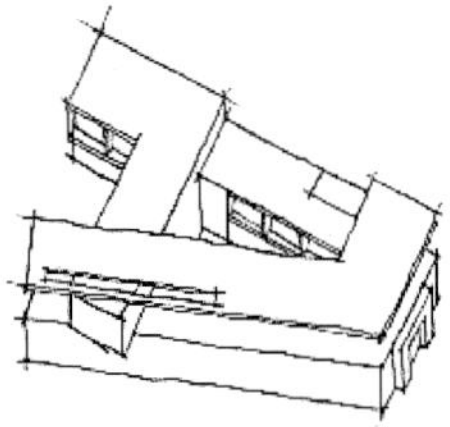	何童同学的该类型快题建筑设计方案手绘效果图已成为颇具代表性的优秀范图	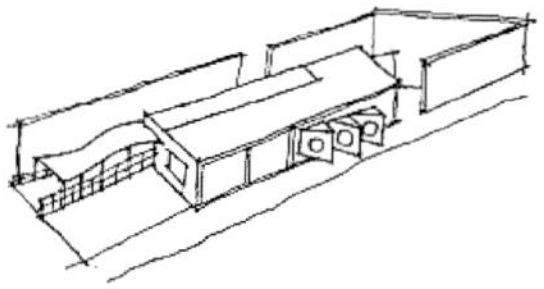	本书作者在其主持的该类型实际项目进行多方案设计比选阶段里绘制的手绘效果图之一	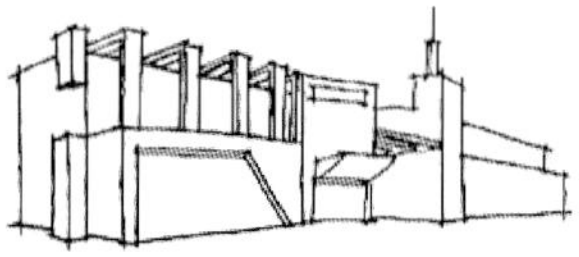	任文红同学的该类型快题建筑设计方案手绘效果图已成为颇具代表性的优秀范图

25 厂房改造类建筑

25.1 相关设计要点归纳与解析

随着我国经济发展由粗放式到集约式的转型，城市更新从增量到存量的转变，厂房改造类项目日益进入大众视野，同时也成为大学本科课程设计与考研快题的热点与难点。厂房改造尚未出台相关设计标准与规范，但已出现在项目实践与考试题目中，厂房改造项目一般体量相对较大，且束缚相对新建项目较多，如主体结构需保留等约束条件，往往使学生感到难以施展拳脚因而成为大家较为“排斥”的题目类型，这里着重结合考研快题指出以下四个方面的相关设计原则与注意事项。

（1）厂房改造类建筑项目既要保持一定的历史记忆与沧桑感，又要嵌入一定的时代设计元素，通过色彩、材质、体块等方面形成强烈的新旧对比与视觉冲击（图25-1），使人们能够从这一改造后的建筑中既能找寻出代表一定历史时期的岁月痕迹，又能给人带来些许的时尚气息与文化气质以及环保节能理念。

（2）厂房改造类建筑项目内部的较大体量空间可局部设置夹层，或是通过设置风雨外廊、外挑阳台等形式从非承重外墙处开口向外进行一定的拓展延伸，提高原厂房的内外空间使用效率。可改造的主体功能有创意产业办公楼、体育活动中心、艺术家工作室、建筑系馆以及汽车展销大厅等。

（3）厂房改造类建筑项目在维持原有支撑结构与主要维护结构的同时，内部加建部分包括增设的楼梯间可采用轻钢结构，外部增扩建部分可采用框架与砖混结构等，同时注意卫生间等用水空间的布局与周边相关设备或市政设施的有效衔接。

（4）对于厂房外立面部分需要遮挡之处可考虑局部增设金属等材质的表皮予以藏而不露式的“包装”，亦不失为一种改造类项目的有效处理手法。另外厂房的天窗与高侧窗既提供了现成的初始版第五立面又提供了较为丰富的顶部采光与通风，亦是设计的有利要素应予以充分运用。

25.2 设计作品案例参考与讲评

案例一（图25-2、图25-3），案例二（图25-4、图25-5）。

图25-1 色彩、材质及挡露对比下的厂房改造效果表达（郭亚成 设计）

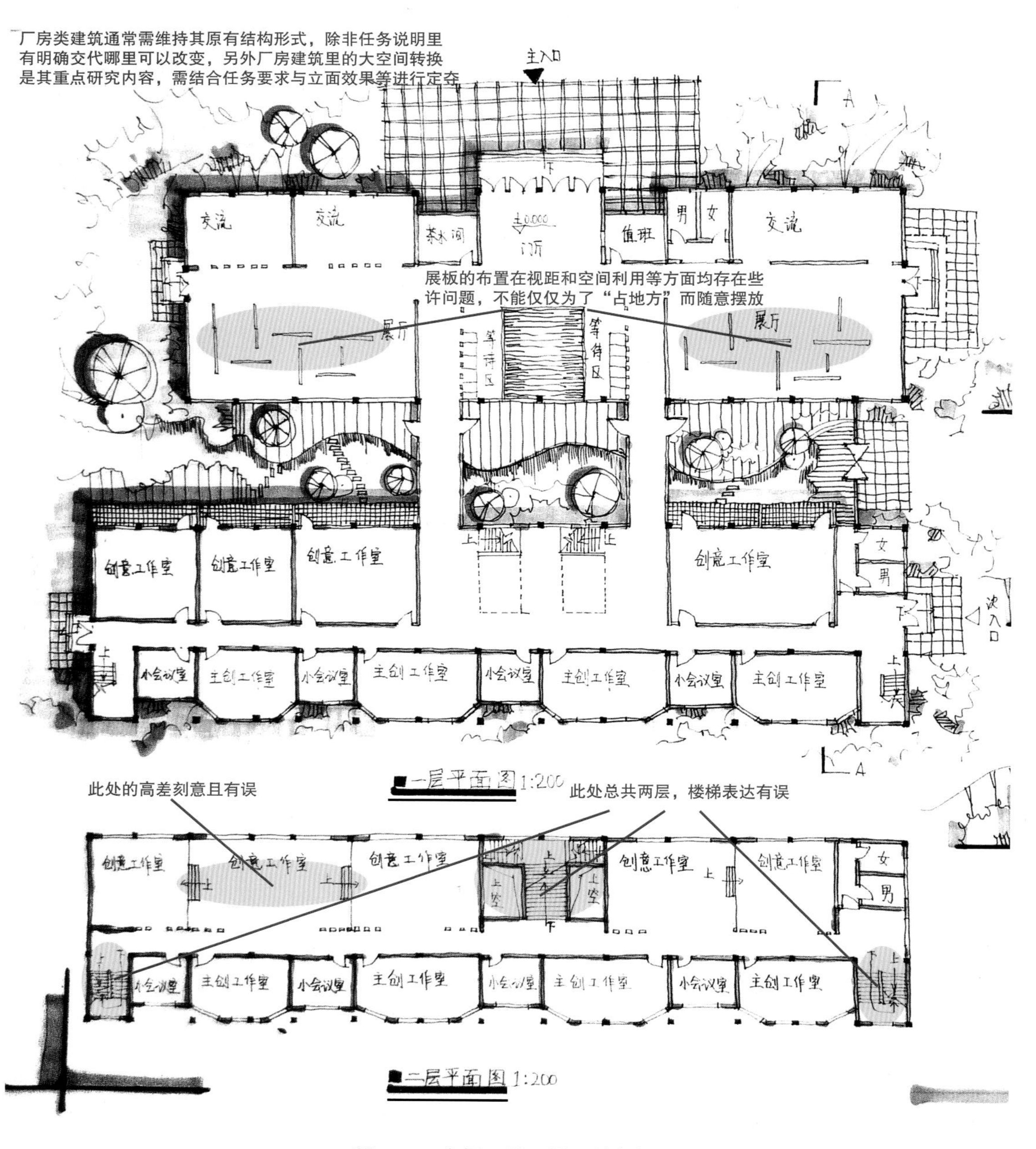
厂房类建筑通常需维持其原有结构形式，除非任务说明里有明确交代哪里可以改变，另外厂房建筑里的大空间转换是其重点研究内容，需结合任务要求与立面效果等进行定夺
主入口
交流
交流
茶水间
门厅
值班
男
女
交流
展板的布置在视距和空间利用等方面均存在些许问题，不能仅仅为了“占地方”而随意摆放
展厅
展厅
等待区
等待区
创意工作室
创意工作室
创意工作室
创意工作室
次入口
小会议室
主创工作室
小会议室
主创工作室
小会议室
主创工作室
小会议室
主创工作室
一层平面图 1:200
此处的高差刻意且有误
此处总共两层，楼梯表达有误
创意工作室
创意工作室
创意工作室
上空
上空
创意工作室
创意工作室
女
男
小会议室
主创工作室
小会议室
主创工作室
小会议室
主创工作室
小会议室
主创工作室
二层平面图 1:200

图25-2 案例一平面图设计解析

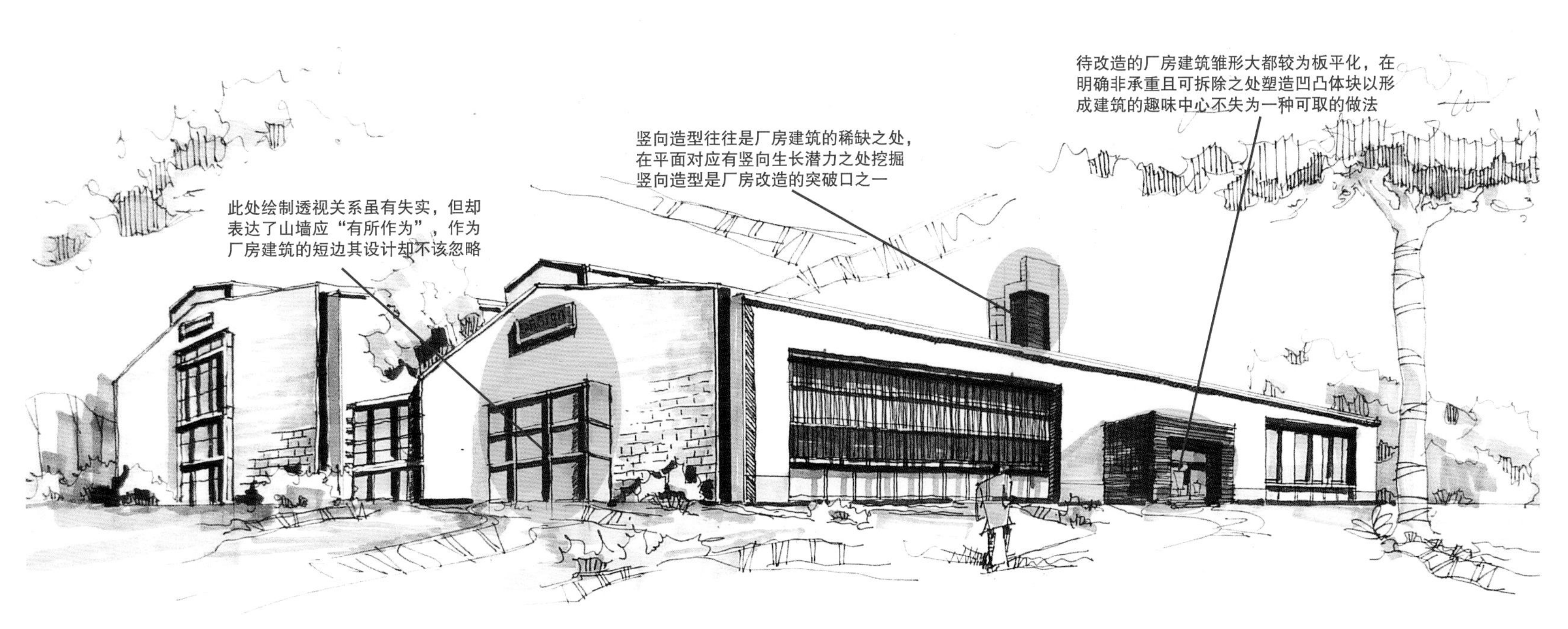
此处绘制透视关系虽有失实，但却
表达了山墙应“有所作为”，作为
厂房建筑的短边其设计却不该忽略
竖向造型往往是厂房建筑的稀缺之处，
在平面对应有竖向生长潜力之处挖掘
竖向造型是厂房改造的突破口之一
待改造的厂房建筑雏形大都较为板平化，在
明确非承重且可拆除之处塑造凹凸体块以形
成建筑的趣味中心不失为一种可取的做法

图25-3　案例一效果图设计解析

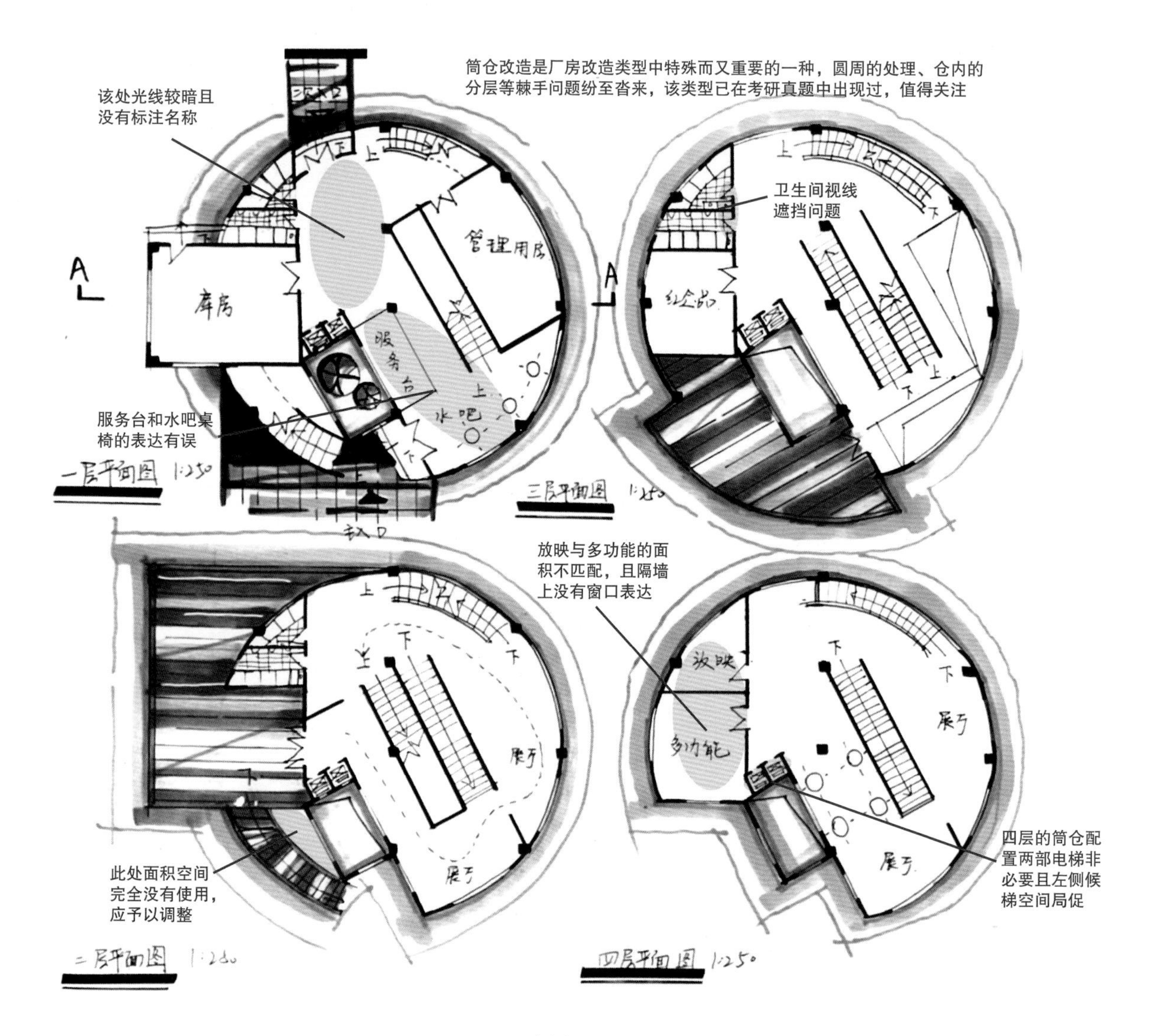

筒仓改造是厂房改造类型中特殊而又重要的一种，圆周的处理、仓内的分层等棘手问题纷至沓来，该类型已在考研真题中出现过，值得关注
该处光线较暗且没有标注名称
卫生间视线遮挡问题
服务台和水吧桌椅的表达有误
放映与多功能的面积不匹配，且隔墙上没有窗口表达
此处面积空间完全没有使用，应予以调整
四层的筒仓配置两部电梯非必要且左侧候梯空间局促

图25-4　案例二平面图设计解析

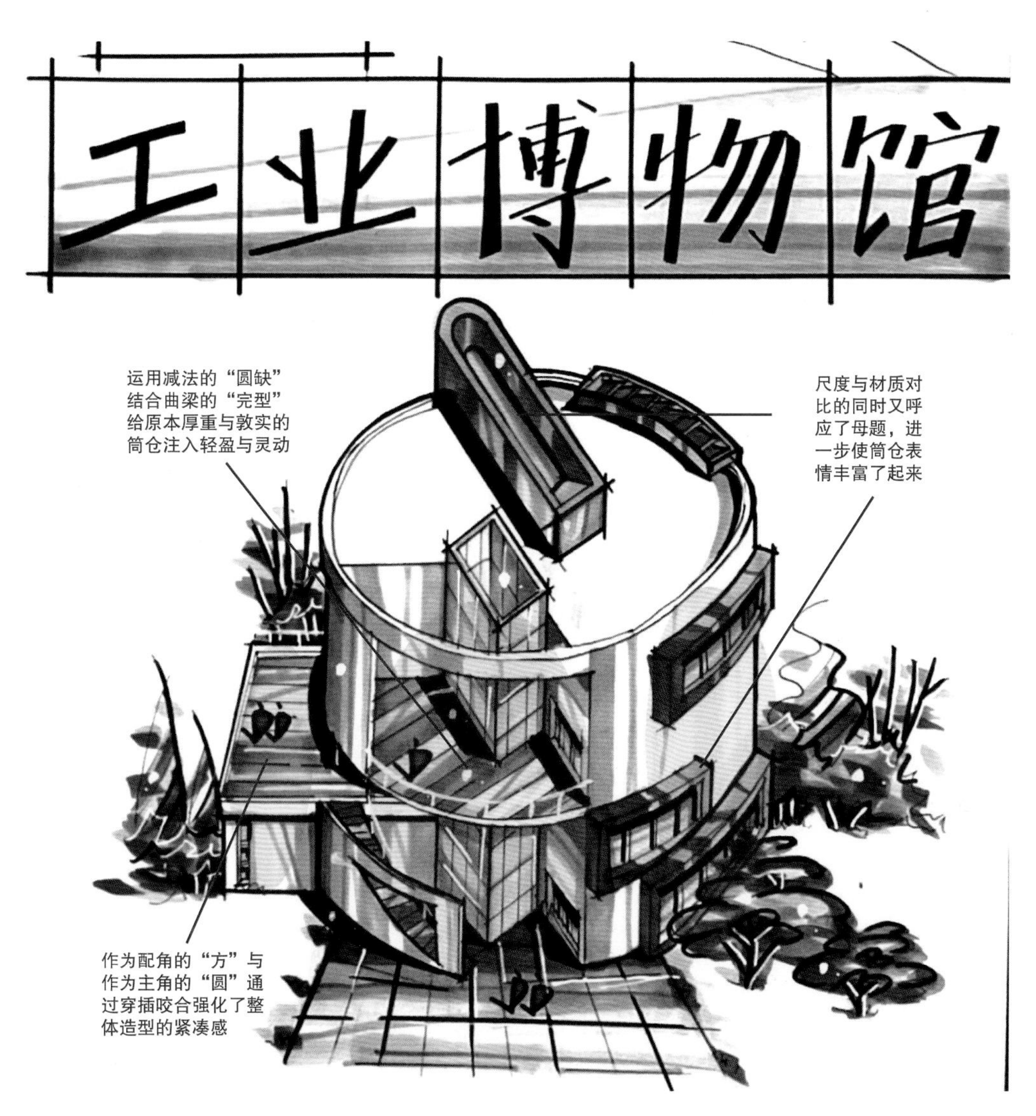
工业博物馆
运用减法的“圆缺”
结合曲梁的“完型”
给原本厚重与敦实的
筒仓注入轻盈与灵动
尺度与材质对
比的同时又呼
应了母题，进
一步使筒仓表
情丰富了起来
作为配角的“方”与
作为主角的“圆”通
过穿插咬合强化了整
体造型的紧凑感

图25-5　案例二效果图设计解析

25.3 相关设计手绘草案与素材

相关设计手绘草案与素材见表25-1。

表25-1 相关设计手绘草案与素材

1		2		3	
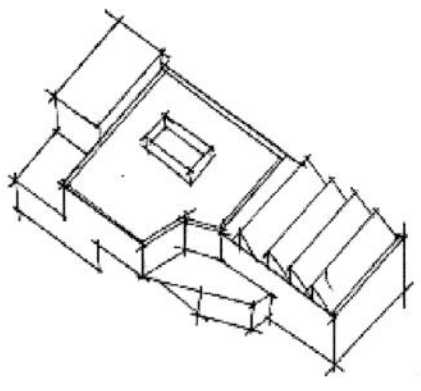	该同学采用克制的表现手法突出形体关系，是具有一定代表性的建筑设计方案手绘效果图	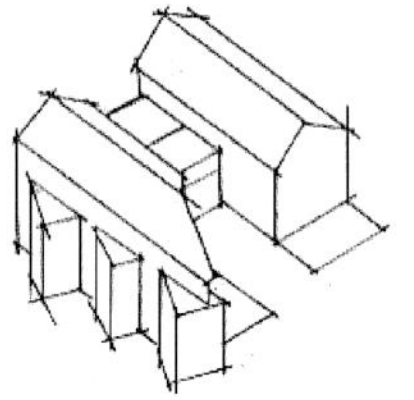	闫永同学的该类型快题建筑设计方案手绘效果图已成为颇具代表性的优秀范图		崔潇同学的该类型快题建筑设计方案手绘效果图已成为颇具代表性的优秀范图
4		**5**		**6**	
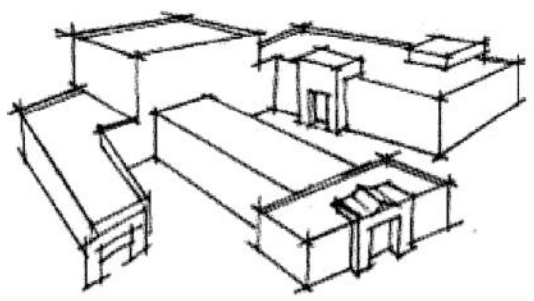	本书作者在其主持的该类型实际项目进行多方案设计比选阶段里绘制的手绘效果图之一	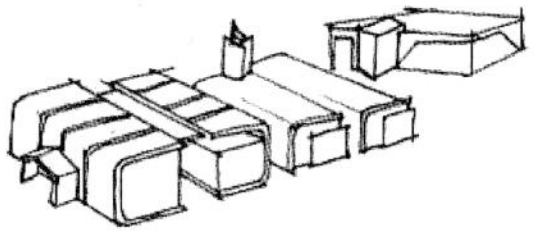	本书作者在其主持的该类型实际项目进行多方案设计比选阶段里绘制的手绘效果图之一	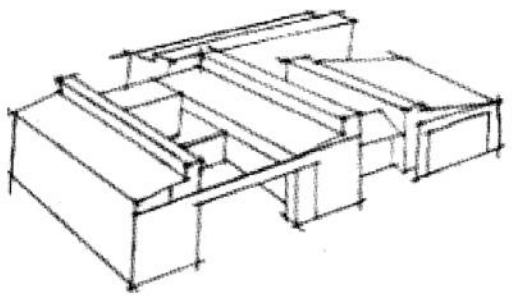	吕超豪同学的该类型快题建筑设计方案手绘效果图已成为颇具代表性的优秀范图

26 汽车展销店

26.1 相关设计要点归纳与解析

汽车展销店（尚无专门规范标准）在本科课程作业和考研快题中都较为常见，往往结合汽车4S店 [集整车销售（Sale）、零配件（Sparepart）、售后服务（Service）、信息反馈（Survey）的“四位一体”汽车特许经营模式] 的形式出现，汽车4S店一般分为汽车展厅、办公区、配件库、维修车间四个功能区块，是集汽车展示与销售、保养与事故维修一体的建筑，而汽车展销店是适合学生设计的版块，应予以注意的设计要点如下。

（1）基地至少有一边接临城市道路，汽车展销店基地多为长方形，其中一面与配件库和维修车间相连呈现“前店后厂”式布局，另外三面以4~7m左右车行道路环绕。

（2）汽车展销店面临城市道路，其外观形象是考察重点之一，临街立面大多以通透玻璃为主且主入口应醒目突出。

（3）汽车展销店内部设有展示车位、总接待台、洽谈散座与洽谈室、儿童活动区、汽车配件展示区、销售办公室、新车交付区、保险理赔区、财务室、金融办公室（办理车贷等服务项目）和客户休息区等。

（4）汽车展销店的展示车位一般为通高设置，结合办公区等配套用房的局部二层设置，即中庭式+夹层式布局。

（5）客户休息区应设置有一面可以直接看见车间的玻璃墙，以显示厂家技术操作的规范性与可展示监督的设计理念，同时客户休息区宜结合或靠近儿童活动区布置，便于带孩子的客户看管孩子。

（6）办公区可分为对内业务与对外业务，对内为企业培训和会议等，对外为与客户和经销商等办公业务，可以置于汽车展销店的二层，按照一层对外和二层对内的模式布局。

（7）收银区为窗口形式，设置在相对封闭的区域。收银台高低台面设计，以便保证办公人员的工作台面的私密性；高台宽度300mm，低台宽度500mm。

（8）汽车展销店本身亦有“人车分流”设计，即在设计客户进出汽车展销店的主要出入口的同时也要设计待展示汽车进出的车行出入口，往往在长条状汽车展销店的其中一面侧墙上设置车行出入口，并以车行缓坡衔接室内外高差。

（9）汽车展销店卫生间是客户购车体验中的细微一环，也是企业形象不容忽视的细部功能之一，在有条件的情况下可分设对外、对内卫生间，分别对应客户及工作人员，对外卫生间设计要求匹配汽车展销店整体风格，洗手盆宜分别设置在男女卫生间内，便于梳妆等私密要求，男卫宜设置2~3个小便斗，马桶坐便2个；女卫宜设置马桶坐便3个。

（10）在总平面图场地主入口附近和效果图里可表达汽车展销店的汽车品牌指示牌，以丰富图面表现效果并增添商业气息。

26.2　设计作品案例参考与讲评

案例一（图26-1、图26-2），案例二（图26-3、图26-4）。

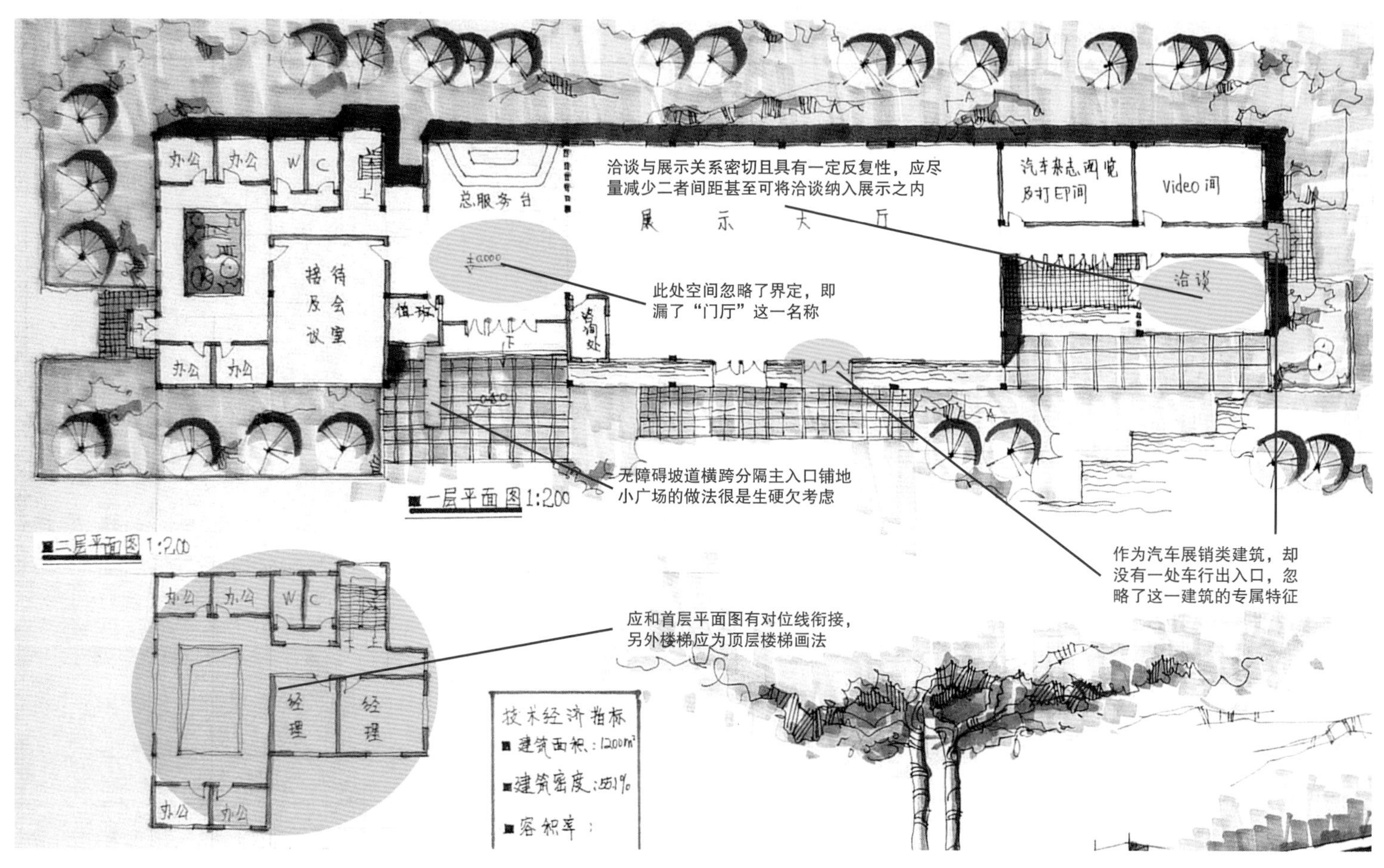

洽谈与展示关系密切且具有一定反复性，应尽量减少二者间距甚至可将洽谈纳入展示之内
此处空间忽略了界定，即漏了“门厅”这一名称
无障碍坡道横跨分隔主入口铺地小广场的做法很是生硬欠考虑
作为汽车展销类建筑，却没有一处车行出入口，忽略了这一建筑的专属特征
应和首层平面图有对位线衔接，另外楼梯应为顶层楼梯画法
办公
W C
总服务台
展示大厅
Video间
洽谈
接待及会议室
值班
咨询处
一层平面图 1:200
二层平面图 1:200
经理
技术经济指标
建筑面积：1200m²
容积率：

图26-1　案例一平面图设计解析

建筑形体呈现左低右高的状态，出于画面平衡的调节与横竖对比的营造，故在此植入“身兼二职”的竖向体块
此处的双向斜切与穿插表达赋予汽车展销类建筑极具动感象征性的视觉冲击，也是本案例最为可以学习借鉴之处
上下层之间的竖向对位设计意识在此得以体现，在传递一种严谨态度的同时亦使本案例的效果表达趋于成熟

图26-2　案例一效果图设计解析

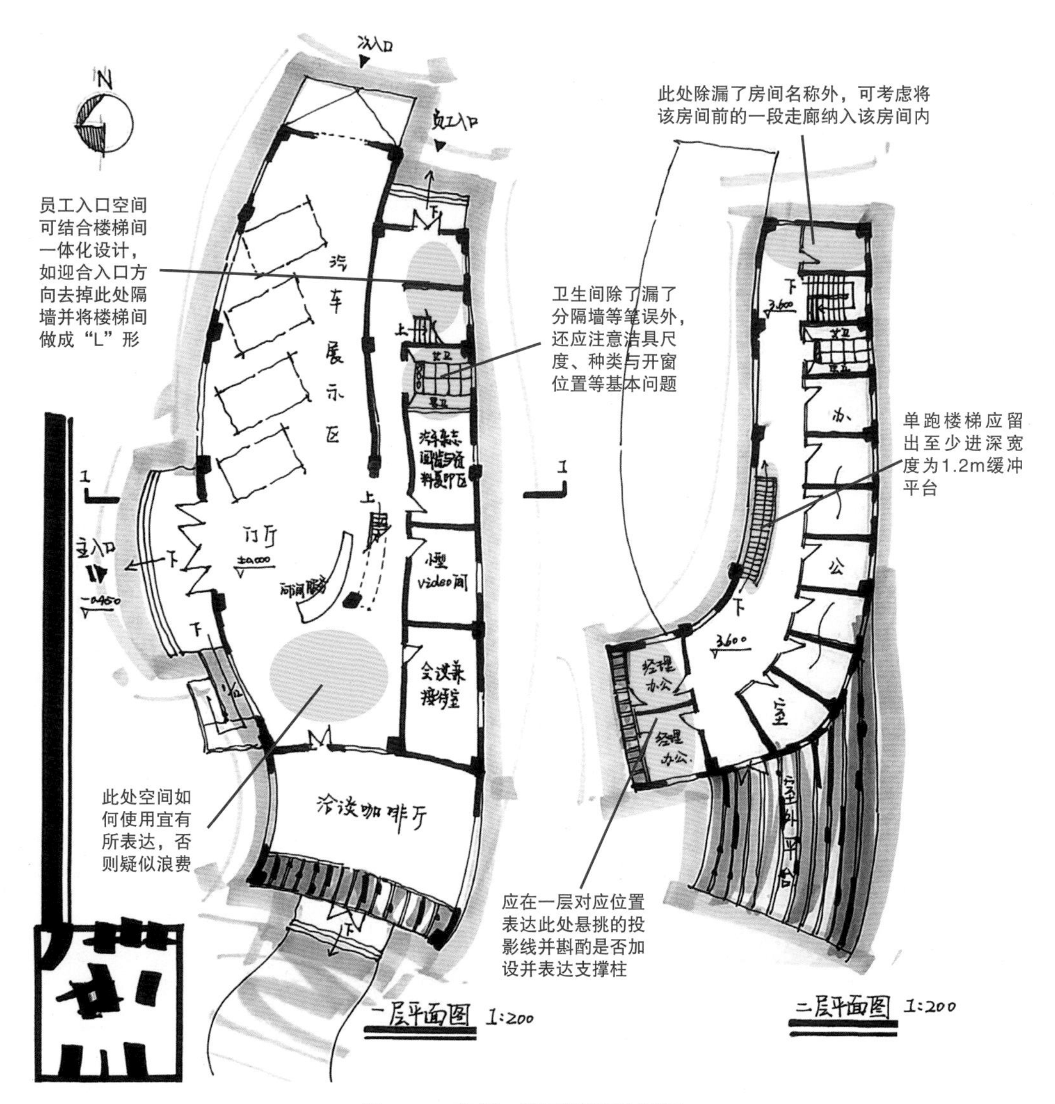

次入口
员工入口
主入口
汽车展示区
门厅
±0.000
-0.450
小型video间
会谈兼接待室
洽谈咖啡厅
经理办公
经理办公
3.600
一层平面图 1:200
二层平面图 1:200
员工入口空间可结合楼梯间一体化设计，如迎合入口方向去掉此处隔墙并将楼梯间做成“L”形
卫生间除了漏了分隔墙等笔误外，还应注意洁具尺度、种类与开窗位置等基本问题
此处除漏了房间名称外，可考虑将该房间前的一段走廊纳入该房间内
单跑楼梯应留出至少进深宽度为1.2m缓冲平台
此处空间如何使用宜有所表达，否则疑似浪费
应在一层对应位置表达此处悬挑的投影线并斟酌是否加设并表达支撑柱

图26-3　案例二平面图设计解析

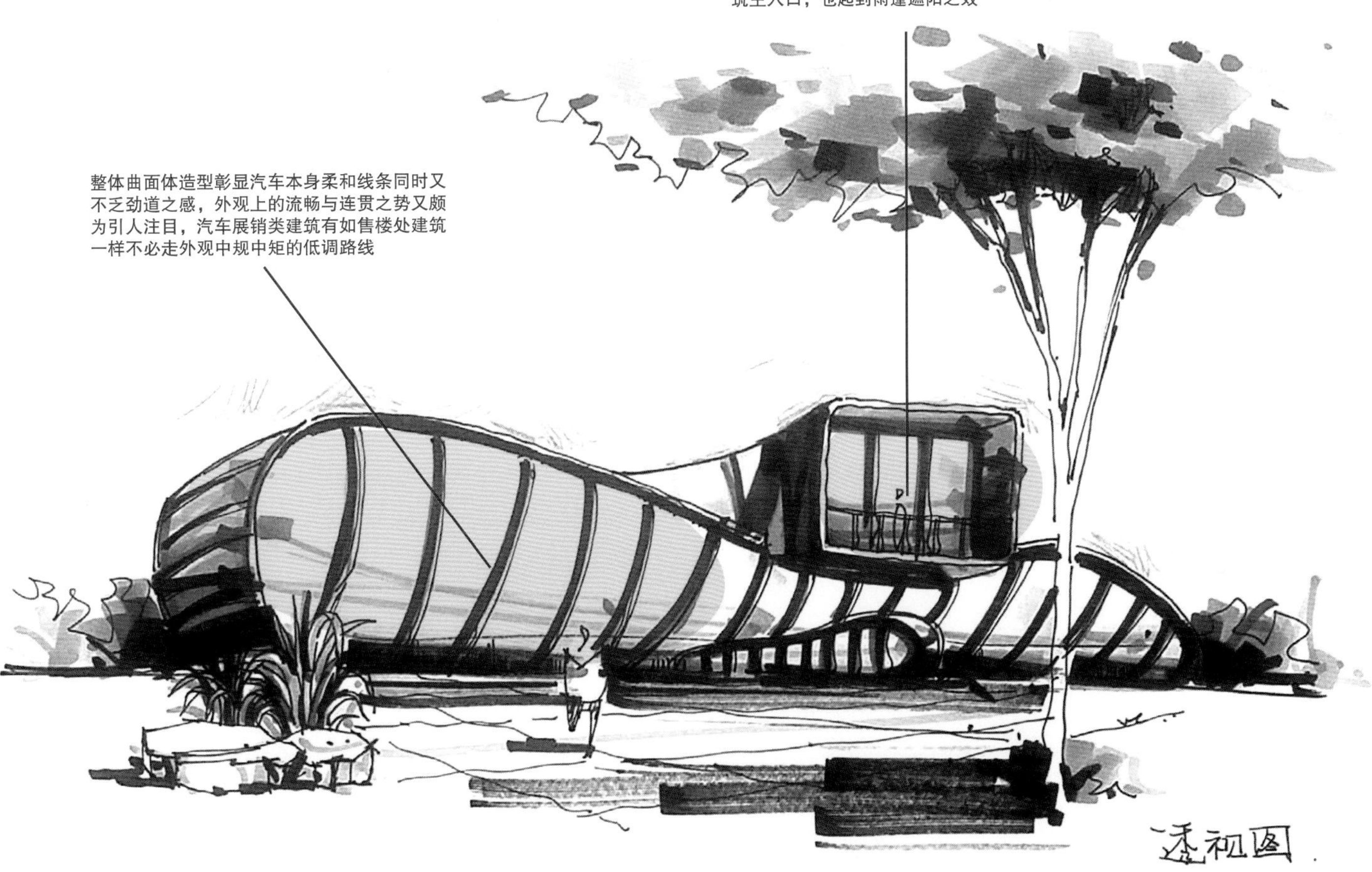
从后“探出”的效果提升了汽车展示销售中心这一建筑类型的动感之势并强化引导了其下方的建筑主入口，也起到雨篷遮阳之效
整体曲面体造型彰显汽车本身柔和线条同时又不乏劲道之感，外观上的流畅与连贯之势又颇为引人注目，汽车展销类建筑有如售楼处建筑一样不必走外观中规中矩的低调路线
透视图

图26-4　案例二效果图设计解析

26.3 相关设计手绘草案与素材

相关设计手绘草案与素材见表26-1。

表26-1 相关设计手绘草案与素材

1		2		3	
	本书作者在其主持的该类型实际项目进行多方案设计比选阶段里绘制的手绘草图之一	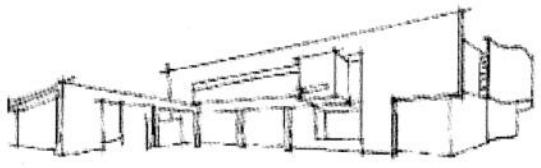	田玉龙同学的该类型快题建筑设计方案手绘效果图已成为颇具代表性的优秀范图	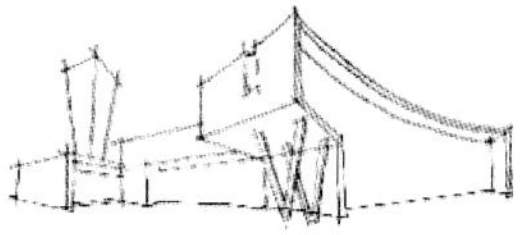	师慧月同学的该类型快题建筑设计方案手绘效果图已成为颇具代表性的优秀范图
4		**5**		**6**	
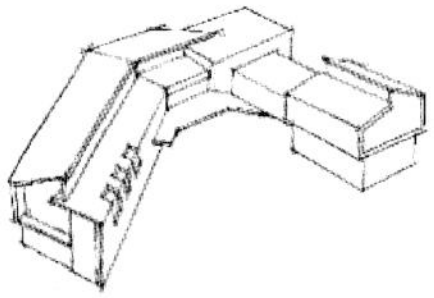	王悦同学的该类型快题建筑设计方案手绘效果图已成为颇具代表性的优秀范图	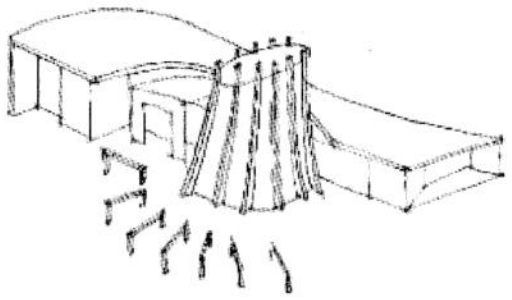	王悦同学的该类型快题建筑设计方案手绘效果图已成为颇具代表性的优秀范图	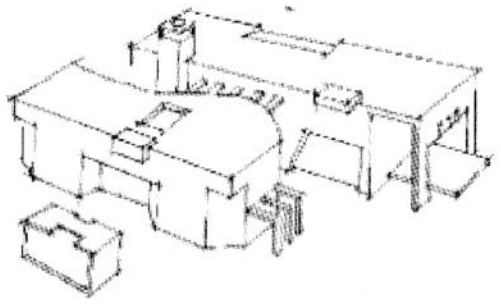	本书作者在其主持的该类型实际项目进行多方案设计比选阶段里绘制的手绘效果图

27 宿舍、旅馆类建筑

27.1 相关设计要点归纳与解析

本书从《宿舍、旅馆建筑项目规范》（GB 55025—2022）（2022年10月1日起实施）和《旅馆建筑设计规范》（JGJ 62—2014）梳理出符合宿舍、旅馆类型建筑在课程作业和考研快题里涉及的相关要点总结如下。

1. 宿舍

（1）宿舍建筑项目应具备居住、盥洗、如厕、晾晒、储藏、管理等基本功能空间。

（2）宿舍建筑附近应设置集散场地，集散场地应按0.2m²/人设置。

（3）居室不应布置在地下室，公共用房的设置应防止对周围居室产生干扰。

（4）男女宿舍应分别设置无障碍居室，且无障碍居室应与无障碍出入口以无障碍通行流线连接，100套居室以下的宿舍项目，至少应设置1套无障碍居室。

（5）居室最高入口层楼面距室外设计地面的高差大于9m时，应设置电梯。

（6）宿舍内公用盥洗室、公用厕所、公用厨房（使用面积不应小于6m²）和公共活动室（空间）应有天然采光和自然通风。

（7）公用盥洗室、公用厕所不应布置在居室的直接上层。当居室内无独立卫生间时，公用盥洗室及厕所与最远居室的距离应≤25m（注：办公类建筑厕所与最远办公室的距离应≤50m，可见学生族为上班族的一半）。

（8）宿舍楼梯踏步宽度应≥270mm，踏步高度应≤165mm；楼梯扶手高度自踏步前缘线量起不应小于0.9m，楼梯水平段栏杆长度大于0.5m时，其高度不应小于1.1m，开敞楼梯的起始踏步与楼层走道间应设有进深不小于1.2m的缓冲区（注：该条绘图时易出错）。

（9）宿舍建筑的其他设计要点可以参照旅馆类建筑的相关要点进行相应设置。

2. 旅馆

（1）旅馆建筑的主要出入口上方宜设雨篷，主要出入口应为无障碍出人口；当条件受限时，应至少设置1处无障碍出入口，严寒和寒冷地区建筑出入口应设门斗或其他防寒措施。

（2）旅馆中可能产生较大噪声和振动的餐厅、附属娱乐场所应远离客房和其他有安静要求的房间。

（3）旅馆大堂（门厅）附近应设公共卫生间，大于4个厕位的男女公共卫生间应分设前室，设置无障碍客房的小型旅馆大堂（门厅）附近应设置无障碍卫生间或满足无障碍要求的公共卫生间。

（4）3层及3层以上的旅馆应设乘客电梯，当设置电梯时，应至少设置1台无障碍电梯。客房、会客厅不宜与电梯井道贴邻布置；当客房与电梯厅正对面布置时，电梯厅的深度不应包括客房与电梯厅之间的走道宽度。

（5）客房应能天然采光和自然通风，客房内应设有壁柜或挂衣空间。多床客房间内床位数不宜多于4床；30~100间客房时至少应设置1间无障碍客房，且应设置在距离室外安全出口最近的客房楼层，并与无障碍出入口以无障碍通行流线连接。

单人床间客房净面积应≥8m²，双床间客房净面积应≥12m²，多床间客房净面积应每床≥4m²（注：客房净面积是指除客房阳台、卫生间和门内出入口小走道以外的房间内面积，公寓式旅馆建筑的客房除外）。客房卫生间净面积应≥3m²。

（6）单面布房的公共走道净宽不应小于1.3m，双面布房的公共走道净宽不应小于1.4m。

（7）防护栏杆或栏板垂直净高不应低于1.2m。

（8）不附设卫生间的客房应设置集中的公共卫生间和浴室，并应符合表27-1规定。

表27-1　集中公共卫生间和浴室的设置要求

设备（设施）	数量	要求
公共卫生间	男女至少各一间	宜每层设置
大便器	每9人1个	男女比例宜按不大于2：3
小便器或0.6m长小便槽	每12人1个	
浴盆或淋浴间	每9人1个	
洗面盆或盥洗槽龙头	每1个大便器配置1个，每5个小便器增设1个	
清洁池	每层1个	宜单独设置清洁间

注：上述设施大便器男女比例宜按2：3设置，若男女比例有变化需做相应调整；其余按男女1：1比例配置。

（9）公共卫生间应设前室或经盥洗室进入，前室和盥洗室的门不宜与客房门相对（注：宿舍同理，且亦为绘图时易错之处）。

（10）公共卫生间和浴室不宜向室内公共走道设置可开启的窗户，客房附设的卫生间不应向室内公共走道设置窗户（注：宁可为暗卫生间）。上下楼层直通的管道井，不宜在客房附设的卫生间内开设检修门。

（11）客房居住部分的净高，当设空调时应≥2.4m，不设空调时应≥2.6m；利用坡屋顶内空间作为客房时，应至少有8m²面积的净高≥2.4m；卫生间净高应≥2.2m。

（12）客房层公共走道及客房内走道净高应≥2.1m。客房入口门的净宽应≥0.9m，门洞净高应≥2.0m。客房卫生间门净宽应≥0.7m. 净高应≥2.1m；无障碍客房卫生间门净宽应≥0.8m。

（13）客房内走道净宽应≥1.1m，无障碍客房走道净宽不得小于1.5m。对于公寓式旅馆建筑，公共走道、套内入户走道净宽不宜小于1.2m；通往卧室、起居室（厅）的走道净宽不应小于1.0m；通往厨房、卫生间、储藏室的走道净宽不应小于0.9m。

（14）度假旅馆建筑客房宜设阳台。相邻客房之间、客房与公共部分之间的阳台应分隔且应避免视线干扰。

（15）客房层服务用房宜根据管理要求每层或隔层设置；客房层宜设污衣井道；客房层应设置服务人员卫生间。当服务通道有高差时，宜设置坡度不大于1：8的坡道。

27.2　设计作品案例参考与讲评

案例一（图27-1、图27-2），案例二（图27-3、图27-4）。

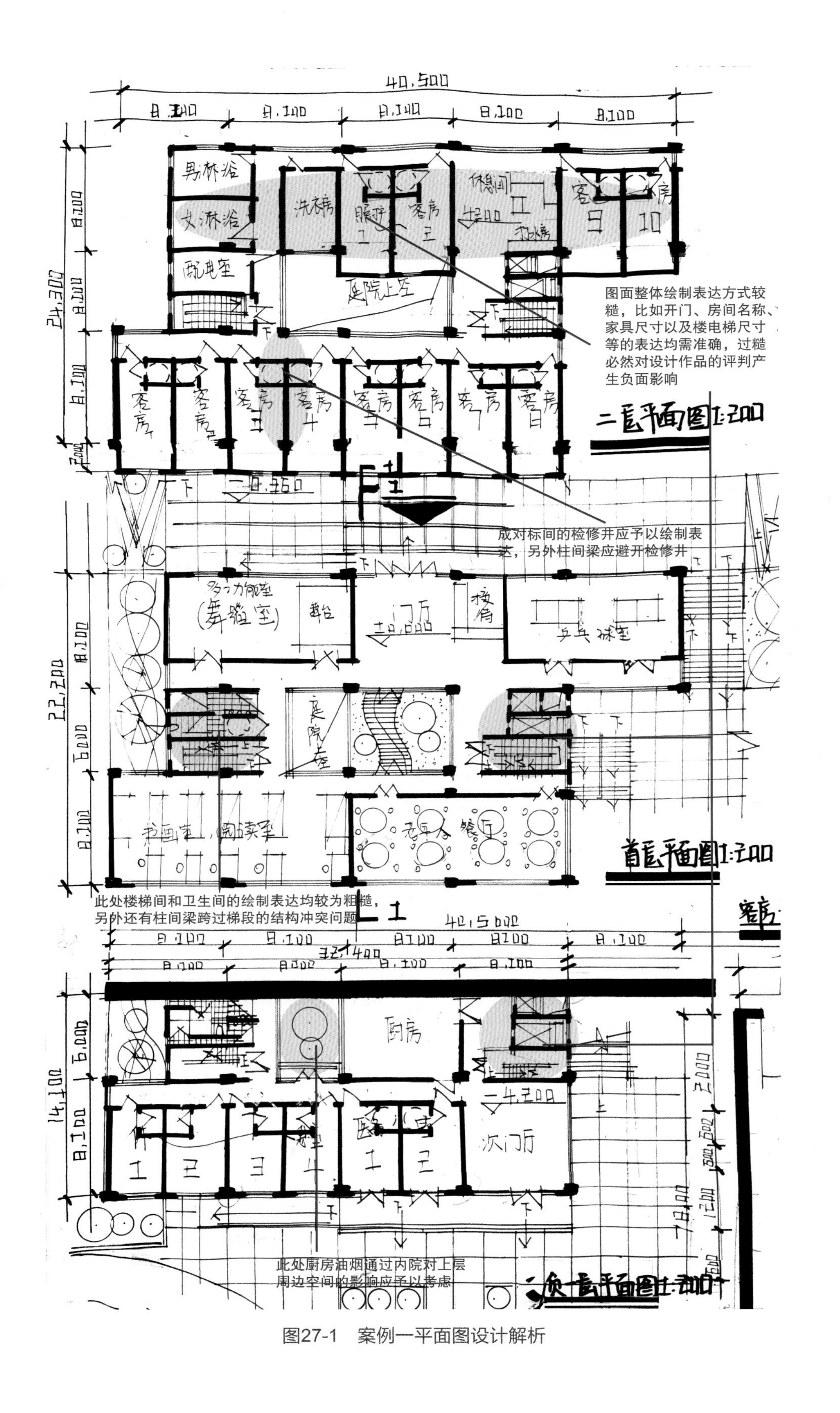

图面整体绘制表达方式较糙，比如开门、房间名称、家具尺寸以及楼电梯尺寸等的表达均需准确，过糙必然对设计作品的评判产生负面影响
二层平面图1:200
成对标间的检修井应予以绘制表达，另外柱间梁应避开检修井
首层平面图1:200
此处楼梯间和卫生间的绘制表达均较为粗糙，另外还有柱间梁跨过梯段的结构冲突问题
此处厨房油烟通过内院对上层周边空间的影响应予以考虑

图27-1　案例一平面图设计解析

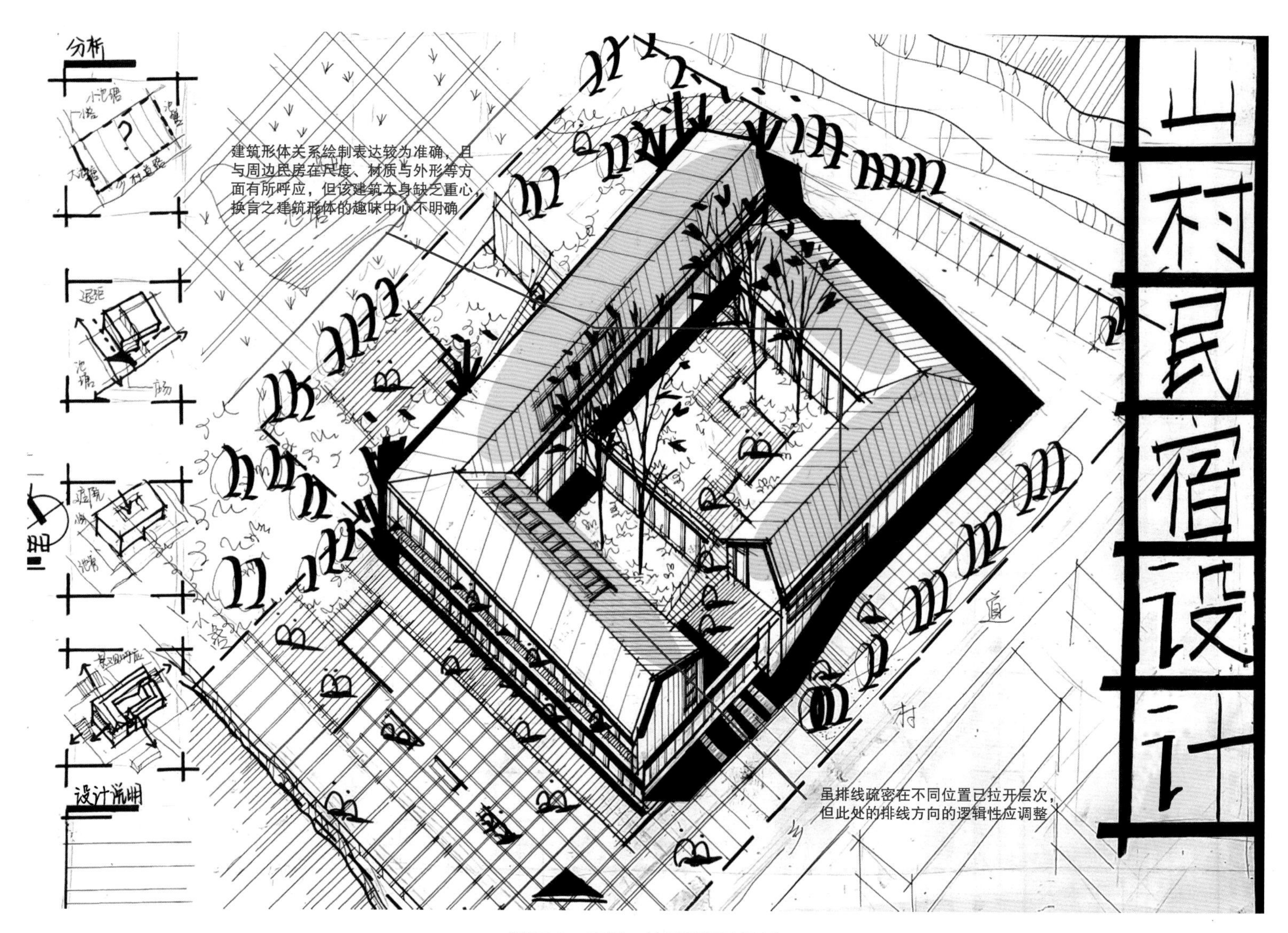
山村民宿设计
分析
设计说明
建筑形体关系绘制表达较为准确，且与周边民房在尺度、材质与外形等方面有所呼应，但该建筑本身缺乏重心，换言之建筑形体的趣味中心不明确
虽排线疏密在不同位置已拉开层次，但此处的排线方向的逻辑性应调整

图27-2　案例一效果图设计解析

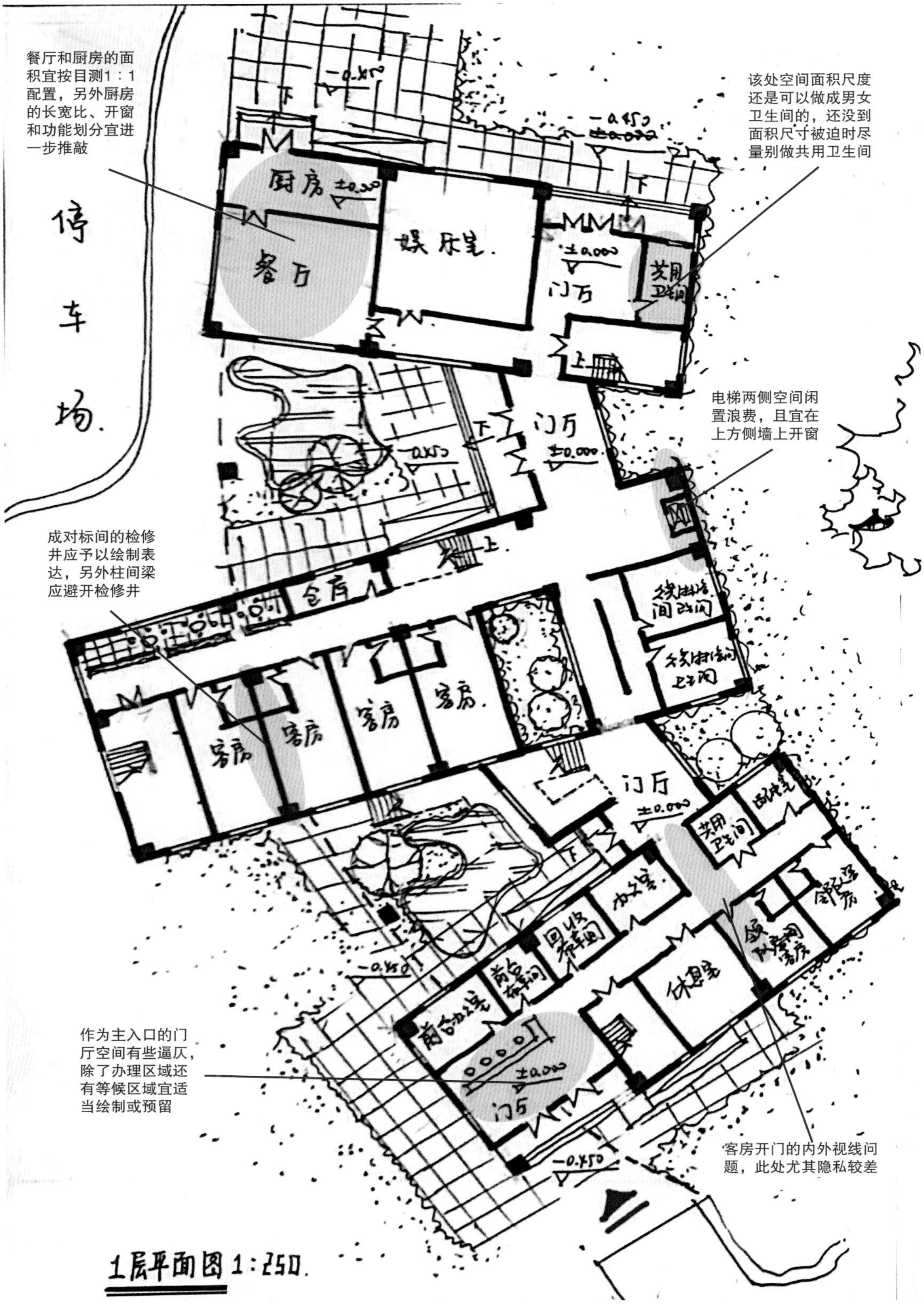
餐厅和厨房的面积宜按目测1：1配置，另外厨房的长宽比、开窗和功能划分宜进一步推敲
该处空间面积尺度还是可以做成男女卫生间的，还没到面积尺寸被迫时尽量别做共用卫生间
电梯两侧空间闲置浪费，且宜在上方侧墙上开窗
成对标间的检修井应予以绘制表达，另外柱间梁应避开检修井
作为主入口的门厅空间有些逼仄，除了办理区域还有等候区域宜适当绘制或预留
客房开门的内外视线问题，此处尤其隐私较差
停车场
厨房
餐厅
娱乐室
门厅
共用卫生间
仓房
客房
办公室
休息室
1层平面图 1:250

图27-3　案例二平面图设计解析

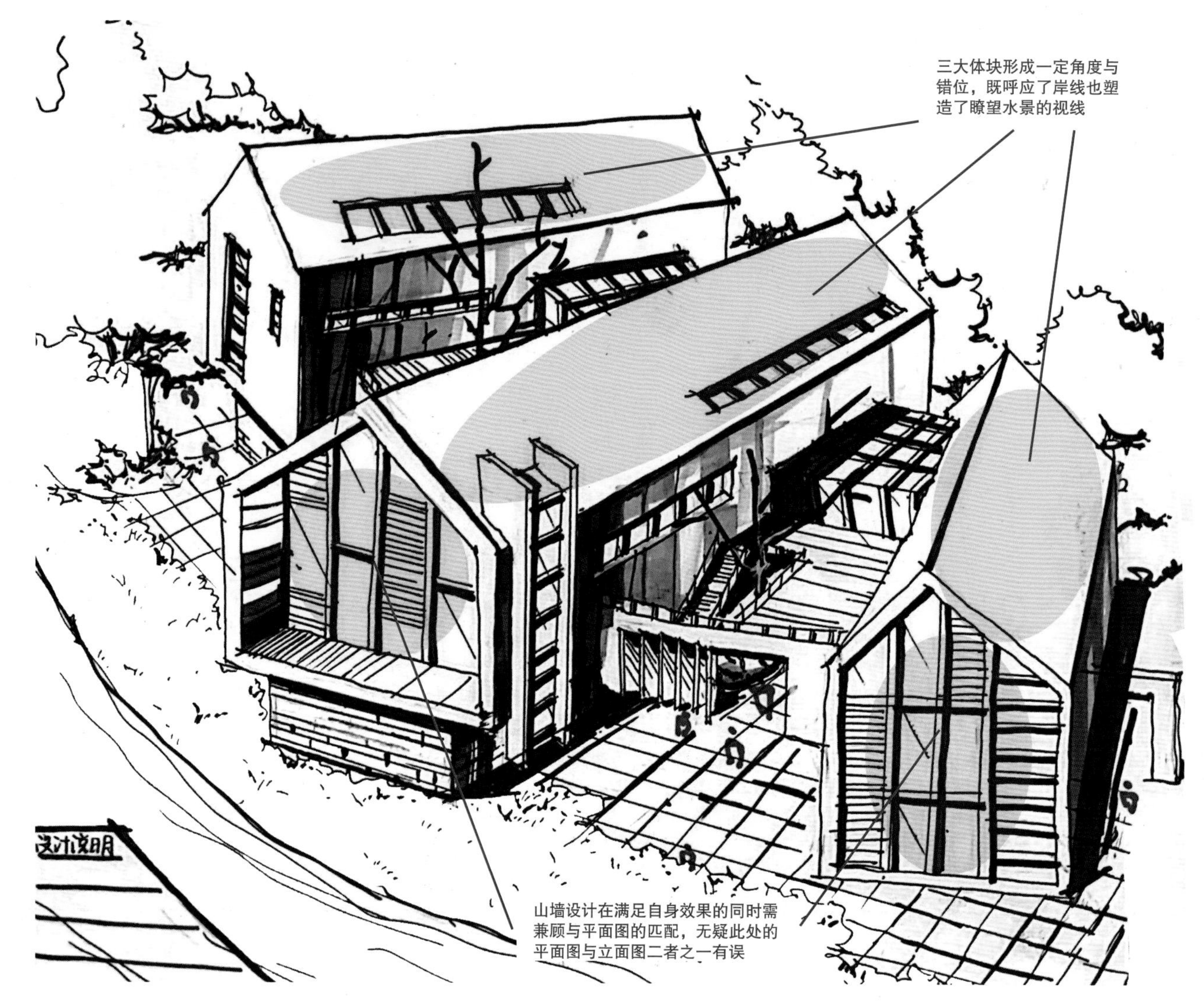
三大体块形成一定角度与
错位，既呼应了岸线也塑
造了瞭望水景的视线
山墙设计在满足自身效果的同时需
兼顾与平面图的匹配，无疑此处的
平面图与立面图二者之一有误

图27-4　案例二效果图设计解析

27.3 相关设计手绘草案与素材

相关设计手绘草案与素材见表27-2。

表27-2 相关设计手绘草案与素材

1		2		3	
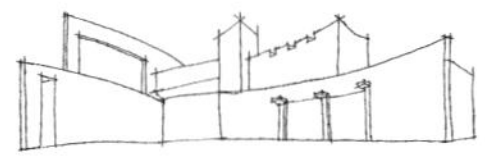	黄晓慧同学的该类型快题建筑设计方案手绘效果图已成为颇具代表性的优秀范图	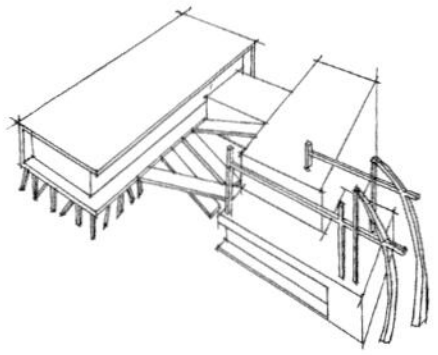	刘瀚泽同学的该类型快题建筑设计方案手绘效果图已成为颇具代表性的优秀范图	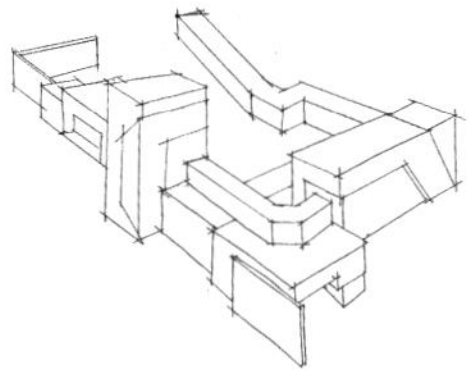	邢新卓同学的该类型快题建筑设计方案手绘效果图已成为颇具代表性的优秀范图
4		5		6	
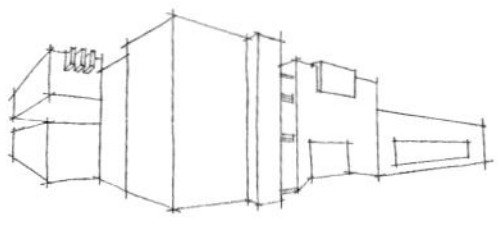	张慧娟同学的该类型快题建筑设计方案手绘效果图已成为颇具代表性的优秀范图	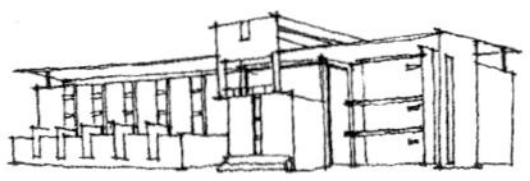	郭冬琦同学的该类型快题建筑设计方案手绘效果图已成为颇具代表性的优秀范图	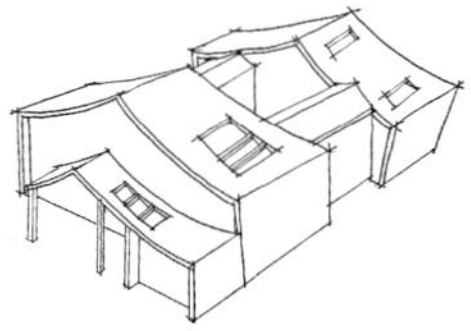	刘瀚泽同学的该类型快题建筑设计方案手绘效果图已成为颇具代表性的优秀范图

28 独立住宅（别墅）

28.1 相关设计要点归纳与解析

2022年住建部办公厅发布了《住宅项目规范（征求意见稿）》，结合2011版《住宅设计规范》（GB 50096-2011），梳理出针对独立住宅（别墅）的相关设计要点如下。

（1）新建住宅建筑层高不应低于3.0m（既往为2.8m），卧室、起居室的室内净高不应低于2.5m，局部净高不应低于2.1m，且局部净高低于2.5m的面积不应大于室内使用面积的1/3。

（2）卧室使用面积不应小于5m^2，短边净宽不应小于1.8m。利用坡屋顶内空间作卧室、起居室时，室内净高不低于2.1m的使用面积不应小于室内使用面积的1/2。

（3）卧室、起居室和厨房不应布置在地下室。厨房的使用面积不应小于3.5m^2。便器、洗浴器和洗面器集中配置的卫生间的使用面积不应小于2.5m^2。布置便器的卫生间的门不应直接开在厨房内。卫生间不应直接布置在其他住户的卧室、起居室、厨房和餐厅的上层。厨房、卫生间的室内净高不应低于2.2m。

（4）套内入口过道净宽应≥1.1m，通往卧室、起居室的过道净宽应≥1.0m，通往厨房、卫生间、储藏室的过道净宽应≥0.9m。

（5）阳台栏杆净高不应低于1.10m，栏杆的垂直杆件间净距不应大于0.11m。

（6）当凸窗窗台高度≤0.45m时，其防护高度应从窗台面起算，且不应<0.90m；当凸窗窗台高度>0.45m时，其防护高度应从窗台面起算，且不应<0.60m。

（7）当住宅建筑凹口的净宽与净深之比小于1∶3且净宽大于1.2m时，卧室和起居室的外窗不应设置在凹口内。

（8）楼梯扶手高度不应小于0.90m；当楼梯水平段栏杆长度大于0.50m时，其扶手高度不应小于1.10m；楼梯栏杆垂直杆件间净空不应大于0.11m。

（9）设置雨篷时，雨篷的宽度不应小于门洞的宽度，雨篷的深度不应小于门扇开启时的最大深度且不应小于1m。

（10）出入口台阶高度超过0.45m并侧面临空时，应设净高不应低于1.10m的防护设施。

28.2 设计作品案例参考与讲评

案例一（图28-1、图28-2），案例二（图28-3）。

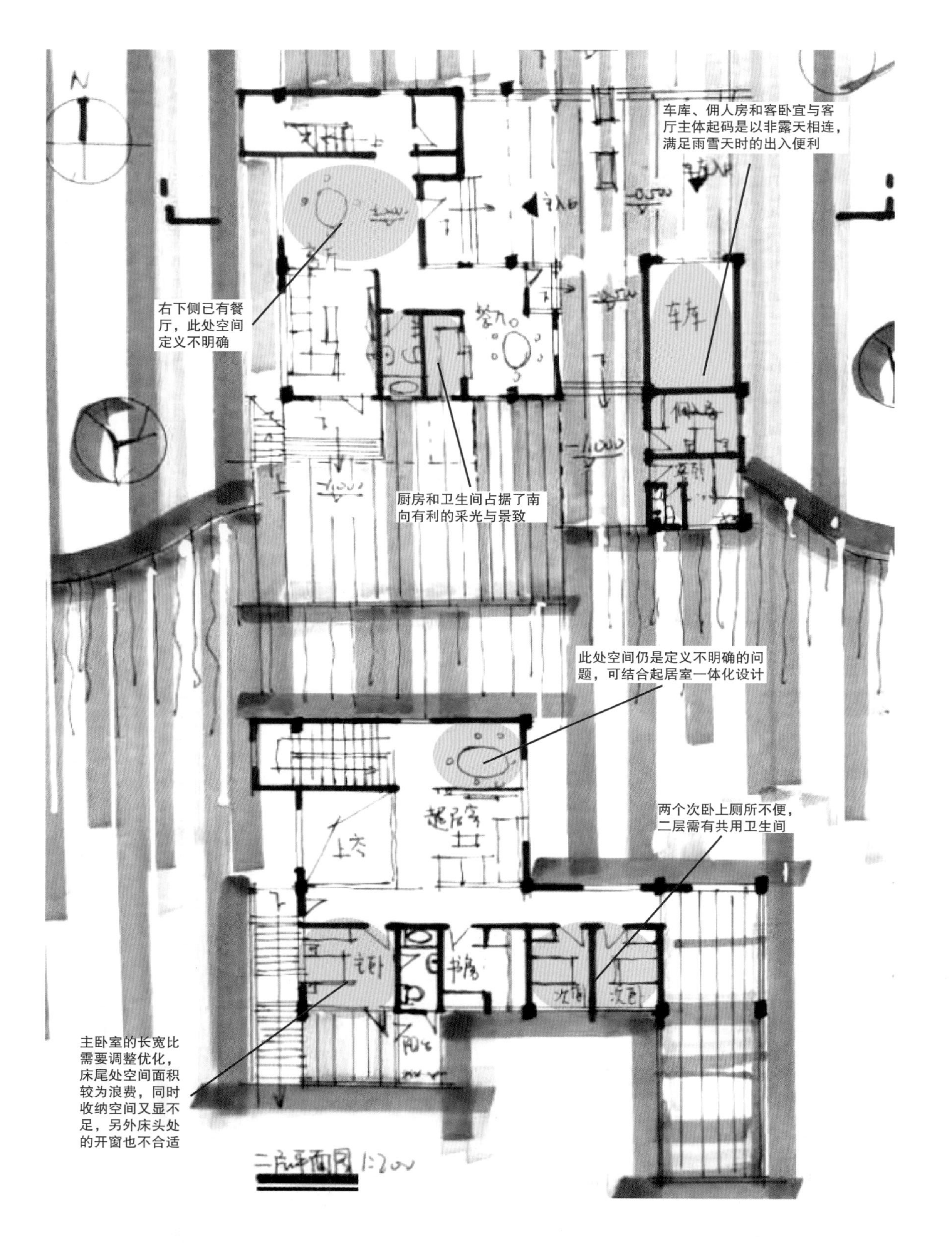

车库、佣人房和客卧宜与客厅主体起码是以非露天相连，满足雨雪天时的出入便利
右下侧已有餐厅，此处空间定义不明确
厨房和卫生间占据了南向有利的采光与景致
此处空间仍是定义不明确的问题，可结合起居室一体化设计
两个次卧上厕所不便，二层需有共用卫生间
主卧室的长宽比需要调整优化，床尾处空间面积较为浪费，同时收纳空间又显不足，另外床头处的开窗也不合适

图28-1 案例一平面图设计解析

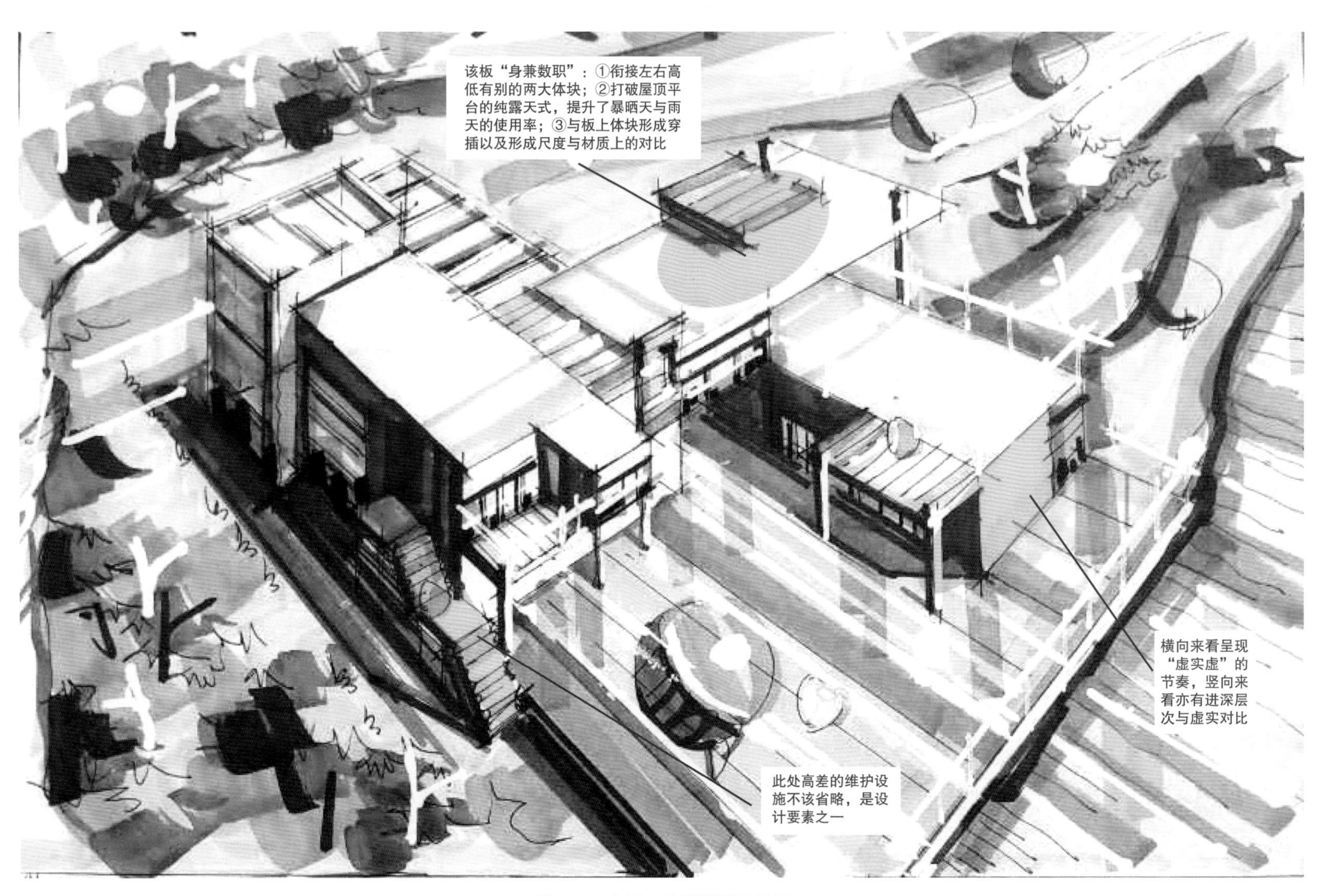

该板“身兼数职”：①衔接左右高低有别的两大体块；②打破屋顶平台的纯露天式，提升了暴晒天与雨天的使用率；③与板上体块形成穿插以及形成尺度与材质上的对比
横向来看呈现“虚实虚”的节奏，竖向来看亦有进深层次与虚实对比
此处高差的维护设施不该省略，是设计要素之一

图28-2　案例一效果图设计解析

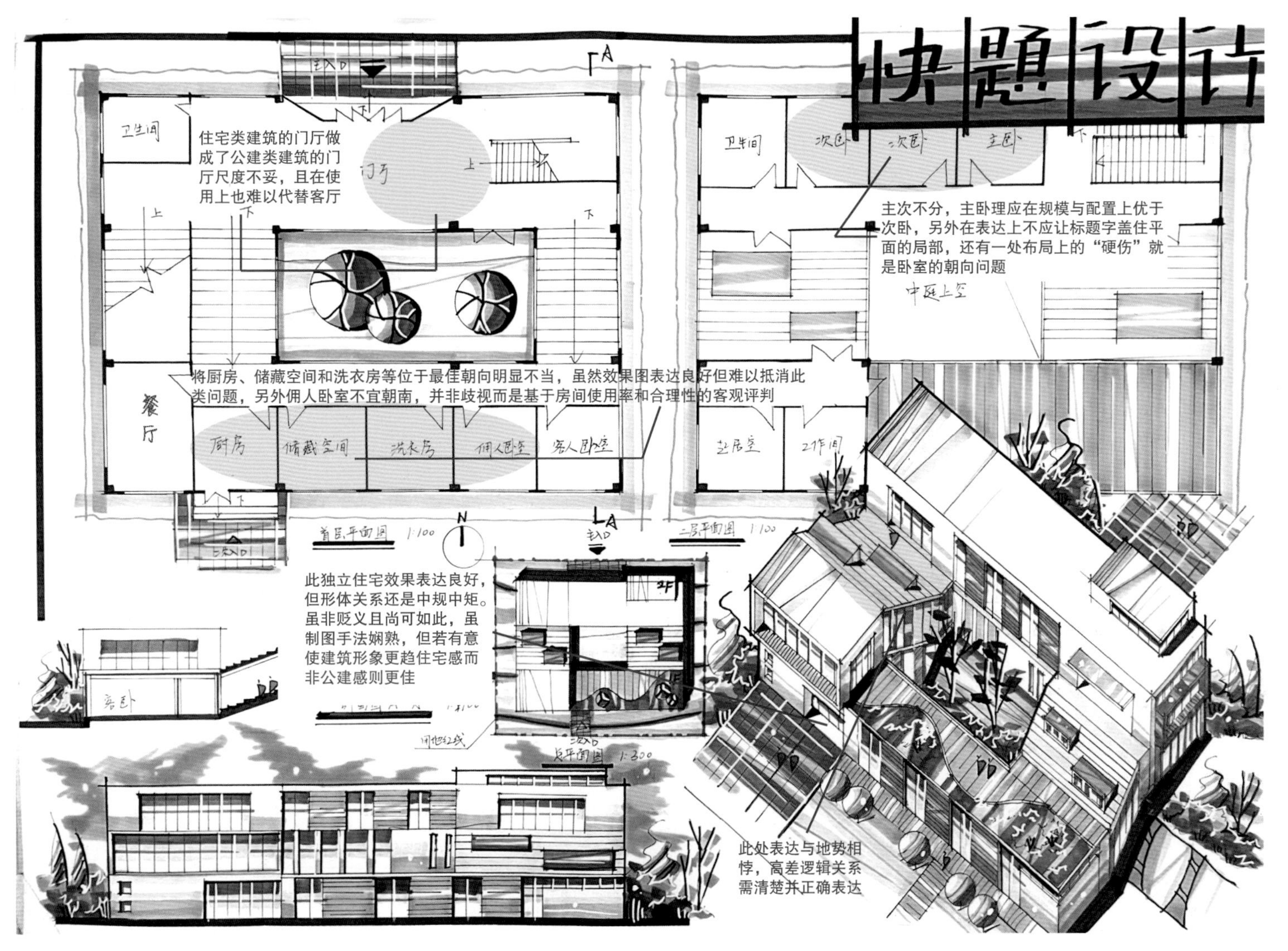
快题设计
卫生间
门厅
住宅类建筑的门厅做成了公建类建筑的门厅尺度不妥，且在使用上也难以代替客厅
次卧
次卧
主卧
主次不分，主卧理应在规模与配置上优于次卧，另外在表达上不应让标题字盖住平面的局部，还有一处布局上的“硬伤”就是卧室的朝向问题
中庭上空
将厨房、储藏空间和洗衣房等位于最佳朝向明显不当，虽然效果图表达良好但难以抵消此类问题，另外佣人卧室不宜朝南，并非歧视而是基于房间使用率和合理性的客观评判
餐厅
厨房
储藏空间
洗衣房
佣人卧室
客人卧室
起居室
工作间
首层平面图 1:100
二层平面图 1:100
N
此独立住宅效果表达良好，但形体关系还是中规中矩。虽非贬义且尚可如此，虽制图手法娴熟，但若有意使建筑形象更趋住宅感而非公建感则更佳
客卧
此处表达与地势相悖，高差逻辑关系需清楚并正确表达

图28-3　案例二平面图与效果图设计解析

28.3 相关设计手绘草案与素材

相关设计手绘草案与素材见表28-1。

表28-1 相关设计手绘草案与素材

1		2		3	
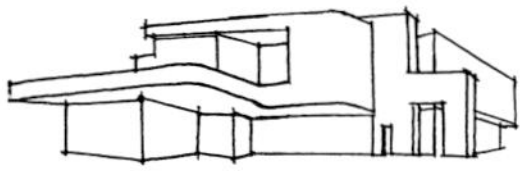	于家兴同学的该类型快题建筑设计方案手绘效果图已成为颇具代表性的优秀范图	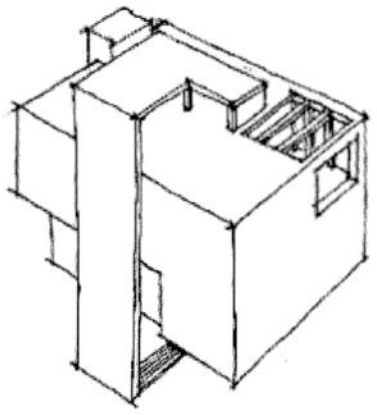	魏星同学的该类型快题建筑设计方案手绘效果图已成为颇具代表性的优秀范图	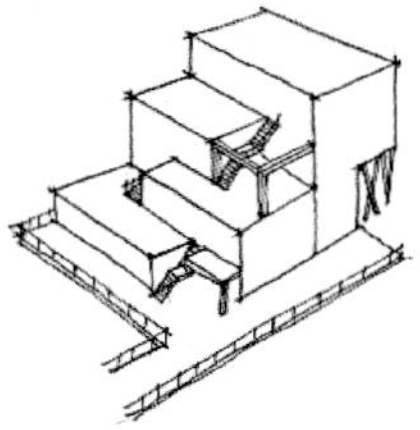	刘瀚泽同学的该类型快题建筑设计方案手绘效果图已成为颇具代表性的优秀范图
4		5		6	
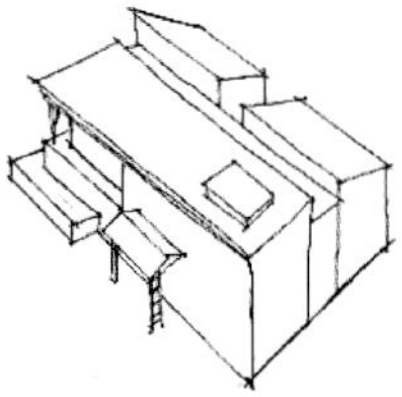	刘志捷同学的该类型快题建筑设计方案手绘效果图已成为颇具代表性的优秀范图	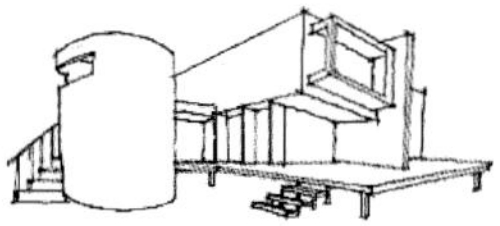	于家兴同学的该类型快题建筑设计方案手绘效果图已成为颇具代表性的优秀范图	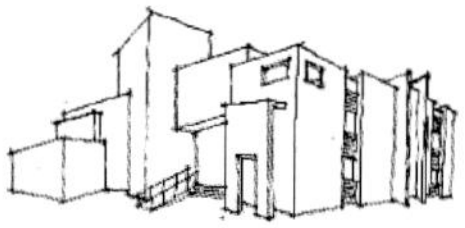	朱宁同学的该类型快题建筑设计方案手绘效果图已成为颇具代表性的优秀范图

29 中小型办公楼

29.1 相关设计要点归纳与解析

《办公建筑设计标准》（JGJ/T67-2019）自2020年3月1日起实施，适用于所有新建、扩建和改建的办公建筑设计。原行业标准《办公建筑设计规范》（JGJ67-2006）同时废止。办公建筑按重要程度和设计使用年限分为A、B、C三类，基于本书的研究范围与规模关注其中C类即可，现将其与考研快题里所涉及的要点归纳总结如下。

（1）总平面图布置应遵循功能组织合理、建筑组合紧凑、服务资源共享的原则，科学合理组织和利用地上、地下空间，宜留有发展余地并宜有一面直接邻接城市道路或公路。锅炉房、厨房等后勤用房的燃料、货物及垃圾等物品的运输宜设有单独通道和出入口。

（2）当办公建筑与其他建筑共建在同一基地内或与其他建筑合建时，应满足办公建筑的使用功能和环境要求，分区明确，并宜设置单独出入口（即办公综合楼内办公部分的安全出口不应与同一楼层内对外营业的商场、营业厅、娱乐、餐饮等人员密集场所的安全出口共用）。

（3）基地内应合理设置机动车和非机动车停放场地（库）。机动车车位不得少于0.6辆/100m²，非机动车车位不得少于1.2辆/100m²，每个非机动车车位面积宜为1.5~1.8m²，非机动车车库净高≥2m。

（4）办公建筑应根据使用性质、建设规模与标准的不同，合理配置各类用房。办公建筑由办公用房、公共用房、服务用房和设备用房等组成。

（5）楼梯、电梯厅宜与门厅邻近设置，严寒、寒冷地区的门厅应设门斗或其他防寒设施，夏热冬冷地区门厅与高大中庭空间相连时宜设门斗。四层及四层以上或楼面距室外设计地面高度超过12m的办公建筑应设电梯，当条件允许时应至少有一台电梯通至地下汽车库（表29-1）。

表29-1 办公建筑电梯厅深度最小尺寸要求

布置方式	电梯厅深度
单台	大于等于1.5B
多台单侧布置	大于等于1.5B'，当电梯并列布置为4台时应大于等于2.4m
多台双侧布置	大于等于相对电梯B'之和，并小于4.5m

注：B为轿厢深度，B'为并列布置的电梯中最大轿厢深度。

（6）办公建筑的走道应符合表29-2规定。

表29-2 办公建筑的走道设计

走道长度（m）	走道净宽（m）	
	单面布房	双面布房
≤40	1.3	1.5
＞40	1.5	1.8

（7）办公建筑的净高应符合：有集中空调设施并有吊顶的单间式、单元式办公室净高不应低于2.5m，开放式、半开放式办公室净高不应低于2.7m；无集中空调设施的单间式、单元式办公室净高不应低于2.7m，无集中空调设施的开放式、半开放式办公室净高不应低于2.9m。走道净高不应低于2.2m，储藏间净高不宜低于2.0m。

（8）办公用房宜有良好的天然采光和自然通风，并不宜布置在地下室。办公用房宜包括专用办公室和普通办公室。专用办公室可包括研究工作室和手工绘图室等，手工绘图室每人使用面积不应小于6m^2，研究工作室每人使用面积不应小于7m^2。普通办公室宜设计成单间式办公室、单元式办公室、开放式办公室或半开放式办公室，普通办公室每人使用面积不应小于6m^2，单间办公室使用面积不宜小于10m^2。带有独立卫生间的办公室，其卫生间宜直接对外通风采光，条件不允许时，应采取机械通风措施。机要部门办公室应相对集中，与其他部门宜适当分隔。值班办公室可根据使用需要设置，设有夜间值班室时，宜设专用卫生间。

（9）会议室按使用要求可分设中、小会议室和大会议室。中、小会议室可分散布置。小会议室使用面积不宜小于30m^2，中会议室使用面积不宜小于60m^2。中、小会议室每人使用面积有会议桌时不应小于2m^2/人，无会议桌时不应小于1m^2/人。大会议室应根据使用人数和桌椅设置情况确定使用面积，平面长宽比不宜大于2∶1。会议室应根据需要设置相应的休息、储藏及服务空间。

（10）接待室宜根据使用要求设置接待室，专用接待室应靠近使用部门，行政办公建筑的群众来访接待室宜靠近基地出入口并与主体建筑分开单独设置，宜设置专用茶具室、洗消室、卫生间和储藏空间等。

（11）公用厕所应设前室，服务半径不宜大于50m（最远办公室距离公厕在50m以内），门不宜直接开向办公用房、门厅、电梯厅等主要公共空间，并宜有防止视线干扰的措施（表29-3）。

表29-3　办公建筑卫生间洁具数量要求

女性使用数量（人）	便器数量（个）	洗手盆数量（个）	
1~10	1	1	
11~20	2	2	
21~30	3	2	
31~50	4	3	
男性使用数量（人）	大便器数量（个）	小便器数量（个）	洗手盆数量（个）
1~15	1	1	1
16~30	2	1	2
31~45	2	2	2
46~75	3	2	3

注：当使用总人数不超过5人时，可设置无性别卫生间，内设大、小便器及洗手盆各1个；为办公门厅及大会议室服务的公共厕所应至少各设一个男、女无障碍厕位。

（12）宜每层设置垃圾收集间，且宜靠近服务电梯间。清洁间宜分层或分区设置，内设清扫工具存放空间和洗涤池，位置应靠近厕所间。

（13）产生噪声或振动的设备机房不宜毗邻办公用房和会

议室，也不宜布置在办公用房和会议室对应的直接上层。供设计部门使用的晒图室，宜由收发间、晒图机房、装订间和底图库等组成，晒图室宜布置在底层。

（14）办公用房的门洞口宽度不应小于1m，高度不应小于2.1m。门内外高差不足0.3m时，不应设置台阶，应设≤1∶8的坡道。

（15）办公建筑里可能会涉及的几个专有名称释义。

1）开放式办公室：灵活隔断的大空间办公空间形式。

2）半开放式办公室：由开放式办公室和单间式办公室组合而成的办公空间形式。

3）单元式办公室：由接待空间、办公空间、专用卫生间以及服务空间等组成的相对独立的办公空间形式。

4）单间式办公室：一个开间（或多个开间）和以一个进深为尺度而隔成的独立办公空间形式。

29.2 设计作品案例参考与讲评

案例一（图29-1、图29-2），案例二（图29-3、图29-4）。

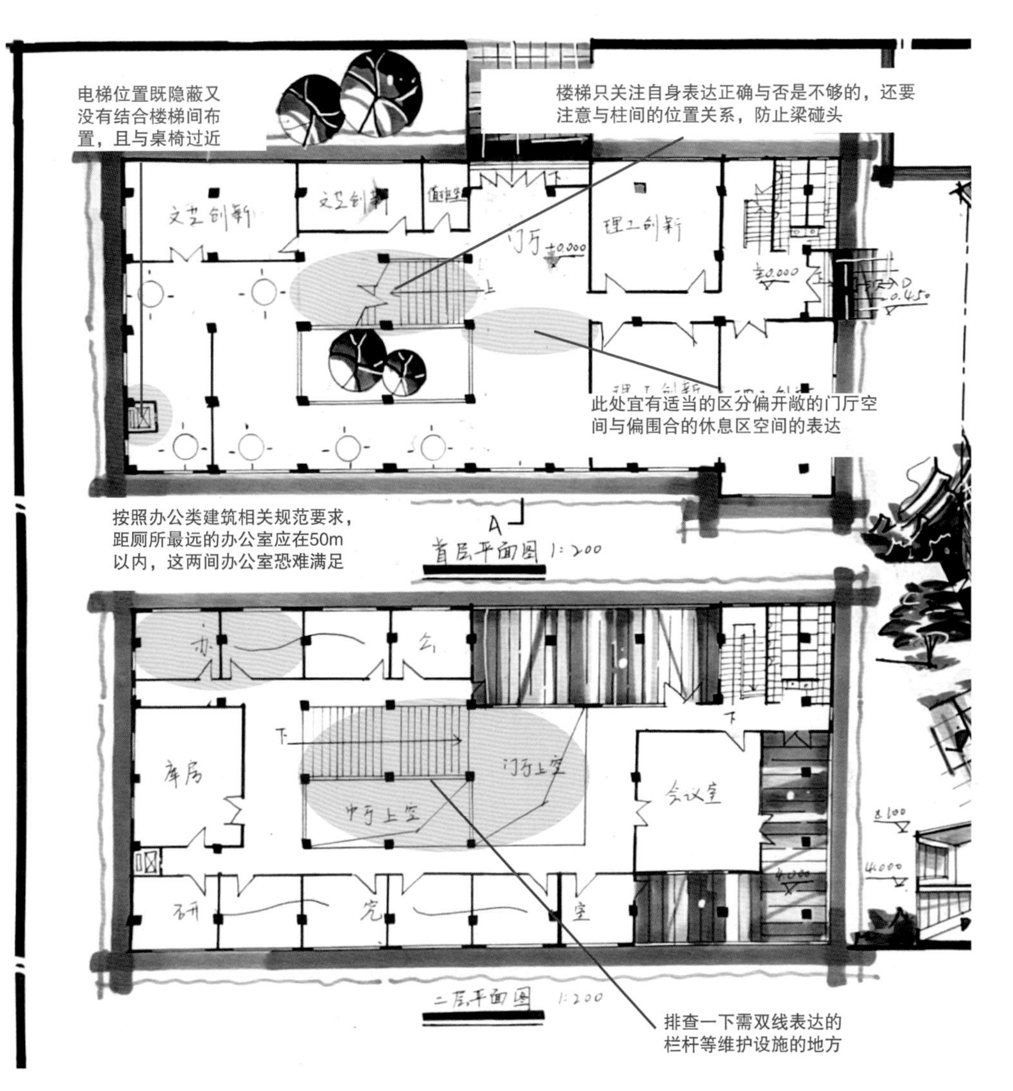

电梯位置既隐蔽又没有结合楼梯间布置，且与桌椅过近
楼梯只关注自身表达正确与否是不够的，还要注意与柱间的位置关系，防止梁碰头
此处宜有适当的区分偏开敞的门厅空间与偏围合的休息区空间的表达
按照办公类建筑相关规范要求，距厕所最远的办公室应在50m以内，这两间办公室恐难满足
首层平面图 1:200
库房
会议室
二层平面图 1:200
排查一下需双线表达的栏杆等维护设施的地方

图29-1 案例一平面图设计解析

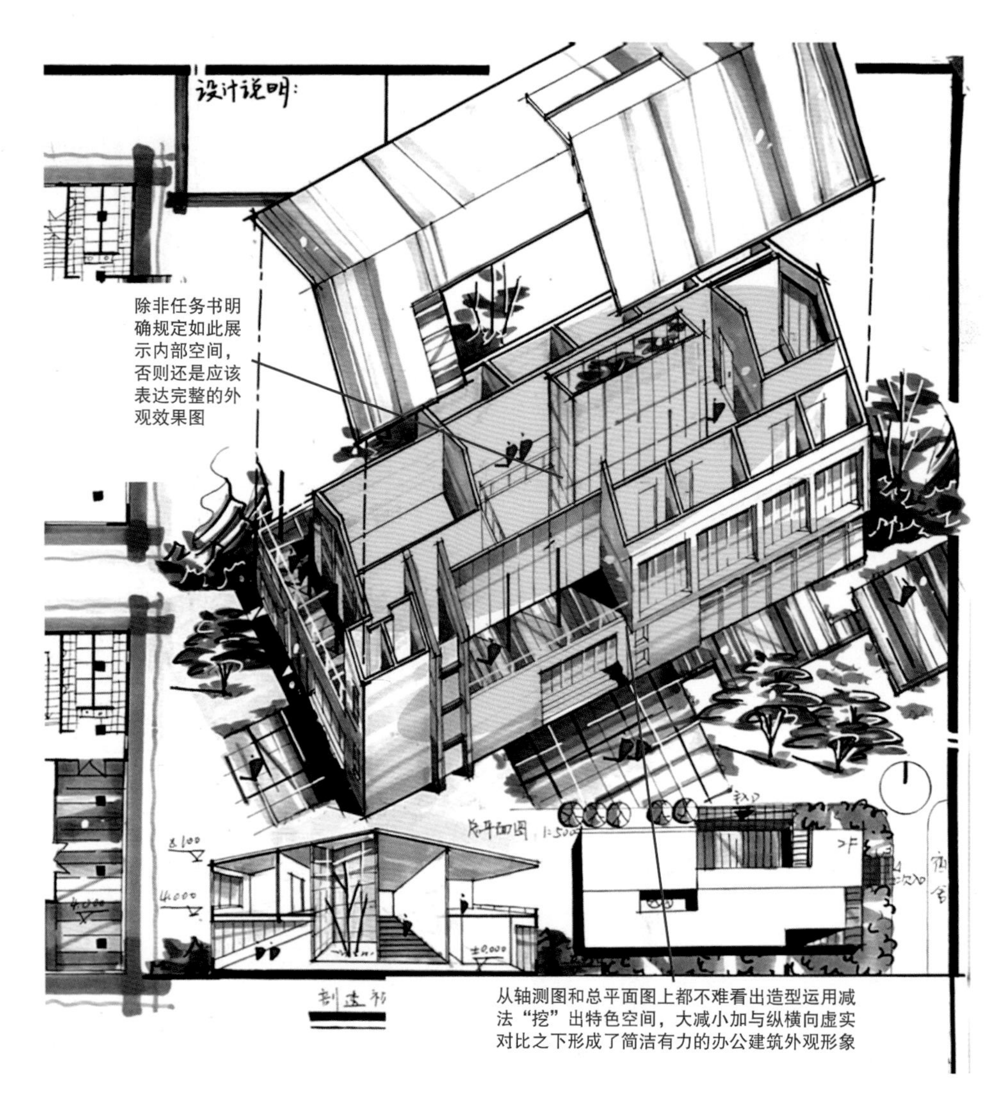
设计说明:
除非任务书明确规定如此展示内部空间，否则还是应该表达完整的外观效果图
从轴测图和总平面图上都不难看出造型运用减法“挖”出特色空间，大减小加与纵横向虚实对比之下形成了简洁有力的办公建筑外观形象

图29-2 案例一效果图设计解析

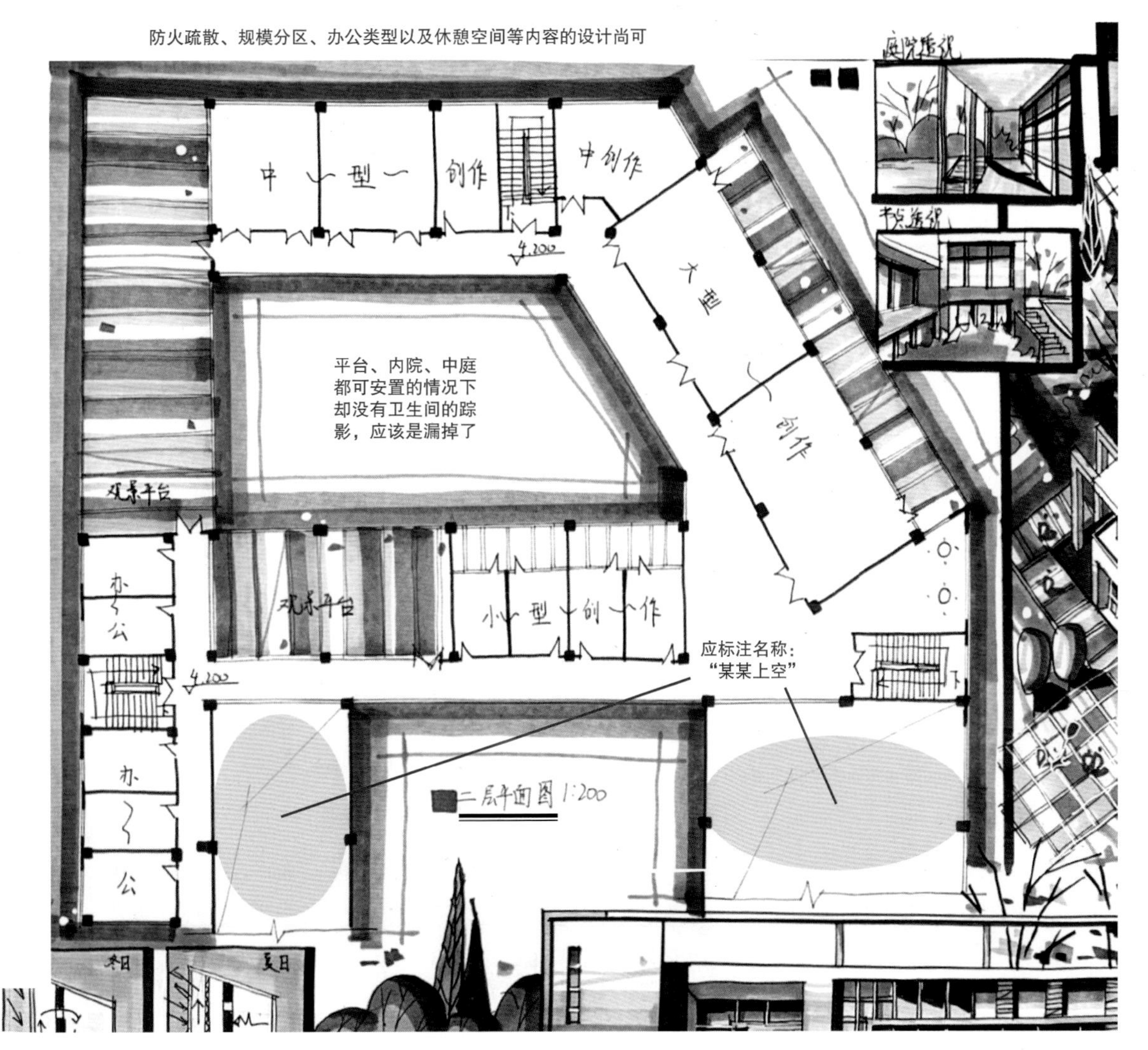
防火疏散、规模分区、办公类型以及休憩空间等内容的设计尚可
平台、内院、中庭
都可安置的情况下
却没有卫生间的踪
影，应该是漏掉了
应标注名称：
“某某上空”
中型创作
中创作
大型创作
小型创作
办公
办公
观景平台
观景平台
4.200
4.200
二层平面图 1:200
冬日
夏日

图29-3　案例二平面图设计解析

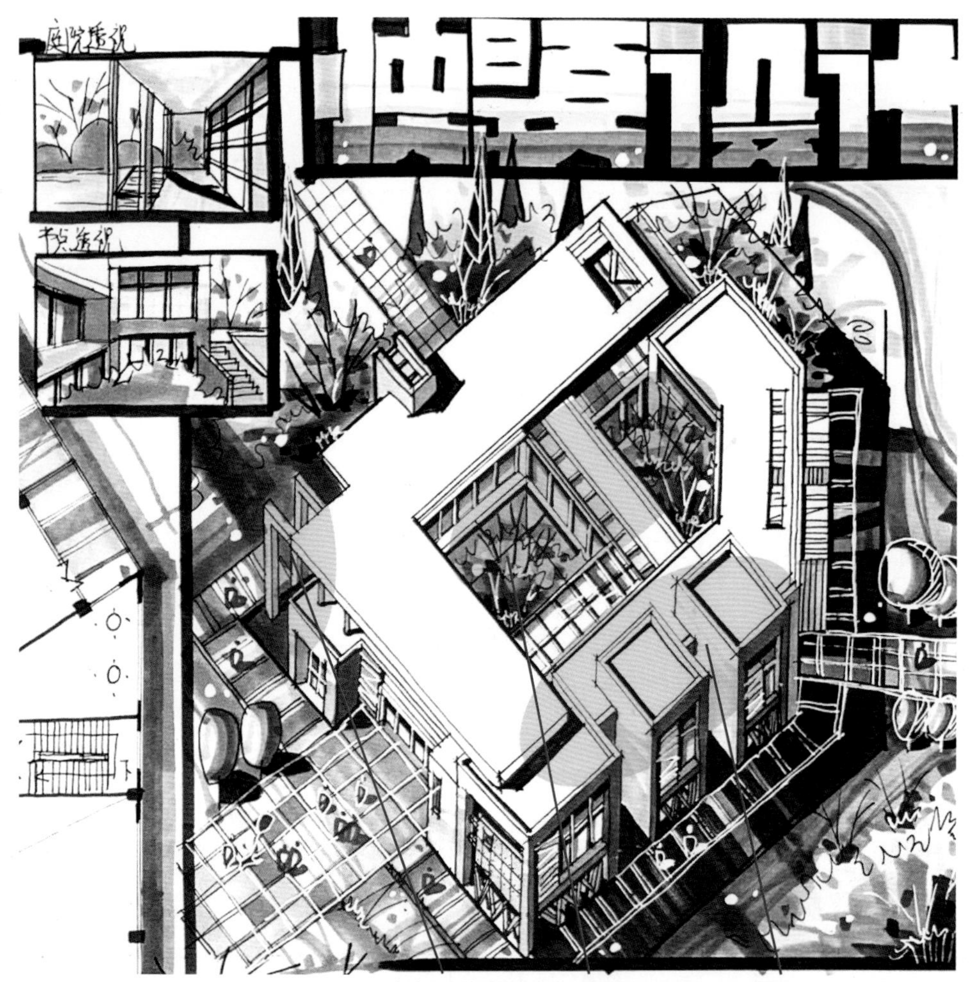

表达充分的环境营造出了强烈图底关系，边界清晰的几何
体块彰显出办公类建筑缜密和冷静的性格底色，而穿插其
中的平台、构架以及院落又为其增添了些许灵动与活泼

图29-4　案例二效果图设计解析

29.3 相关设计手绘草案与素材

相关设计手绘草案与素材见表29-4。

表29-4 相关设计手绘草案与素材

1		2		3	
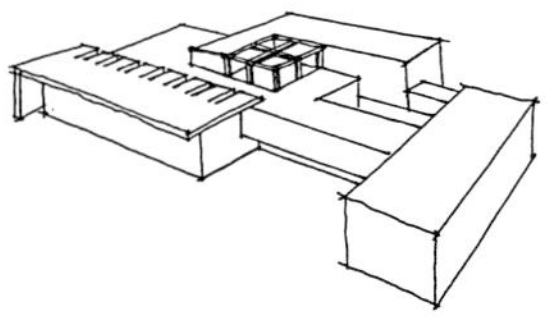	本书作者在其主持的该类型实际项目进行多方案设计比选阶段里绘制的手绘效果图之一	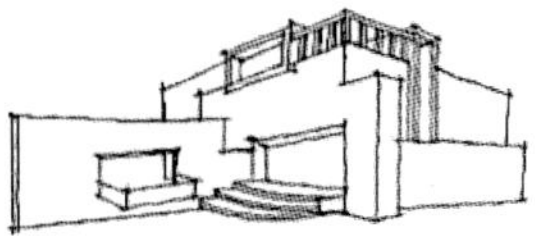	史瑛喆同学的该类型快题建筑设计方案手绘效果图已成为颇具代表性的优秀范图	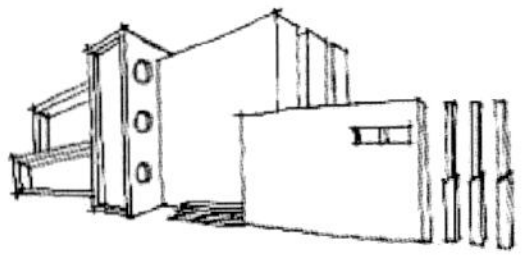	马俭亮同学的该类型快题建筑设计方案手绘效果图已成为颇具代表性的优秀范图
4		**5**		**6**	
	本书作者在其主持的该类型实际项目进行多方案设计比选阶段里绘制的手绘效果图之一	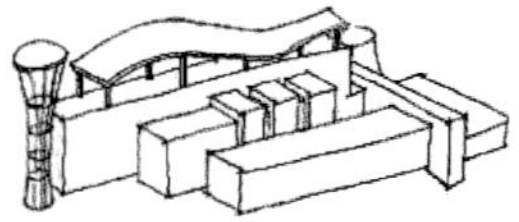	本书作者在其主持的该类型实际项目进行多方案设计比选阶段里绘制的手绘效果图之一	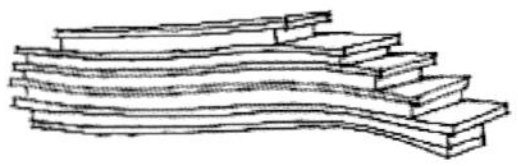	本书作者在其主持的该类型实际项目进行多方案设计比选阶段里制作的计算机效果图

附录

关于认知层面如何准备

在建筑设计求学之路上已准备稳妥或准备工作已日臻完善的读者可自行跳过本部分，这里讲述的是与建筑方案设计紧密相关却非设计本身的“要点”。针对不同阶段的学习生活要有所准备，如找老师看方案时的注意事项、建筑方案设计竞赛的参赛意识与准备、方案设计手绘与机绘选取之争、做不出自己满意方案时的心理建设、方案绘图的硬件装备、实习准备、做方案与施工图之选等，从而减少磨合期的不适并防止专业学习过程中的掉坑，提前打好预防针从而防患于未然。

本部分内容从学生“对面”——老师的角度告诉学生对于专业学习应如何准备，既可理解为陆游说的“汝果欲学诗，工夫在诗外”，也可认为是“兵马未动粮草先行”的准备环节。对于未来有无限可能大展宏图而当下却还是专业小白的莘莘学子而言，本部分内容编写的初衷是尽量降低求学过程中的事倍功半，并追求三“不”：不枉、不懈、不悔，即尽量使这个阶段自己的所做不枉然徒劳，保持个人不断奋斗与精进的状态，不后悔这个阶段的抉择与行动。

1. 专业课上找老师看方案

在专业课上找老师看图是建筑学专业学生的学习日常之一，但也有不少同学在图纸内和图纸外的准备都不充分，图纸内指的是图纸表达内容，不在此讨论范围，图纸外的准备会影响图纸内的学习效果，这里讲讲图纸外的注意事项：

（1）在自己座位处（在自己台式机上看图为主的情况）请老师看图时，首先请老师就座（除非是简单问答，一两句话的事则不用，但一般坐着就能比站着多讲些）。老师坐下后自己找凳子在其左边坐下（坐右边时一旦老师需要在纸上辅助讲解示意时，其握笔的手会挡住部分正在讲解的内容，除非他是左撇子），桌上提前备好笔纸。

（2）关于用笔，别只有黑笔，这里没必要极简主义，起码配支红笔，与纸上铅笔线、墨线易于区分。当你的图为铅笔线，有时老师还会在墨线修改稿上再来一轮红线修改稿，相当于你来搭台，老师唱戏，唱与不唱以及唱的怎样那是老师的事，但你把台搭好，起码也给老师留个好印象，当然这也是你求学态度的一种反映，“细节决定成败”的观点我不确定，但能肯定的是细节可以影响成败。

（3）不论是在自己座位处还是去老师那里看图，也不论是在计算机上还是纸上看，要有一定的错峰意识。老师的状态并非是一条水平线，例如当老师在专业教室里空闲时，这就是错峰看图的好时机；当一群同学轮番找老师看图或“围攻”老师时，自己若不是很赶进度可以以旁听或自习为主。有这么一条经验，在专业课没有集中讲评的自由问答时段，早一点优于晚一点。曾有老师吐露心声“在专业课上一般看图到10位左右同学时就会感到力不从心了”，所以看图要趁早，也给自己接下来的改进留有余地。

2. 书本与教室外的专业学习

（1）看与想。建筑学这个专业不能光指望上专业课就行了，“处处留心皆学问”这句话与建筑学这个专业高度匹配，在书本外和教室外依然有着诸多“师者”，既往也许熟视无睹，而今确需用心视之。城市、街道、广场、建筑和植物等皆可为观察对象，排队、等号、等车、等人的时段全部都可用来观察与思考。当你伫立在街头巷尾，貌似在发呆的样子，实则你在“发功”（专业功力在暗中滋长）。

（2）看与量。尺度感的培养主要是在书本与教室外进行的，这也应验了“纸上得来终觉浅，绝知此事要躬行”。尤其是当你已知晓一栋楼或一个房间或一步楼梯的尺寸，同时还能时常身临其境，那么就完成了理性与感性的胜利会师。有一类图纸不容忽视，就是自己学校的教学楼、建筑馆、食堂和宿舍等建筑的平面图和剖面图，充分沉浸感受其尺度，小至楼梯踏步，大到楼宇广场尺度，有了这种书本与教室外的自我训练可有效减少以后作图时出现自编离谱的尺寸数据。

（3）看与拍。拍照既是必要的资料收集过程，也是对构图、光影与色彩的认知训练。建筑学专业在游学过程中也少不了拍照，而且随着手机拍照功能的提升，也并非一定需要单反相机装备，就是往往在时间上比较赶（上车睡觉，下车拍照，拍的怎样还是不知道），除了赶时间的速拍，有时也需要慢下来寻找角度与视点，捕捉别开生面的视角视界。另外，对于照片的归纳整理也是必要的，否则会发生类似出文本时的“书到用时方恨少”+“照片用时找不到”的双重打击。

（4）看与画。这里的画主要是指户外写生，其难度系数明显高出室内临摹范本。临摹范本的原作者已做好从真实世界提炼转化的工作，临摹者相当于对着转化后的成品进行揣摩抄绘。但户外写生则由自己进行取舍判断，几乎是全凭一己之力完成全过程，有时还有户外气候环境的考验，有时还有好奇围观者的驻足观摩甚至指指点点，这些对于写生者的身体素质和心理素质都是一种磨炼。节假日里三五好友结伴而行外出写生，或是以仗剑天涯的情怀独自写生，都能成为由低手向高手进阶的自我修炼。

3. 关于手绘与机绘之争

现在仍有同学在纠结、困惑手绘与机绘哪家强以及该选谁，手绘的作用主要就是应付考研快题吗？机绘效果就缺乏灵性与情感吗？手绘与机绘之争在数年前分歧较大，时至今日其实已趋明朗：手绘表达和机绘表达各有优势，手绘与机绘如同平行世界，不是非此即彼而是并行不悖。如同鸟之两翼，如果你想飞得更高，则一视同仁而不要厚此薄彼。如今弘扬匠人精神，建筑学教育既要延续这种精神，也要培养自己领域的匠人，其匠人三项为：口头表达能力、手头表达能力和计算机绘图能力。

有人说我们未来是“师”，不是“匠”，重要的是概念创意，不是表达技法，此言谬矣。现实中的建筑师大多皆为匠人和打工人，称谓不同而已，除非以后成为大师则另当别论。概念创意固然重要，但现阶段一味强调概念创意，容易眼高手低。概念创意也不能仅仅说说而已，除非是专业外人士，有时的工作任务就是你帮着专业外人士实现他的梦想，区别在于他只能想而画不出来，而你边听他说边画出草图时，那么你就可能是他的Mr Right。关于机绘无须多言，课程作业、专业竞赛、实习就业，当你晋级为机绘大神时，想到的和没想到的机会会纷至沓来。

当你看了不少专业书和期刊却依然对自己的设计不满意时，可能是忽略了手绘与机绘的训练。看是必要的，但光看是不够的，何况有些书和期刊还看不懂，带着云里雾里的认知也不能明晰自己做设计的方向。但若将手绘与机绘训练融入日常并作为努力方向时会不虚此行，从见效角度而言假以时日会有一种看得见的专业成长。因此现在可以明确，已不是什么手绘与机绘之争，而是手绘与机绘双全。

4. 关于手绘临摹的准备

写生锻炼固然很有价值，但日常用到更多的还是手绘临摹，或称之为抄绘。首先，面对海量的范本如何选择，建议a：不要以民居老宅的范例（除非情有独钟或老师要求）为主，虽然也能从中练线条、练构图，但形体关系的塑造和透视关系的练习价值相对较弱。建议b：线条过于复杂繁多的范例基本可以放弃，抄绘一幅的时间精力成本较高，画前往往会做一番思想斗争，偶然为之即可。建议c：以中小型多层建筑作为范例，主要抄绘其首层平面与效果图，检验与实战的机会多。名为抄绘，但过程里保持自己的主动性，实为改绘，对其取舍简化后提炼出自己想要的部分，不以“像”为目的，有同学在抄绘时想得少，像得多，其实偏向于体力劳动了，看似勤奋，实为另一种懒惰（思考上的）。改绘里已有设计成分，原图没有的你试着加上，是一种从“抄”到“超”的尝试与探索。

另外，当出现同一范本有纸质和电子文件时，建议优选纸质。抄绘一幅作品应保持其连贯性，如同长跑有时一旦停下就不想继续了。电子媒介可能会有消息弹窗提醒（或干扰）等，因此当选用电子范本时，最好先进行一定的静化处理。还有关于抄绘里的配景，建议选定几种鸟瞰和人视角度的人和树后则一以贯之，只要场景和尺度合适可以重复使用，把不定期换“人”的工夫用来换“房子”更有意义（多换主角少换配角），追求的是不断刷新对更多建筑造型的认知。

方向正确（选取适当的范本以及融入二次设计意识等）的抄绘本身是很有价值的。如同读书百遍其义自见，基于抄绘本身“上手容易坚持难”的特点可以看出在从量变到质变的路上会用掉不少人。笔者从教以来见识过太多的专业课学得好和考研快题高分的同学都有着日常抄绘的意识与习惯，有些同学已将笔耕不辍化为自己的一项爱好与消遣，这种同学的专业提升速度很快。

5. 专业学习与主动交流

不同专业的性质特点差别较大，有的专业可以“闭关修炼”，有的专业却需切磋互促，建筑学专业属于后者。该专业学习过程中的许多环节体现了“对外”特点，如作品展示和方案答辩等。曾有过来人总结说建筑学专业学习的捷径是主动交流，是有其道理的，主动与老师、学长、同学的交流探讨是本专业重要的学习方式之一。有时他人的一席话可能避免你走弯路，自己研究半天解决不了的一个计算机操作，可能在别人的指引下立马搞定。尤其是上一、两级的学长，其教诲尚属新鲜（可能在不久前刚经历过你当前阶段的问题或状况），具有较强的针对性与实用性，甚至是用当初“多么痛的领悟”避免现如今的你重蹈覆辙。

这种交流强调主动性，现在整体而言学生被动者居多，其中也不乏出于怕给别人添麻烦，但可以预约也可以换成不嫌麻烦者嘛。主动请教的心理建设首先是能接受可能会被拒绝，这是对社会交往能力的锻炼。另外自己也会有“多年媳妇熬成婆”成为被请教者的时候，当面对学弟学妹对知识渴求的眼神，自己能做的是诲人不倦还是“毁”人不倦，这也是一种无形的压力与动力。

在课内外主动找老师看方案，向在专业软件或手绘等方面较为突出的学长或同学请教问题，对于初始阶段尚“难以启齿”的同学，可以两三人以学习小组的方式结伴进行请教，也能给对方以重视之感。对方也可温故而知新以及查漏补缺共同进步。在具备了主动交流意识与行动的基础上，多参考别人意见建议的同时仍需保持自己的独立思考与判断。

6. 专业阅读与课外阅读

建筑学专业涉及政治、经济、文化、历史、哲学等众多领域，所以该专业的阅读应专而杂。阅读一般都不会立竿见影（对于建筑学专业学子，专业书籍从能看懂的地方看起，对于当前看后不知所云的，不用自我怀疑甚至郁闷，有些专业书籍的确晦涩，遇见了放下即可，回见），却会对未来的人生有着深远的意义与影响。参加工作后的人对“书到用时方恨少”感受更为强烈，工作中较量语文功底的地方不少。就拿项目文本文案和方案汇报而言，也要“说的比画的好”的本事。中国首位普利兹克奖得主王澍曾言“自己在作为一个建筑师之前，首先是一个文人”，这也说明了广泛涉猎的专业外阅读对于建筑师塑造的基础作用，也对我们专业视野的开阔与理念的领悟有着深远影响。

古人云“读万卷书不如行万里路”，现代人又说生活不止眼前的苟且，还有诗和远方的田野。读书和旅游（二者恰与本专业密切相连）可以充实我们的精神世界，而精神世界的富足假以时日既会溢于言表（腹有诗书气自华），同时又是我们未来遇到工作生活中诸多“想不开”时的解药。而这种“解药”宜“纸质包装”为宜，尤其是沉浸式专业阅读或课外阅读时宜首选纸质类阅读。电子类阅读的“干扰”较多，现在我们的信息环境确实相当丰富，但人的专注力也受到影响，因此我们要有意营造自己的阅读环境，图书馆当然是其中不错的选择之一。有同学说，怎么“解药”到我这却没疗效了呢，无非两种情况：要么尚未找到对症之“药”，要么是剂量不够，可按半年为一基本疗程试试。

7. 专业学习与身心健康

身心健康是一切工作的基础，由于建筑学专业大多学子从在校到以后工作会面临不定期地赶图熬夜，这个问题似乎更为突出一些。以注册建筑师考试为例，过去的二十多年里，但凡经历过的人都对其考试强度之大感同身受，而高校快题考试也有6小时和8小时的连续考试时间。这种考试某种程度上也是对体能的考验。大学里的同学仗着年轻透支身体的话，往往当下没显现问题，以后有事时却悔之晚矣。比身体健康更难的是心理健康，身体健康方面是偏显性的，而心理健康又是相对偏隐性的。绝对的心理健康估计是不存在的，大家都有心病，只是程度不同而已，较低时可忽略，但较重时会对专业学习产生负面影响。中庸之道在于对“度”的调节，我们追求的也是一种趋于身心健康的平衡。因此，平时在相对不赶时段里，从闲暇时光里分出一些来进行户外运动和课外阅读等滋养身心，以及调整绘图进度，减少积压，避免最后熬夜赶图。

8. 专业竞赛的心态准备

当有专业竞赛信息发布时，有同学会跃跃欲试，也有同学会敬而远之。参赛除了专业技能、组队、时间等方面的因素外，还有一个重要的核心内力，即心态。参赛的心态中比想赢更重要的是输得起，爱拼不一定会赢，但不赢仍爱拼则更是令人尊敬。MAD事务所的作品令人惊叹与艳羡，但马岩松在事业初期的输得起更是让人由衷佩服，试问，有多少人能做到在参赛约两百次后仍不放弃的。当然如果他当初早早放弃可能就没有后面的多伦多“梦露大厦”，可能也没有现在的MAD事务所了。竞赛是展示与锻炼的机会，中奖概率是低，但看和做得多了，中的概率也会上来。就算一个没中，你的思路、眼界和段位都已大幅提升，还能锻炼协调能力（现实中很难一个阶段只做一件事，在几个事里来回切换需要历练的）。随着参赛次数的增加会逐渐成长为专业扎实的高手，实习、读研、就业都受欢迎。这种参赛“不赢仍爱拼”的屡败屡战心态不仅强化专业技能，还使“抗打击”的心理素质继续强化，经过如此历练的学生一般都不至于因某事做出出格事，让合作者或用人单位等心里踏实。

参赛意味着自找压力与增加工作量，看上去是找不自在的脱离舒适区的行为，但实为抓住一次又一次提升自我的契机，但凡时间合适，起码是值得考虑的。而且一旦参加，不是到结果公布时就结束了，而是要有“复盘”意识，向获奖作品好好学习一番，对比找出自己的不足，这一环节不可或缺且极为必要。现阶段面对竞赛的佛系躺平意味着在个人学习性能最佳阶段将自己闲置，放弃当然就不会输，现阶段是轻松的，但是一种损失与浪费。认识到人生不中、失败是常态的前提下，依然奋勇前行不仅是一种积极的心态，也是未来成事的强大内力。茨威格曾说过“所有命运馈赠的礼物，都已在暗中标好了价格”，对于专业竞赛，打不倒的是一种，不打自退的是一种，打了就退的又是一种。参赛与否的得与失应在个人独处时好好想想。

作家格拉德威尔在《异类》一书中指出："人们眼中的天才之所以卓越非凡，并非天资超人一等，而是付出了持续不断的努力。1万小时的锤炼是任何人从平凡变成世界级大师的必要条件。"他将此称为"一万小时定律"。要成为某个领域的专家，按比例计算就是：如果每天工作八小时，一周工作五天，那么成为一个领域的专家至少需要五年。建筑学专业本科学制五年，从理论上讲大家本科毕业时都可以成为一名优秀的毕业生，那若是想成为一名优秀的设计师呢？这里推荐罗子雄在TED的演讲《如何成为一名优秀设计师》，应该有所启发与触动。

借古人的"工欲善其事必先利其器"作为本部分的收尾，但"利其器"在这里不仅指专业制图工具方面的准备，还有以上所述这几方面的思想意识上的准备，备好这些整装出发，华丽转身指日可待。

参考文献

REFERENCE

[1] 中华人民共和国住房和城乡建设部. 民用建筑通用规范：GB 55031—2022[S]. 北京：中国建筑工业出版社，2022.

[2] 中华人民共和国住房和城乡建设部. 建筑防火通用规范：GB 55037—2022[S]. 北京：中国计划出版社，2022.

[3] 中华人民共和国住房和城乡建设部. 民用建筑设计统一标准：GB 50352—2019[S]. 北京：中国建筑工业出版社，2019.

[4] 郭亚成，王润生，王少飞. 建筑快题设计实用技法与案例解析[M]. 北京：机械工业出版社，2012.

[5] 罗松. 将建筑进行到底：建筑师的成长手记[M]. 北京：机械工业出版社，2015.

[6] 原口秀昭. 图解建筑设计入门[M]. 潘琳，译. 南京：江苏凤凰科学技术出版社，2020.

[7] 马场正尊. 建筑设计系列：公共空间更新与再生[M]. 张美琴，赖文波，译. 上海：上海科学技术出版社，2021.

[8] 李汉琳. 十四五精品课程：建筑空间与环境设计表现技法[M]. 天津：天津大学出版社，2021.

[9] 周忠凯，赵继龙，李欣桐. 建筑设计的分析图式[M]. 南京：江苏凤凰科学技术出版社，2022.

[10] 贠禄. 建筑设计与表达[M]. 长春：东北师范大学出版社，2020.

[11] 杨龙龙. 建筑设计原理[M]. 重庆：重庆大学出版社，2019.

[12] 邹德志，王卓男，王磊. 集装箱建筑设计[M]. 南京：江苏凤凰科学技术出版社，2018.

[13] 美国亚洲艺术与设计协作联盟. 城市创新与建筑设计[M]. 王韵嘉，译. 沈阳：辽宁科学技术出版社，2018.

[14] 曹茂庆. 建筑设计构思与表达[M]. 北京：中国建材工业出版社，2017.

[15] 许韵彤. 建筑设计手绘技法[M]. 沈阳：辽宁美术出版社，2017.

[16] 亚洲建筑师协会. 当代亚洲建筑设计[M]. 沈阳：辽宁科学技术出版社，2017.

[17] 邓克凡. 住宅建筑设计常用规范一本通[M]. 成都：电子科技大学出版社，2019.

[18] 布兰茨阿克. 建筑设计的1001种创意形式[M]. 周颖琪，译. 上海：上海科学技术出版社，2017.

[19] 坂本一成，塚本由晴，岩冈竜夫，等. 建筑构成学：建筑设计的方法[M]. 上海：同济大学出版社，2018.

[20] 中国建筑学会《建筑学报》杂志社. 中国建筑设计作品选：2013—2017[M]. 上海：同济大学出版社，2018.

[21] 庐山艺术特训营教研组. 建筑设计手绘表现[M]. 沈阳：辽宁科学技术出版社，2016.

[22]《世界建筑设计集成》编辑组．世界建筑设计集成[M]．常文心，鄢格，译．沈阳：辽宁科学技术出版社，2016.
[23] 何东明．图解笔记　建筑设计概念手记[M]．广州：世界图书出版广东有限公司，2017.
[24] 黎昌伦．现代建筑设计原理与技巧探究[M]．成都：四川大学出版社，2017.
[25] 李磊．建筑设计手绘表达全图解[M]．上海：东华大学出版社，2017.
[26]《国际获奖建筑设计竞赛作品集》编辑组．国际获奖建筑设计竞赛作品集[M]．常文心，译．沈阳：辽宁科学技术出版社，2017.
[27] 董成．高分手绘营：建筑设计手绘效果图表现[M]．武汉：华中科技大学出版社，2020.
[28] 威尔莫特．让-米歇尔・威尔莫特建筑设计作品集[M]．姜楠，译．桂林：广西师范大学出版社，2018.
[29] 高明，王禹．空间的诠释——建筑设计艺术与方法实践[M]．北京：中国商务出版社，2016.
[30] 李昂．马里奥・博塔建筑设计作品集[M]．姜楠，译．桂林：广西师范大学出版社，2017.
[31] 杜雪．图说建筑设计[M]．上海：上海人民美术出版社，2012.
[32] 陈立飞．建筑设计手绘快速表现[M]．北京：机械工业出版社，2015.
[33] ThinkArchit工作室．全球公寓建筑设计Ⅱ[M]．武汉：华中科技大学出版社，2013.
[34] 佳图文化．建筑设计手册Ⅱ：学校建筑[M]．广州：华南理工大学出版社，2013.
[35] 伍昌友．建筑设计构思与创意分析[M]．南京：东南大学出版社，2013.
[36] 布鲁托．交通建筑设计[M]．王今琪，王媛媛，译．武汉：华中科技大学出版社，2012.
[37] 彭一刚．传统・现代・融合——彭一刚建筑设计作品集[M]．武汉：华中科技大学出版社，2014.
[38] 赵杰作．建筑设计手绘技法[M]．武汉：华中科技大学出版社，2022.
[39] 鲁艳蕊，马凤华．建筑设计创新思维[M]．北京：现代出版社，2020.
[40] 李珂，张亚飞．建筑设计要素丛书：建筑庭院[M]．北京：中国建筑工业出版社，2022.
[41] 徐莉．建筑设计创新思维研究[M]．延吉：延边大学出版社，2018.
[42] 日本建筑学会．图解防火安全与建筑设计[M]．季小莲，译．北京：中国建筑工业出版社，2018.
[43] 骆中钊，张惠芳，骆集莹．新型城镇住宅建筑设计[M]．北京：化学工业出版社，2017.
[44] 陈剑秋，王健．酒店建筑设计原则[M]．北京：中国建筑工业出版社，2016.
[45] 黄筱蔚．建筑快题设计课程教学法探讨[J]．高等建筑教育，2007（2）：70-72.
[46] 本书编写组．建筑设计资料集[M]．3版．北京：中国建筑工业出版社，2017.
[47]《中国建筑设计作品年鉴》编委会．中国建筑设计作品年鉴（第12卷）[M]．南京：江苏凤凰科学技术出版社，2017.
[48] 白旭．当代建筑设计理念及方法探究[M]．北京：北京工业大学出版社，2017.
[49] 向慧芳．建筑设计手绘表现技法[M]．北京：清华大学出版社，2016.
[50] 本书编写组．博物馆建筑设计规范[M]．北京：中国计划出版社，2020.
[51] 中华人民共和国住房和城乡建设部．托儿所、幼儿园建筑设计规范（2019年版）：JGJ 39—2016[S]．北京：中国建筑工业出版社，2016.
[52] 中华人民共和国住房和城乡建设部．文化馆建筑设计规范：JGJ/T 41—2014[S]．北京：中国建筑工业出版社，2015.
[53] 荆其敏，张丽安．建筑学与学建筑[M]．南京：东南大学出版社，2014.

[54] 朱春英．时代风格与建筑设计的有机融合[J]．工业建筑，2022，52（1）：252．
[55] 顾晓晴．现代建筑艺术设计中美术设计思想：评《建筑美学》[J]．工业建筑，2019，49（12）：232．
[56] 龚理．建筑设计的艺术理念及思维创新[J]．工业建筑，2022，52（4）：300-301．
[57] 孙心乙．中国传统文化与建筑设计的有机融合[J]．建筑结构，2020，50（22）：163．
[58] 徐鹏．新中国博物馆建筑设计规范的发展历程[J]．中国博物馆，2020（3）：51-56．
[59] 王艳霞．建筑设计中色彩元素的运用[J]．建筑结构，2020，50（15）：153．
[60] 李洁，杜荣．西安医学院体育馆及大学生活动中心的建筑设计[J]．工业建筑，2014，44（5）：149，154-157．
[61] 竺晓军．高山引箭　蓄势待发：建筑设计教学的“快题教学法”[J]．江苏建筑，1999（4）：102-104．
[62] 朴春园．试析我国住宅建筑设计规范[J]．中国建筑金属结构，2013（6）：168．
[63] 中华人民共和国住房和城乡建设部．住宅设计规范：GB 50096—2011[S]．北京：中国计划出版社，2012．
[64] 刘翰林．博物馆设计[M]．沈阳：辽宁科学技术出版社，2016．
[65] 中华人民共和国住房和城乡建设部．交通客运站建筑设计规范：JGJ/T60—2012[S]．北京：中国建筑工业出版社，2013．
[66] 蒋济元．民用建筑设计中几个消防问题分析[J]．给水排水，2013，49（7）：63-64．
[67] 杨秉德．建筑设计方法概论[M]．北京：中国建筑工业出版社，2009．
[68] 张文忠．公共建筑设计原理[M]．4版．北京：中国建筑工业出版社，2008．
[69] 卢健松，姜敏．从速写到设计：建筑师图解思考的学习与实践[M]．北京：中国建筑工业出版社，2008．
[70] 潘金瓶．景观快题设计与表现系列丛书：广场与休闲空间[M]．大连：大连理工大学出版社，2011．
[71] 周燕珉．清华大学建筑学院设计系列课教案与学生作业选：二年级建筑设计[M]．北京：清华大学出版社，2008．
[72] 徐卫国．清华大学建筑学院设计系列课教案与学生作业选：三年级建筑设计[M]．北京：清华大学出版社，2008．
[73] 陈新生．建筑师图形笔记[M]．北京：机械工业出版社，2008．
[74] 拉索．图解思考：建筑表现技法[M]．邱贤丰，刘宇光，郭建青，译．北京：中国建筑工业出版社，2002．
[75] 董莉莉，姚阳．浅谈建筑学专业快题设计的应试技巧[J]．高等建筑教育，2006（3）：102-106．
[76] 谢宏杰．建筑设计教学中八小时快题的设计与解答[J]．华中建筑，2000（4）：137-138．
[77] 韩军，姜勇．《快题设计》课程创新研究[J]．科教文汇（中旬刊），2008（1）：49-50．
[78] 崔恺．遗址博物馆设计浅谈[J]．建筑学报，2009（5）：36-44，45-47．
[79] 汤海孺，顾倩．城市规划展览馆布展策划研究：以杭州为例[J]．规划师，2009，25（5）：10-16．

后记

POSTSCRIPT

本书写作对于笔者而言是一项不同于以往写作的特别挑战。因本书写作风格与笔者之前惯用的科研与教研论文体裁不同，二者交锋时常令我举棋不定，脑海中总有一种声音在提醒甚至警告我“如此不严谨成何体统”。但种种思想束缚与包袱还是在领导、同事和学生们的认可与支持下渐渐消除，大家的肯定促使我一往无前地“打开天窗说亮话”直至完成书稿，最终的评判与指正还是留给读者。

在入职第五年时笔者出版了自己教学生涯的第一本书《建筑快题设计实用技法与案例解析》，如今距离这本书的出版已十载有余，这期间的教学心得感悟与经验值得且应该梳理一下了。有时都能预想到学生接下来会犯什么错误，新生会重复老生的错误，事倍功半地进行亡羊补牢和低头赶路。而写书这项工作的意义与价值在于防患于未然，旨在使读者事半功倍从而抬头看路，进而腾出时间去发现世间的美好与感悟生活的真谛。

本书写作实属不易，从一开始时的踌躇满志到过程中的几度难以推进。有时在夜深人静时会扪心自问：这把年纪了，折腾个什么劲？教学与科研等本已占据很多时间，何必还要挤榨本不富裕的闲暇时光用来写书？面对上述“灵魂拷问”，我想促使本书修成正果的原因有二：一是对于读者的意义与价值，从教以来见识太多学生在专业学习方面走的弯路，几年下来为此付出的时间成本相当多，如何规避这种很不划算的损耗乃为笔者写书动力之一；二是笔者在书写中渐渐感到这一过程也是一种修行，一张张地绘图、修图与审图，绘制与梳理过程有如长跑，每一步虽不起眼，但都是离终点更近了一些。随着时间的推移，一种犹如“痛并快乐着”的内酚酞作用开启，令人内心笃定从容前行。

如果将写书过程比喻成一场足球赛，团队的力量至关重要，感谢父母的付出，占用二老不少休息时间保障后勤；感谢爱人的理解，支持我投入大量时间来做这件“任性”的事。虽然书的封面只出现我一个人的名字，但肯定不是我一个人在战斗，是家人、领导、同事、学生的共同努力造就了这本书的问世。协助本书编写的章书伟、秦康、董海龙、陈悦、尹浩宇、孙畅、陈钦钺、许轶佳、赵国傲、秦芷琼、王舰慧、邢辰、杨子辰、许尚哲、张怡莹、陈天翊、李昭、高一鸣、武凝睿、包艳、刘芮彤、侯文卓、李玥彬、彭清、刘旭华等研究生和本科生（排名不分先后）在繁忙的学习之余不辞辛劳，为本书付出了许多心血。在此，谨向他们深表诚挚的谢意！

最后，衷心感谢机械工业出版社建筑分社对此项研究给予的大力支持，以及赵荣老师和时颂老师予以的意见建议。

由于作者水平有限，尽管竭力避免，书中难免会有瑕疵或不妥之处，恳请各位专家学者和广大读者不吝赐教，发现有误之处或有其他宝贵的建议请发至邮箱yachengguo@163.com，作者不胜感谢！

郭亚成